Instalación de Bombas Centrífugas de Eje Horizontal

Iván Mejía Jaramillo

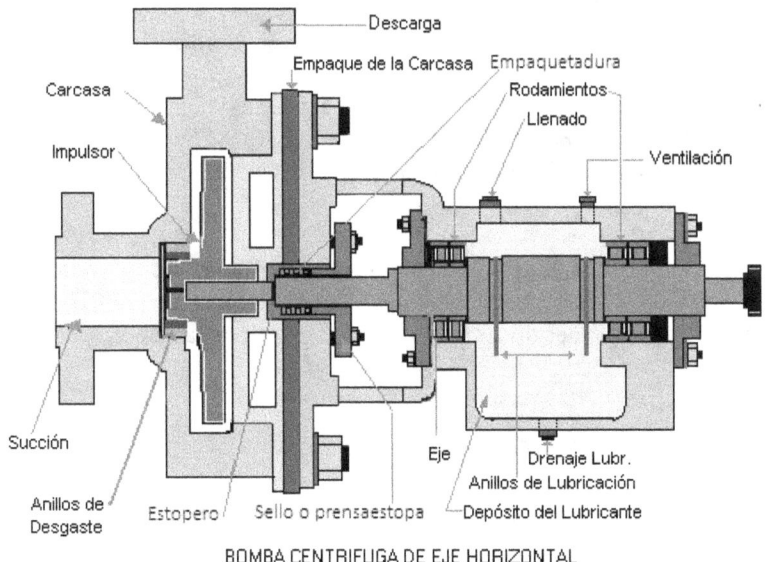

BOMBA CENTRIFUGA DE EJE HORIZONTAL

Manual de Ayuda y Consulta
para su Montaje Mecánico

Este libro es una actualización y ampliación del libro impreso titulado Instalación de Bombas Centrífugas. ISBN 9789682607183 y 9789682607189. 197 Páginas. Primera Publicación: Enero de 1987. Segunda Impresión 1988. Tercera Impresión. Agosto de 1989. Autor: Iván Mejía Jaramillo. Impreso en México por: COMPAÑÍA EDITORIAL CONTINENTAL, S.A. DE C.V. Calzada de Tlalpan Núm. 5022, México 22, D.F. Derechos de Autor registrados en Colombia, en el Registro Nacional del Derecho de Autor. Libro Núm. 2. Tomo 36. Partida 431. 11Nov1987.

Primera Publicación Impresa:
Compañía Editorial Continental, S.A. de C.V.
México 22, D.F. enero de 1987
"Instalación de Bombas Centrífugas"

Primera Edición en Amazon KDP
Bogotá D.C 10 de diciembre de 2013
"Instalación de Bombas Centrífugas de Eje Horizontal"

Segunda Edición en Amazon KDP
Bogotá D.C. 15 de julio de 2015
"Instalación de Bombas Centrífugas de Eje Horizontal"

Instalación de Bombas Centrífugas de Eje Horizontal: Derechos de Autor registrados en Colombia, en el Registro Nacional del Derecho de Autor. Libro Núm. 10. Tomo 418. Partida 283. Fecha 19Nov2013©

1ras. Fechas de Publicación:
10-dic-2013 Digital en Kindle E.U.A.
07-sep-2020 Impreso por: Amazon.com Services LLC. E.U.A.
410 Terry Avenue North Seattle, Washington 98109 US

ASIN: B08HGZW9S1
ISBN: 979 868 34725 3 5

*En memoria de mi hermano
Hernando Mejía Jaramillo, quien
fue un mecánico experto en instalación, alistamiento y alineación de
equipos rotativos.
Falleció en Manizales el 10Mar21*

PRÓLOGO

Este libro hace referencia especial al montaje de las bombas centrífugas de eje horizontal fabricadas de acuerdo con la Norma 610 del API (Instituto Americano del Petróleo) *(ANSI/API Std. 610. Eleventh Edition September 2010. ISO 13709:2009 (Identical). Centrifugal pumps for petroleum, petrochemical and natural gas industries)* e identificadas en dicha norma como *"Pumps Type OH1 y OH2"* Sin embargo, también es aplicable al montaje de bombas centrífugas de eje horizontal fabricadas de acuerdo con las Normas del Instituto de Normas Nacionales Americanas (ANSI) como se definen en el *Hydraulic Institute Standards for Centrifugal, Rotary & Reciprocating Pumps.* Edición 14. Año 1983, por la Universidad de Michigan.

También se ha tenido en cuenta el estándar ANSI/HI 1.4–2014 *Manual Describing Installation, Operation and Maintenance for Rotodynamic Centrifugal Pumps,* complementándolo profusamente con la exposición de una serie de conductas y conceptos que generalmente no se tienen en cuenta al elaborar los estándares, especificaciones y planos de los proyectos petroquímicos.

El texto del libro está enfocado a instruir sobre prácticas que permiten cumplir con los altos requerimientos de calidad, seguridad y confiabilidad en su funcionamiento que demandan los equipos de las industrias petrolera y petroquímica y en particular sus bombas centrífugas, las cuales son sometidas a trabajo continuo con cortas paradas para su manteniendo, por lo que ha sido redactado siguiendo las directrices expuestas en la *Introducción, Parágrafo 0.2 de la norma ISO 9001:2015 de la Organización Internacional de Normalización:* Identificando los procesos para la instalación de las bombas centrífugas de eje horizontal, exponiendo secuencialmente esos procesos, destacando la interacción entre ellos y definiendo los métodos de control, seguimiento y medición para alcanzar los objetivos de eficiencia y calidad en el montaje que garanticen la correcta instalación y el seguro, confiable y largo funcionamiento de dichas bombas.

El libro está dividido en dos secciones claramente definidas pero interdependientes:

La primera está compuesta por 7 capítulos en donde se trata lo referente al recibo en el sitio de la obra, manejo y montaje de las bombas centrífugas de eje horizontal, sus equipos y sistemas conexos, los cuales han sido redactados en operaciones consecutivas debidamente identificadas. Dichas operaciones y secuencia son las mismas que 17 años de experiencia del autor en la dirección y control de montaje de equipos mecánicos y prefabricación e instalación de tuberías en plantas petroleras y petroquímicas, han demostrado conforman el procedimiento más seguro y eficiente para su instalación y arranque.

La segunda sección está compuesta por 10 anexos donde se describe brevemente los accesorios principales de esas bombas. Además, cuando se ha considerado oportuno, se han intercalado listas de chequeo y verificación ("Punch Lists") que servirán al supervisor o jefe del montaje para controlar y documentar la calidad del trabajo.

El libro ha sido escrito para que sirva de ayuda en la supervisión y el control de las diferentes etapas requeridas para el recibo, montaje, pruebas, arranque y entrega al cliente de las bombas centrífugas de eje horizontal utilizadas en las plantas de la industria pesada, y es una recopilación de apuntes y experiencias personales vividas por el autor en situaciones siempre diferentes del montaje industrial; en consecuencia, la validez de los procedimientos descritos aquí ha sido comprobada en condiciones de trabajo de tanta diversidad como son las que se presentan en 17 años que el autor dedicó al ejercicio, tanto de la supervisión y control de los montajes mecánicos como de las obras civiles que se requieren en la construcción y puesta en marcha de plantas para la industria petrolera, petroquímica y cervecera localizadas en diferentes partes del mundo; por lo tanto, puede afirmar que los conceptos aquí expuestos reflejan fielmente los principales cuidados, documentos y secuencias que es necesario cumplir y tener en cuenta al prepararse para iniciar el montaje de una bomba centrífuga de eje horizontal y durante la ejecución del mismo, de forma que las actividades efectuadas para llevarlo a feliz término se realicen dentro del menor tiempo y con las mejores garantías, tanto en lo referente a la protección del equipo como en lo que respecta con la seguridad del personal involucrado.

Se ha escrito teniendo en cuenta la idiosincrasia propia de las labores del supervisor mecánico y de las condiciones en las cuales debe desempeñarse durante el montaje de una planta industrial, es decir, se ha considerado que las respuestas a las dudas que surgen en el ejercicio de la supervisión en obra deben ser obtenidas rápidamente, que esas mismas respuestas tienen que ser confiables, que además deben poderse convertir inmediatamente en acción y que las condiciones existentes en el campo restringen la consulta y obtención de datos distintos a los específicos del proyecto, puesto que desde una obra en construcción no siempre es posible la conexión inmediata por internet y en cuanto a bibliografía, es poco lo que se encuentra en un montaje fuera de los documentos, catálogos, especificaciones y planos preparados por la firma de ingeniería responsable del diseño de la planta.

En la redacción del libro también se ha tenido en cuenta el vocabulario usado en la industria petrolera, evitando los tecnicismos y recurriendo a una terminología común pero concisa, ausente de giros que puedan dar lugar a dudas o a interpretaciones erróneas, e ilustrando con diagramas aquellas partes del texto que requieren una mayor claridad en su exposición.

Donde se ha considerado necesario, se ha intercalado secciones identificadas como "Comentarios" u "Observaciones". Los primeros son aclaraciones o instrucciones adicionales y las "Observaciones" son llamadas para atender precauciones particulares.

Adicionalmente y buscando siempre proporcionar la mayor información dentro de un volumen de fácil manejo, el autor ha tenido el cuidado de interrelacionar los puntos que en los diferentes capítulos se complementan entre sí, utilizando para ello referencias cortas de acuerdo con la diagramación peculiar del libro, así por ejemplo, la anotación: Ver: Fig. Cap. 5-1, significa que el lector debe remitirse a la figura 1 del Capítulo 5. A su vez, la anotación Ver: Sección Documentos y fuentes de información del Capítulo 3, significa que el lector debe remitirse al capítulo 3 del libro y allí buscar la sección mencionada. Así mismo, la anotación Ver: Sección Documentos y fuentes de información Observaciones del Capítulo 5, significa que el lector debe remitirse al capítulo 5 del libro y allí buscar las observaciones de esa sección.

Esa misma redacción en operaciones consecutivas más la interrelación de los puntos que en los capítulos se complementan entre sí, permiten utilizar el libro como guía para la elaboración de especificaciones de montaje de bombas centrífugas de eje horizontal, sus motores eléctricos, turbinas de vapor y sus correspondientes accesorios; así como aquellas necesarias para efectuar las pruebas hidrostáticas. Pensando en este uso, se ha tratado de aplicar profusamente esa interrelación entre los puntos del libro, a la vez que se ha facilitado la consulta de esas citas, de forma que partiendo de un tema o de una operación, el lector pueda extenderse por el libro a través de las ramificaciones que se le van ofreciendo hasta obtener una base sólida que le permita redactar un procedimiento independiente de la diagramación y distribución utilizadas en él, aparte de hacerlo muy útil para elaborar diagramas PERT y barras de Gantt para programar lo relacionado con la instalación de equipos rotativos.

Aun cuando, como ya se dijo, la finalidad principal de este libro es la de servir de manual de ayuda y consulta al supervisor de montaje mecánico del área petrolea y petroquímica, ello no excluye que también puede ser de gran utilidad para jefes y supervisores de mantenimiento, para personal técnico responsable del diseño, planeación, construcción, interventoría y operación de plantas industriales, para personas encargadas de la elaboración de especificaciones técnicas o de prácticas (procedimientos) de acuerdo con la *ISO 9001:2015*, para instructores, entrenadores, docentes y consultores de ingeniería mecánica e industrial, administración de empresas y disciplinas afines o para la redacción de manuales de instrucción tanto para el mantenimiento industrial como para la capacitación empresarial.

Como brevemente se mencionó al comienzo de este prólogo, en la redacción y diagramación de este libro se ha tenido presente que de acuerdo con la *Norma ISO 9001:2015, Introducción, Parágrafo 0.2*, los principios de la gestión de la calidad son:

"Enfoque al cliente;

Liderazgo;

Compromiso de las personas;

Enfoque a procesos;

Mejora;

Toma de decisiones basada en la evidencia;

Gestión de las relaciones."

De acuerdo con esa Norma Internacional, en este libro se utilizan las siguientes formas verbales:

"debe" indica un requisito;

"debería" indica una recomendación;

"puede" indica un permiso, una posibilidad o una capacidad.

La información identificada como "NOTA" se presenta a modo de orientación para la comprensión o clarificación del requisito correspondiente."

PRÓLOGO A LA SEGUNDA EDICIÓN EN AMAZON KDP

Esta segunda edición se emite para precisar asuntos relacionados con bibliografía y procedencia de tablas y figuras; así como hacer algunos ajustes en ciertos procedimientos para que cumplan con la *ISO 9001:2015*, corregir errores de mecanografía, sintaxis y formateo; aclarar algunos conceptos y otros temas que aun cuando no sean de fondo, sí son un esfuerzo del autor para mejorar la calidad del libro, optimizar su manejo y facilitar su lectura.

Con respecto a la bibliografía, no obstante que al empezar el prólogo se manifiesta que la principal referencia para escribir este libro es el *"ANSI/API Std. 610. Eleventh Edition September 2010. ISO 13709:2009 (Identical). Centrifugal pumps for petroleum, petrochemical and natural gas industries"* y en el *"Hydraulic Institute Standards for Centrifugal, Rotary & Reciprocating Pumps"* otra bibliografía relacionada con el libro, está indicada al final de cada capítulo con cuyo tema es pertinente y por lo tanto puede no solo dar soporte al interesado, sino también aclararle alguna duda. Además, y para facilidad de consulta, se ha consolidado al final del libro bajo el título: *"Bibliografía"*.

Por cuanto éste es un manual de ayuda y consulta para desarrollar con calidad y eficiencia un trabajo muy específico, pues trata sobre la instalación de bombas diseñadas y construidas para trabajar por un mínimo de 20 años, de los cuales 3 deben ser de operación sin interrupciones, se ha considerado innecesario citar libros de estudio y teoría, máxime cuando son fáciles de comprar mediante internet y además están sujetos no solo a perder validez sino también a salir del mercado dificultándose su adquisición o consulta; lo que no pasa con los estándares internacionales que periódicamente están siendo revaluados de acuerdo con nuevos materiales, procedimientos de fabricación y normas de calidad y seguridad, manteniendo su vigencia y facilidad de adquisición.

Finalmente, amerita aclarar que en las refinerías y plantas petroquímicas, la preparación para el arranque, el arranque y las pruebas de funcionamiento de bombas, motores eléctricos y turbinas, se divide en dos etapas claramente definidas:

La primera la hace el contratista sobre el equipo como tal, es decir, estando desconectado del resto de la planta y es responsabilidad del ingeniero encargado del montaje mecánico. Esta primera etapa se trata en el libro.

La segunda se hace con el equipo conectado a la planta y está bajo la responsabilidad del grupo de precomisionamiento o "Precommissioning" y por lo tanto está por fuera del alcance de este libro.

Contenido

INTRODUCCIÓN

LA BOMBA CENTRÍFUGA

En términos generales, una bomba centrífuga es un aparato que transforma el trabajo mecánico de un motor, en energía cinética de un líquido. Como su nombre lo indica, en esta clase de bombas la fuerza centrífuga es factor importantísimo por cuanto al ser generada por la rotación del impulsor, expele el líquido contenido en él imprimiéndole velocidad que en gran parte se convierte en presión. La velocidad remanente y la presión resultante, se manifiestan en el flujo continuo de un líquido con un caudal y presión medibles, cumpliendo con el requerimiento fundamental de cualquier bomba, que es tener la capacidad de impulsar una cantidad definida de fluido bajo condiciones de trabajo especificadas.

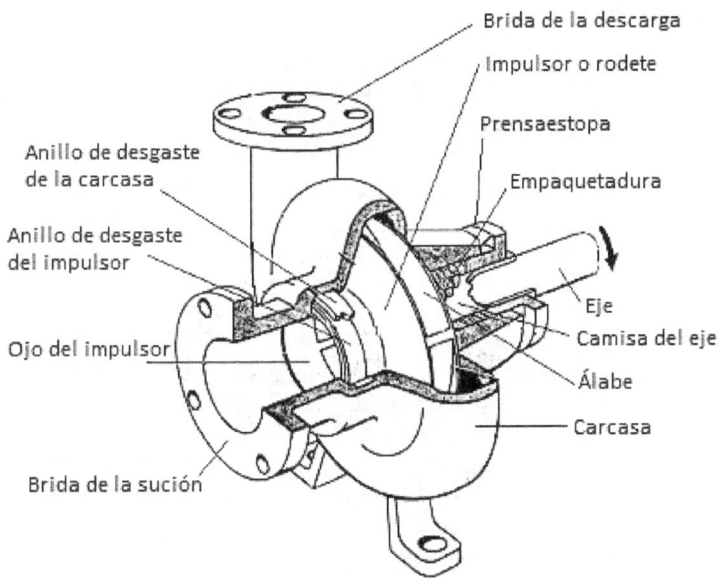

COMPONENTES DE LA BOMBA CENTRÍFUGA

Fig. Intro. 1

La bomba centrífuga es pues un equipo rotativo utilizado para mover líquidos, que básicamente consiste en una rueda con álabes, o aletas, colocada dentro de una cámara o carcasa que se mantiene fija, mientras la rueda gira. Esta rueda, llamada rodete, impulsor o "impeller", está montada en un eje y el fluido ingresa al impulsor en línea con ese eje, para ser descargado perpendicular a éste. A su vez, el conjunto eje-impulsor va instalado sobre rodamientos que le permiten girar por acción de un motor que puede ser eléctrico, de combustión interna o una turbina, a los cuales va conectado bien sea directamente o mediante un acople.

En cuanto a la cámara, o carcasa, tiene una forma cilíndrica que puede ser circular o de voluta, con dos puntos de acceso. Uno está situado en línea con el eje, aun cuando exteriormente pueda verse en otra posición, se llama "la succión" y es por donde el líquido entra a la carcasa como resultado del vacío que genera el rodete al girar. El otro está localizado tangencialmente a la envolvente del cilindro, se llama "la descarga" y es por donde sale el líquido impulsado por el giro del mismo rodete, como se muestra en la Fig. Intro. 2.

En comparación con otros tipos de bombas, la centrífuga es utilizada ampliamente, tanto por su relativo bajo costo de adquisición, diseño sencillo, construcción robusta y mantenimiento poco exigente, como por su facilidad para instalarla y operarla, su flujo y presión constantes y su flexibilidad para funcionar eficientemente dentro de un amplio rango de caudales y presiones de descarga.

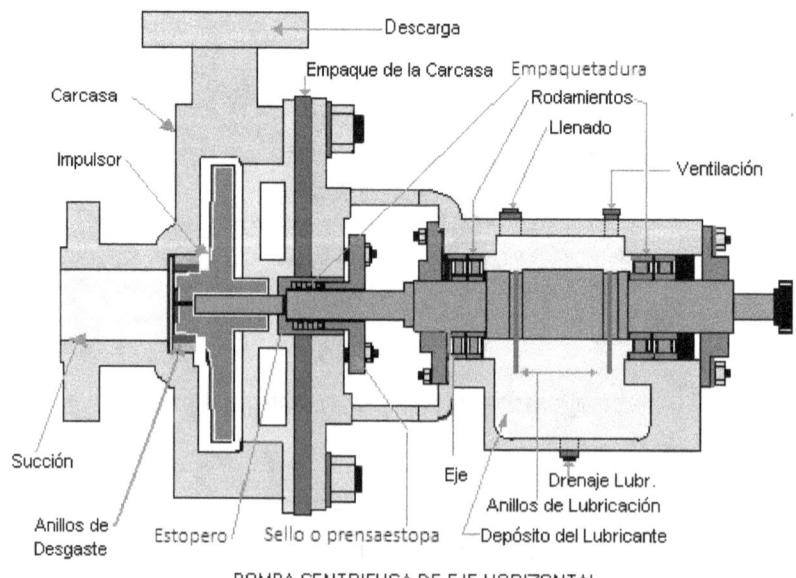

BOMBA CENTRIFUGA DE EJE HORIZONTAL

Fig. Intro.2

En las plantas industriales, la bomba centrífuga es un equipo indispensable para mantener el flujo de los líquidos tanto de proceso como de servicio, dentro de unas condiciones estables de volumen y presión, haciendo posible la producción continua.

También son conocidas como bombas rotodinámicas y las hay tanto de eje vertical como horizontal, para lo que su configuración externa se adapta a sus requerimientos de apoyo; y aun cuando internamente son similares, el tipo de rodamientos y su sistema de lubricación están ajustados a la forma de instalación de la bomba y por lo tanto a la posición horizontal o vertical que tendrá su eje. No todas las bombas rotodinámicas son centrífugas.

Inicialmente, estas bombas se construían en fundición de hierro o de acero. Modernamente, además de los mencionados, se usan diversos materiales incluidos los plásticos, cuya utilización está dada por el fluido a mover, las condiciones ambientales del lugar en donde estará instalada la motobomba, el costo final del equipo y los requerimientos de mantenimiento.

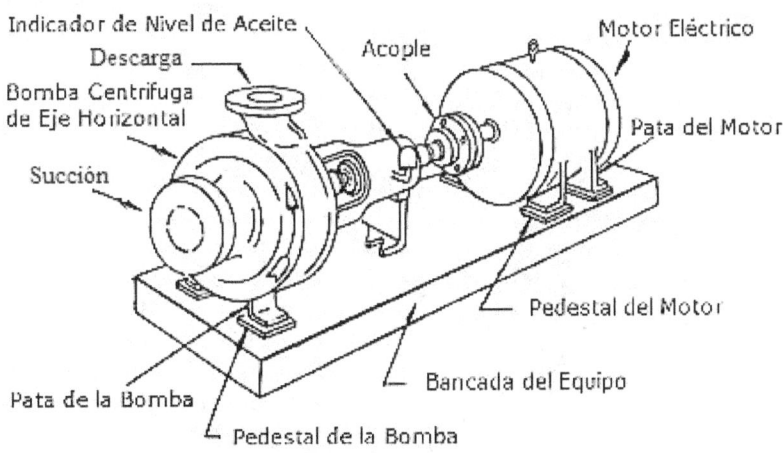

PARTES DEL EQUIPO BOMBA-MOTOR (MOTOBOMBA)
TAL COMO SE DENOMINAN EN ESTE LIBRO

Fig. Intro.3

En el caso de las bombas centrífugas de eje horizontal tipo ANSI o API, objeto de este libro, el conjunto bomba-motor, o motobomba, se monta y atornilla sobre una base o bancada rígida construida de hierro fundido o de acero al carbono y dispuesta en un plano horizontal, formando así lo que comúnmente se conoce como motobomba, como se muestra en la Fig. Intro.3. La bancada a su vez, se apoya sobre calzos de acero que van sobre una fundación o pedestal de concreto, a la cual se ancla dicha bancada, con lo que todo el equipo obtiene rigidez y estabilidad y al estar apoyada sobre calzos de acero se facilita su nivelación y alineamiento mediante el uso de suplementos de latón o de acero inoxidable.

COMENTARIOS

La motobomba debe quedar sólidamente anclada con pernos a su fundación, pedestal, cimentación o base en donde se monte.

En términos generales, la fundación de una motobomba centrífuga debe tener las dimensiones necesarias para absorber las vibraciones del equipo, evitar la resonancia, servir de apoyo rígido y permanente y ser a prueba de volteo; para ello, el concreto debe fundirse sobre una superficie sólida y cuando se construya directamente sobre el suelo, debe quedar enterrado al menos el 40% de su altura.

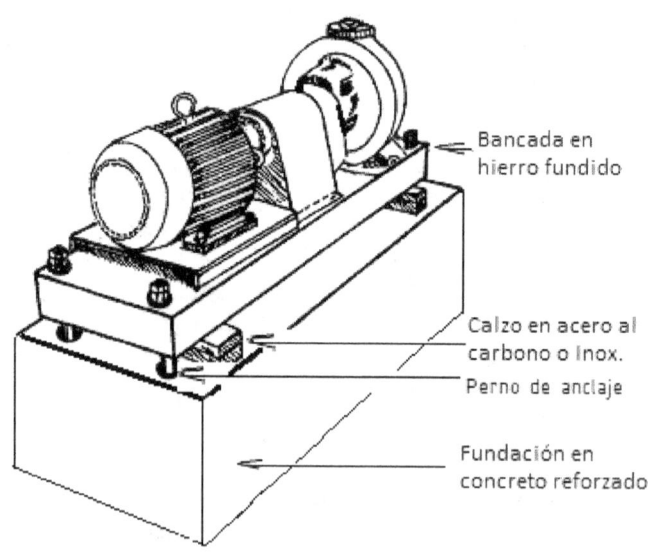

Bancada en hierro fundido

Calzo en acero al carbono o Inox.

Perno de anclaje

Fundación en concreto reforzado

En principio, y contando con terreno firme, es suficiente una fundación de hormigón cuyo peso sea 3 veces el de la motobomba y al instalar el equipo debe buscarse que su centro de gravedad coincida verticalmente con el de la fundación, por lo tanto, la superficie en planta de ésta debe ser tan grande como se requiera para permitir ese alineamiento entre ambos centros de gravedad. Ver: Sección Actividades y Controles del Capítulo 2,

Funcionamiento: Como se mencionó, la bomba centrífuga trabaja bajo el principio de la centrifugación, en estas bombas la carcasa o cuerpo se llena del fluido que se quiere trasegar o bombear y el impulsor está sumergido en ese líquido. Ambos, la carcasa y el impulsor, tienen una configuración que determina la aceleración del fluido que van a bombear.

Fig. Intro.4

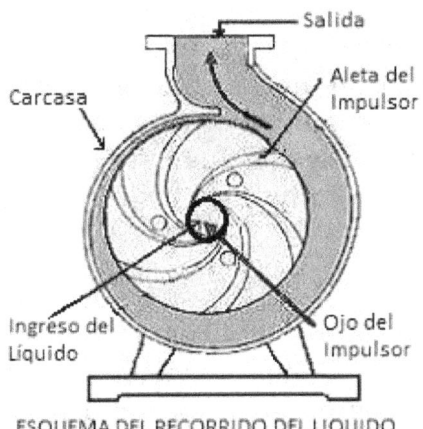

Salida

Aleta del Impulsor

Carcasa

Ingreso del Líquido

Ojo del Impulsor

ESQUEMA DEL RECORRIDO DEL LIQUIDO

Un motor, bien sea eléctrico, de explosión o turbina de vapor, hace girar el impulsor generando una fuerza centrífuga que empuja el líquido contenido entre sus álabes o aspas desde su centro u ojo y hacia sus bordes, es decir, en sentido radial, con lo cual, a medida que va fluyendo y saliendo, la corriente crea un vacío en el ojo del impulsor haciendo que le entre más fluido. A su vez, el fluido expelido por el impulsor es guiado por la carcasa, cuya forma de voluta y conformación interna transforman en presión la energía cinética que lleva y lo forza a salir de ella por el conducto previsto para descargarlo. Ver Fig. Intro.4.

Por la circunstancia anterior, es necesario tener en cuenta que la bomba solo funcionará correctamente cuando el interior de su carcasa y de la tubería de admisión se encuentren totalmente llenos del líquido que se habrá de bombear, sin aire ni gases. Por la misma razón, debe garantizarse que mientras la bomba esté funcionando, dispondrá de un flujo constante del líquido bombeado hacia el interior de su impulsor, manteniéndolo lleno, y por cuanto es la succión que genera el rodete lo que mantiene ese flujo, al instalar la bomba y de acuerdo con la presión atmosférica del sitio, debe tenerse en cuenta la altura restante entre el eje de la bomba y el punto de toma del líquido. La forma más eficiente de funcionamiento es con la bomba inundada, es decir, que el suministro del líquido a bombear esté por encima del eje de la bomba.

La acción de llenar la carcasa con líquido es lo que se conoce como *"cebar la bomba".* Se fabrican unas bombas centrífugas llamadas autocebantes que dentro de la carcasa tienen una cámara adicional conectada a la del impulsor, disposición que permite recircular parte del agua que mueve el mismo impulsor, logrando así el cebado completo de la bomba.

Las bombas centrífugas pertenecen al grupo de las bombas rotodi-námicas, o dinámicas, por cuanto la presión resultante en el líquido tra-segado es en gran parte resultado de la fuerza centrífuga producida por la rotación del impulsor o rodete, y mediante la dinámica del fluido la energía mecánica del motor se transforma en energía hidráulica. De acuerdo con sus detalles constructivos estas bombas tienen diferentes clasificaciones, como sigue:

Teniendo como referencia su eje, la bomba puede estar hecha para montarla horizontal o verticalmente, lo cual afecta, como ya se men-cionó, detalles constructivos del equipo y la manera como se instala todo el conjunto, es decir, la motobomba. De aquí que este libro esté dirigido exclusivamente a la instalación de bombas centrífugas de eje horizontal, o bombas centrífugas horizontales.

Fig. Intro.5

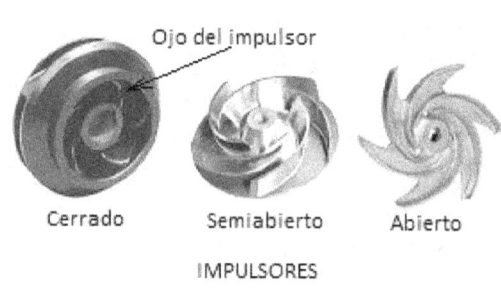

Ojo del impulsor

Cerrado   Semiabierto   Abierto

IMPULSORES

Teniendo como referencia su rodete o impulsor, la bomba centrífuga puede ser de rodete abierto, semiabierto o cerrado. En las del primer caso, es decir de impulsor abierto, éste tiene sus paletas unidas directa-mente al cubo del impulsor, a semejanza de una hélice. En las de impulsor semiabierto, es semejante al anterior, pero tiene un plato colocado en el lado opuesto al de la entrada del líquido. Y por último, en las de impulsor cerrado, éste tiene sus paletas encerradas dentro de dos platos, en este caso, para permitir el paso del líquido a su interior, el plato anterior del impulsor, el que está al frente de la entrada del líquido a la carcasa, tiene una apertura circular alrededor del eje, reforzada por una corona, conocida como "ojo del impulsor". Por su alto rendimiento, este es el impulsor más utilizado, pero el lí-quido no debe tener sólidos en suspensión, no solo porque pueden obs-truirlo, sino también porque lo erosionan destruyéndolo rápidamente, tampoco debe tener aire ni gases que también lo erosionan por causa de la cavitación. Ver Fig. Intro.5.

Teniendo como referencia la cantidad de impulsores, las bombas pueden ser de una o de múltiples fases o etapas. En estas últimas, si los impulsores trabajan en serie dentro de una misma carcasa, pueden entregar líquido con alta presión y si lo hacen en paralelo, la presión es menor pero el caudal es mayor.

Teniendo como referencia el montaje de su rodete o impulsor, la bomba centrífuga de eje horizontal puede ser en cantiléver o entre rodamientos. Es en cantiléver cuando el impulsor está montado en un extremo del eje en el cual a su vez no hay rodamiento y es entre rodamientos, cuando el extremo del eje tiene rodamientos en cada uno de sus apoyos y el impulsor está entre ellos.

Teniendo como referencia el recorrido del líquido dentro del impulsor, pueden ser de flujo radial, axial o mixto. En las primeras el líquido entra al impulsor en sentido paralelo al eje de la bomba y sale en dirección perpendicular y con presión alta. Usan cualquier tipo de impulsor, abierto, semiabierto o cerrado. En las de flujo axial, también conocidas como bombas de hélice, el líquido entra y sale axialmente del impulsor, que en este caso también se llama propulsor, se utilizan en circuitos de baja presión con alto caudal como riegos o drenajes. Su rodete semeja una hélice y el líquido pasa directamente por entre las aletas, siendo el empuje de éstas las que producen la presión en el líquido movido. Las de flujo mixto son una combinación de las dos anteriores y manejan gran caudal con presión media, como lo requiere el suministro de agua para consumo municipal o la recirculación de agua de refrigeración en centrales eléctricas. Sus álabes están dispuestos en forma de hélice, pero están cubiertos y situados de tal manera en relación con el ojo de ingreso del líquido que producen una descarga que es una combinación de flujo radial y axial.

Teniendo como referencia su succión, la bomba puede ser de succión simple o doble. En las de succión simple, el agua entra al rodete por un solo lado; en las otras, es decir, de doble succión, lo hace por ambos lados y funcionan como si tuvieran dos impulsores enfrentados, lo cual elimina el empuje axial y por admitir más líquido, reduce la cavitación.

Teniendo como referencia su carcasa, pueden ser de voluta, de difusor o de turbina. Las de voluta –o espiral– tienen una superficie interior lisa, cuya área de la sección transversal aumenta progresivamente hacia el impulsor a lo largo del arco de 360° que describe alrededor de éste, transformando en presión la mayor parte de la energía cinética del líquido que expulsa el impulsor. Las hay de voluta sencilla y de voluta doble. Las de difusor, tienen unos álabes en su interior que obligan a que el flujo del líquido cambie de dirección, convirtiendo su velocidad en presión. Las bombas de turbina, también conocidas como bombas de vórtice, tienen un canal anular dentro de su carcasa, dentro del cual el impulsor genera remolinos en el líquido que es bombeado, con lo cual va recibiendo una sucesión de impulsos de energía.

Teniendo como referencia las conexiones para el flujo del líquido, pueden ser de succión frontal y descarga superior (o, succión axial y descarga radial), en cuyo caso el líquido entra directamente al ojo del rodete y sale radialmente a éste. De succión y descarga superiores, estando situadas verticalmente y a cada lado de la carcasa. Y, de succión y descarga laterales estando situadas horizontalmente y a cada lado de la carcasa. En los dos últimos casos, la conformación interna de la carcasa conduce el líquido aspirado hacia el centro del impulsor.

Teniendo como referencia la división de la carcasa, la bomba puede ser de división horizontal o axial o de división vertical o radial. En el primer caso, la carcasa está dividida axialmente en una parte superior y otra inferior y su uso está restringido por la temperatura y la presión del fluido bombeado. En el segundo caso, cuando la carcasa está dividida radialmente, una parte se llama carcasa y la otra tapa y su uso es adecuado para manejar fluidos con alta temperatura y presión.

Teniendo como referencia su utilización o servicio, las bombas centrífugas pueden ser para servicio no crítico, relativamente crítico y crítico:

En el primer caso, son las que tienen una utilización discontinua y sin requerimientos especiales de funcionamiento.

Los servicios relativamente críticos son aquellos en donde se requiere una cierta continuidad del funcionamiento de la bomba, pero que puede ser interrumpida sin afectar el proceso de utilización de esos servicios.

Las bombas para servicios críticos son las utilizadas en refinerías, petroquímicas y otros servicios especiales, en donde debe garantizarse una operación continua bajo condiciones rigurosas de presión, temperatura e inflamabilidad. Generalmente están diseñadas y construidas para 3 años de operación ininterrumpida y una vida útil de 20 años (excepto aquellas partes diseñadas para sufrir desgaste y ser cambiadas mediante un mantenimiento periódico).

A su vez, las bombas centrífugas pueden ser construidas de acuerdo con una de las siguientes normas:

ANSI Según ASME B73.1 (Estados Unidos de A.) Este estándar se desarrolló para bombas centrífugas de uso en la industria química y cubre requerimientos dimensionales de intercambiabilidad, así como ciertas características de diseño para facilitar la instalación y el mantenimiento de esas bombas.

API Según API 610 (Estados Unidos de A.) Esta especificación incluye recomendaciones relacionadas con el diseño, instalación y mantenimiento de las bombas centrífugas para las industrias del petróleo, petroquímicas y gas natural; las cuales son el objeto de las actividades expuestas en este libro.

UL/ FM Según NFPA (Estados Unidos de A.) Emite normas dedicadas a la eliminación de riesgos relacionados con incendios

DIN Según DIN 24256 (Alemania) Semejante al ISO 2858. Esta norma expone recomendaciones relacionadas con el diseño de bombas centrífugas para uso en la industria química.

ISO Según ISO 2858 y 5199 (Organización Internacional para la Estandarización) Estas dos normas cubren el mismo tipo de bombas centrífugas que ANSI B73.1. La ISO 2858 se centra en las dimensiones externas y los detalles de montaje. La ISO 5199 especifica requisitos de rendimiento y características de construcción y niveles de vibración máximos permitidos. Es más estricta que ANSI B73.1.

Nota: Las partes de las bombas construidas bajo ANSI B73.1 no son intercambiables con las construidas bajo ISO 2858 y 5199.

COMENTARIOS

Con respecto a la norma API 610; es muy exigente por estar orientada al diseño de bombas centrífugas para uso en la industria petrolera y no siempre permite el intercambio de piezas, por cuanto en ocasiones esas bombas son fabricadas bajo pedido. En cambio, las fabricadas bajo normas ANSI sí lo permiten en bombas de igual tamaño, independientemente de la marca o del fabricante.

Con respecto al proceso de instalación de las bombas centrífugas de eje horizontal para servicios críticos en conjunto con sus motores o turbinas (Motobomba) se sigue una secuencia de etapas en donde cada una de ellas requiere actividades, precauciones y verificaciones cuidadosas y específicas orientadas a evitar daños tanto en el equipo mismo como en los circundantes, proteger la seguridad del personal que opera la planta y garantizar el funcionamiento óptimo, prolongado y sin interrupciones de la bomba y su motor o turbina.

Estas etapas, cuyas actividades se describen en el texto de este libro, son:

> *Recibo en el sitio de la obra*

> *Almacenamiento en la bodega o en el patio de materiales de la obra*

> *Preparación para el montaje*

> *Montaje e instalación*

> *Precomisionamiento o "Precommissioning"*

> *Comisionamiento o "Commissioning"*

> *Arranque y pruebas de funcionamiento*

> *Entrega al cliente*

Con respecto al alineamiento del eje del motor con el eje de la bomba que acciona, además del clásico comparador de carátula, actualmente hay equipos electrónicos que permiten hacer esta alineación con la utilización de láser y de corrientes de Eddy. Las medidas tomadas se leen en una pantalla mediante la combinación de texto e imágenes que se guardan automáticamente para luego transferirlas a un PC desde donde se pueden reenviar o utilizar como se estime conveniente, incluyendo la elaboración de reportes y otra documentación requerida en las actividades de construcción.

Como las actividades básicas para hacer el alineamiento de las bombas centrífugas de eje horizontal y las precauciones y cuidados inherentes a ellas son los mismos sea que se use un sofisticado equipo electrónico, uno de corrientes de Eddy o un calibrador de carátula; con el fin de simplificar y evitar malentendidos en la redacción de instrucciones y procedimientos, en este libro nos referiremos a este calibrador y lo pondremos siempre como prototipo al explicar lo relacionado con dicho alineamiento.

Así mismo y para evitar confusiones, cuando en este libro mencionemos cojinete, significará que nos estamos refiriendo tanto a los cojinetes de casquillo, denominados Sleeve or journal bearings en inglés, como a los rodamientos, llamados Ball or roller bearings.

CAPÍTULO 1

RECIBO Y MANEJO EN EL SITIO DE LA OBRA DE LAS BOMBAS CENTRÍFUGAS DE EJE HORIZONTAL, SUS MOTORES ELÉCTRICOS, SUS TURBINAS Y SUS LUBRICANTES

CONSIDERACIÓN PRELIMINAR

Este es el primer capítulo, por cuanto en el sitio de la obra el primer contacto físico que el ingeniero o supervisor de montaje mecánico encargado del montaje de las bombas centrífugas de eje horizontal tiene con ellas, sus motores eléctricos, turbinas y lubricantes, es cuando éstos empiezan a llegar. Por lo tanto, entre las primeras actividades de ese supervisor, están las de apersonarse de las condiciones y facilidades que hay allí para el recibo y almacenamiento temporal de esos equipos.

Para el propósito de este capítulo, cuando se mencione "equipos" se refiere no solo a las bombas centrífugas de eje horizontal, sino también a los equipos conexos con ellas, como son motores eléctricos y de combustión interna, turbinas de vapor y consolas de lubricación; y cuando se mencione "materiales" se refiere a todas aquellas partes que hacen o pueden hacer parte de una motobomba, como son: empaquetaduras, acoples, espaciadores, tuberías de lubricación, refrigeración y líquido de sello, válvulas de control y de seguridad, bridas, espárragos, pernos y tuercas, herramientas especiales, burbujas de nivel, instrumentos como indicadores y/o transmisores de presión, temperatura, caudal, nivel, etc. Por lubricantes se entiende aceites y grasas.

Aun cuando el responsable del recibo, control y entrega de toda la carga que llega al patio de materiales de la obra es su jefe de materiales, y aun cuando también es él quien ejerce la supervisión, manejo y control tanto del personal a su cargo como de las bodegas y del patio de materiales; el supervisor encargado del montaje de las bombas centrífugas de eje horizontal es el responsable de entregarlas en perfectas condiciones al cliente y en consecuencia debe cerciorarse de que desde cuando llegan al sitio de la obra se almacenan, mantienen y manejan de la manera apropiada.

La reducción al mínimo del manipuleo de los equipos, materiales y lubricantes, así como su almacenamiento de manera ordenada y protegida de personas extrañas al área de materiales, y resguardados de la humedad, la intemperie, el fuego, los insectos y roedores (las cucarachas y ratas gustan de las grasas), y el cuidado en mantener el control sobre las entregas que se hacen a los usuarios, evita las pérdidas, daños y confusiones que terminan afectando los trabajos de montaje de los equipos.

En consecuencia, todas las bombas centrífugas de eje horizontal y los equipos y materiales relacionados con ellas que lleguen al sitio de la obra, deben ser completamente identificados tanto cualitativa como cuantitativamente, pues la verificación hecha durante el recibo de los equipos y materiales, la solución de los problemas e inconformidades encontrados (Como faltantes, daños, errores) y el manejo adecuado de esos equipos y materiales mientras que estén almacenados, garantizan su disponibilidad y el buen estado de éstos para el montaje.

RESPONSABILIDADES

De acuerdo con los informes enviados por el activador del proyecto y con los anuncios de llegada de las bombas a la obra, el supervisor mecánico se pondrá en contacto con el jefe de materiales y con el del almacén (o bodega) para hacer las previsiones necesarias para el recibo de esos equipos, las cuales generalmente consisten en:

Disponer el lugar en donde se dejarán los equipos, que casi siempre es en las instalaciones del almacén de la obra, pudiendo guardarlos bajo techo o también dejarlos en sus patios, a la intemperie, para lo cual habrá que proveerse de carpas o telas de plástico para cubrir aquellos equipos cuyos embalajes no estén suficientemente preparados para este tipo de almacenamiento.

Disponer el lugar de descarga con libre acceso a él de los operarios, equipos y elementos necesarios para adelantar los trabajos de descargue y verificación de la guía de transporte y con espacio suficiente para manipular la carga, previsión que no se debe omitir puesto que se supone que el montaje es lo primero en una obra en construcción y por tanto si es una planta nueva, el terreno no estará suficientemente preparado; pero si es una ampliación de una planta existente, generalmente las áreas libres son escasas.

Tener lista la máquina con que se va a efectuar la descarga, que puede ser una grúa o un montacargas, así como las herramientas y el personal necesarios para esa maniobra. A este respecto, se prevendrá oportunamente al contratista que tenga el compromiso de hacer las descargas en la obra.

Es oportuno aclarar que esta intervención del supervisor mecánico en la preparación de las faenas de recibo y descarga nunca está por demás, y aun cuando es el jefe de materiales quien responde por el recibo de los equipos, se acostumbra que éste solicite la asistencia del supervisor mecánico y esto no solamente cuando de bombas se trata, sino también para otros equipos que se consideran delicados y en especial cuando son muy pesados o difíciles de manejar.

En relación con el patio (y/o bodega) de materiales del sitio de la obra y antes de que comiencen a llegar las bombas y los equipos relacionados con ellas, el supervisor encargado del montaje de las bombas centrífugas de eje horizontal debe asegurarse de lo siguiente:

Que dentro del personal que permanece en el patio (y/o bodega) siempre haya alguien que entiende claramente los procedimientos para el manejo y protección de las bombas, sus motores y turbinas, mientras están almacenadas.

Que hay suficiente protección y vigilancia del patio (y/o bodega) de materiales. Es decir, debe estar atento a que se mantenga en buen estado las cercas, mallas, muros, puertas y áreas de ingreso al patio (y/o bodega) y que haya adecuado control de entradas y salidas de personal, vehículos, materiales y equipos.

Que siempre se tramita el formato de recibo de equipos y materiales de uso oficial en el sitio de la obra y que se diligencia completamente la información solicitada en él.

Que cuando haya discrepancias en el recibo de materiales, se elabora el Reporte de Faltantes, Sobrantes y Daños (Over, Short & Damages –OS&D– Report, por su denominación en inglés)

Que una vez elaborado el Reporte de Faltantes, Sobrantes y Daños (Over, Short & Damages –OS&D– Report) se le da el curso formal para que se solucionen las incongruencias encontradas.

Que en la bodega se dispone de manera ordenada y clasificada de las órdenes de compra, catálogos, estándares, planos y demás información necesaria para identificar positivamente todas las bombas, equipos y materiales relacionados con ellas.

Que las especificaciones de las bombas centrífugas de eje horizontal, sus equipos y materiales que se reciben o se entregan, corresponden en un todo con la descripción hecha en los documentos que los acompañan y en los que se solicita su entrega.

Que tanto sus subalternos como el personal del patio (y/o bodega) son conscientes de la importancia que al recibir el camión con los equipos y los materiales relacionados con ellos, debe confrontar concienzudamente las marcas que traen contra la descripción de la respectiva lista de empaque ("Packing List" por su denominación en inglés) y de la orden de compra.

Que la entrega de los equipos y los materiales relacionados con ellos solo debe hacerse mediante una "Solicitud de Entrega de Materiales" elaborada por el contratista responsable de su montaje y firmada por la persona del contratista que para ello ha sido autorizada.

Que tanto sus subalternos como el personal del patio (y/o bodega) son conscientes de la importancia que al entregar los equipos y los materiales relacionados con ellos, debe confrontar concienzudamente sus marcas contra la descripción usada en la "Solicitud de Entrega de Materiales" que aporta el contratista que va a retirarlos del patio.

Que se mantiene rigurosamente al día tanto toda la documentación en copia dura como la del computador, concerniente con el recibo y entrega de las bombas y los materiales relacionados con ellas.

Otra inquietud que deberá atender el supervisor mecánico al recibir el aviso de la próxima llegada de las bombas a la obra, es la de enterarse de lo estipulado en las requisiciones y en las correspondientes órdenes de compra así como también de lo que los catálogos puedan decir respecto a las precauciones para la apertura de las cajas y a los cuidados para su almacenamiento. Cuando no se tienen disponibles las instrucciones anteriores, se procederá como se indica en los puntos siguientes:

Abrir las cajas para comprobar que todo el material ha llegado. Esta apertura se hará con cuidado para evitar causar daños al equipo o a las partes enviadas con él. La mejor manera de hacerla es levantando cuidadosamente la tapa superior de la caja, que se entiende está descansando apropiadamente, y una vez que se ha logrado ver su interior, se pueden decidir los pasos a seguir para terminar de abrirla.

Comprobar que las bombas están correctamente identificadas y que no han sufrido daños durante su transporte. Hacer la misma verificación con las piezas de repuesto que puedan venir dentro de la caja, en donde además, generalmente vienen:

Una lista de las piezas que se incluyen (Lista de Embarque o Lista de Empaque) la que en ocasiones también viene en un bolsillo especialmente adaptado por fuera de la caja.

Un catálogo de la bomba u otras instrucciones pertinentes para el cuidado del equipo. A propósito, es muy recomendable que antes de continuar con la apertura de la caja, se lea con cuidado lo que dichas instrucciones dicen con respecto al desembalaje.

La primera servirá para confrontar lo recibido contra lo que en ella se relaciona como despachado; y a su vez, para comprobar que todo en ella esté de acuerdo con lo solicitado según la requisición correspondiente.

En cuanto al catálogo, deberá ser retenido por el supervisor con el fin de que leyéndolo, pueda instruirse de las recomendaciones que hace el fabricante para el cuidado de esa bomba mientras que llega el momento de ponerla a funcionar.

RECIBO Y ALMACENAMIENTO EN EL SITIO DE LA OBRA DE LAS BOMBAS CENTRÍFUGAS DE EJE HORIZONTAL

Como ya se dijo, para recibir las bombas, los equipos y los materiales relacionados con ellas que lleguen a la bodega o patio de materiales, se asignará un área separada y protegida del libre acceso a personas extrañas, en donde permanecerán hasta cuando sean completamente inspeccionadas. Hecha la inspección y si hubiere razón para reconsiderar o rechazar alguna; como por ejemplo, por mostrar faltantes, excesos, averías o daños, el material o equipo se mantendrá en este lugar hasta cuando se decida qué hacer con él.

Al llegar los equipos a la obra, se recibe el camión, lo cual se hace contra su guía y carta de porte. La carta de porte indica de manera general el tipo de carga y la cantidad de cajas, bultos, guacales, paquetes o unidades que trae el camión. Hecho esto, si hubiere diferencias se anotan sobre la guía, la cual se hace firmar por el conductor del camión en señal de aceptación. Esta firma es muy importante por cuanto el primer reclamo se hace a la empresa transportadora.

Seguidamente se despacha el camión y se procede a confrontar las listas de empaque contra las correspondientes órdenes de compra. Cuando durante esta verificación se encontrare que lo recibido no concuerda con lo pedido o con lo indicado en su placa de identificación ("Tag") se solicitará la colaboración del personal técnico de la obra para que conceptúe si el suministro en cuestión se ajusta o no a las necesidades para las que fue adquirido y se avisará esta novedad y el concepto técnico al coordinador de compras del proyecto para que éste reclame al proveedor y si es del caso, obtenga su reemplazo.

Toda novedad encontrada al recibo de los suministros debe ser avisada inmediatamente al coordinador de compras del proyecto por cuanto ello puede afectar la garantía y/o el pago respectivos.

Durante las 24 horas siguientes al arribo de la carga a la bodega o patio de materiales, se inspeccionará detalladamente para verificar el contenido de las cajas, bultos o guacales, lo cual se hace contra las correspondientes listas de empaque, o "Remesas". En lo concerniente a cajas que contengan bombas u otros equipos rotativos, no se deben abrir sino cuando se haya constatado que no hay instrucciones particulares de sus fabricantes, tal como se explica a continuación:

Lo primero es comprobar que por parte del fabricante o suministrador del equipo no existen condicionamientos para abrir la respectiva caja. Esta precaución es importante por cuanto es frecuente que dentro de los compromisos del fabricante o de sus requisitos para la garantía del equipo, haya estipulado la presencia en el sitio de la obra de uno de sus técnicos, supeditando al mismo tiempo la apertura de las cajas y las operaciones siguientes a la presencia y responsabilidad de este representante.

Que cumple con los requerimientos establecidos en los documentos que la acompañan y en las respectivas órdenes de compra y sus requisiciones.

Que los catálogos, certificados de calidad y otros documentos que acompañen los suministros corresponden a ellos y son aceptables.

Que las marcas impresas en los suministros coinciden con lo descrito en los respectivos documentos.

Que las cantidades corresponden con lo indicado en los documentos, o en su defecto establecer las cantidades faltantes o sobrantes.

Que no hay daños físicos ocasionados por golpes, fuego, agua, humedad, barro, sal, insectos, pájaros ni roedores.

Si al hacer la revisión del contenido se encuentra algo anormal, deberán ser notificados inmediatamente el jefe de materiales y el superintendente del área al cual pertenece esa bomba. Se avisa al primero para que proceda a los reclamos y reposiciones a que haya lugar; y al superintendente, para que haga las previsiones y cambios necesarios en la planeación y las actividades de montaje.

Que la carga no tiene instrucciones especiales en cuanto a su manejo y/o almacenamiento, o un requerimiento especial de mantenimiento mientras que está almacenada; y si los tuviere, proceder de acuerdo con ello.

Desmontar los lubricadores –o burbujas de lubricación– las tuberías de sello, las de refrigeración, el espaciador y otras partes del acoplamiento, y en general, todas aquellas piezas del equipo que por lo pequeñas o frágiles corran peligro de rotura o de pérdida mientras que se hace su montaje. Estas piezas se desarmarán y revisarán cuidadosamente para comprobar que están en buen estado y que no tienen óxido, en seguida se cubrirán con grasa o aceite anticorrosivo y se envolverán en papel para evitar que haya contacto de metal con metal.

Guardar en el interior del almacén todo el material desmontado, sirviéndose de bolsas de polietileno y de cajas que se marcan con el número de la bomba ("Tag") a que pertenecen, teniendo además el cuidado de rotular debidamente tanto las piezas que se utilizarán durante el "precommissioning" como las que han sido recibidas como repuestos, para evitar el riesgo de que durante el avance de la obra se mezclen entre sí.

Poner tapones roscados o bridas ciegas de chapa metálica de 2 mm de espesor en todas las conexiones y bocas que quedan abiertas, al mismo tiempo que se comprueba el buen estado de las protecciones puestas por el fabricante. Los tapones podrán ser de metal o plástico, en este último caso, con la resistencia suficiente para aguantar las contingencias propias de un sitio en donde se adelanten labores de construcción y montaje.

Informarse de las protecciones que contra la corrosión interna del equipo le ha dado su fabricante y de acuerdo con el tiempo transcurrido desde su aplicación, considerar la necesidad de llenar totalmente con aceite anticorrosivo los cárteres de los cojinetes lubricados con aceite.

En cuanto a los lubricados con grasa, deberán ser llenados con ésta hasta que salga por los rebosaderos. Más tarde, al momento oportuno durante la preparación para el arranque del equipo, se retirarán estos lubricantes protectores, se lavarán los cárteres y cojinetes y se lubricarán de acuerdo con lo que sea apropiado para el buen funcionamiento del equipo.

A pesar de la información del fabricante, se hará una inspección visual a los cojinetes del equipo, pues nunca se confiará en que hayan venido lubricados de fábrica, ni siquiera en aquellos que requieran grasa. Esto es importante para evitar su corrosión.

Considerar la necesidad de llenar la carcasa de la bomba con aceite anticorrosivo; esta precaución es especialmente necesaria en las zonas con alta humedad relativa pues con ello se previene la formación de óxido en las partes internas del equipo.

Untar con barniz anticorrosivo, o con una grasa apropiada, todas las partes metálicas exteriores que no estén pintadas ni protegidas y que por tanto corren el riesgo de oxidarse; tales como: los acoples, ejes, tapas de los sellos y prensaestopas, asientos de los pedestales, etc., según el juicio del supervisor.

Proporcionar al equipo una protección total de la lluvia, polvo, humedad del suelo y otros contaminantes; para lo cual se dejará montado en la base que le proporciona la caja de su embalaje y se cubrirá con una tela de polietileno debidamente asegurada para que no pueda ser dañada por el viento.

Estos cuidados se deben llevar al extremo cuando en las cercanías del equipo se esté haciendo limpieza con arena puesto que el polvo resultante se introduce con gran facilidad por entre las coberturas de los sellos mecánicos y de los cojinetes, causando graves perjuicios en estos elementos dada la alta abrasividad de la arena. También se debe ser meticuloso cuando los trabajos se adelantan en cercanías del mar, por cuanto las partes pueden ser afectadas por el ambiente salino propio de esos lugares.

Comprobar frecuentemente que mientras que las bombas, sus motores, turbinas y lubricantes permanecen en los patios del almacén de la obra, continúan recibiendo un adecuado mantenimiento y suficiente protección tanto del medio ambiente como de golpes que pueden ser dados por el manipuleo a su alrededor de otros equipos; bien por estos mismos o por los montacargas usados en el almacén.

También se comprobará que en todo momento se mantienen los equipos y lubricantes en un sitio libre de humedad; y cuando han sido dejados a la intemperie, se cubrirán con tela de polietileno para resguardados de la lluvia.

RECIBO Y ALMACENAMIENTO EN EL SITIO DE LA OBRA DE LOS MOTORES ELÉCTRICOS

Aparte de los cuidados particulares que requieren los motores eléctricos, las demás actividades relacionadas con su recibo y almacenamiento en el sitio de la obra son similares a las descritas para las bombas. Sin embargo, con el objeto de facilitar su consulta en relación con estos motores, se hace aquí una exposición de las principales actividades y cuidados que debe tenerse con ellos a su llegada a la obra.

Al ser recibidos los motores eléctricos en la obra, se deben seguir todas las instrucciones suministradas por sus fabricantes, pero si no se dispone de dichas instrucciones, el supervisor deberá proceder como se indica a continuación:

En el mismo momento en el que los motores están siendo descargados del camión que los ha traído al sitio de la obra, se verificará el estado en que se encuentra su embalaje y si no estuviere en perfecto estado, se hará la anotación correspondiente que deberá ser firmada por el conductor del camión en señal de asentimiento.

Inmediatamente se termine con el descargue, se verificará el estado de los motores, empezando por los que muestran desperfectos en su embalaje, lo que implica un mal manejo, y si se encontrare daños se dará aviso de inmediato al responsable de su transporte solicitando su presencia en la obra, para entonces, delante de él, proceder a examinar los respectivos motores con el fin de establecer claramente los daños causados y delimitar las responsabilidades a que hubiere lugar.

Comprobar que los motores están identificados de manera correcta, cerciorándose que su placa de características tiene todos sus datos estampados de acuerdo con lo solicitado en la requisición correspondiente.

Girar el eje con la mano para verificar que no está agarrotado.

Desmontar y desarmar las piezas frágiles o propensas a ser dañadas durante el montaje, tales como lubricadores y burbujas de nivel de aceite. Limpiarlas completamente, protegerlas con lubricante anticorrosivo, etiquetarlas con el número del motor al que pertenecen y envolverlas con papel para evitar el contacto de metal con metal.

Guardar en el almacén de la obra todas las piezas que hayan sido desmontadas de los motores.

Asegurarse que todos los motores son guardados en un recinto seco, limpio y protegido del polvo y además de insectos y roedores que deterioran y se comen los aislantes de los embobinados. Cuando el motor llega embalado en caja de madera, es preferible dejarlo en ella después de haberlo inspeccionado. De esta manera, se protege de golpes y de eventuales daños en sus patas.

OBSERVACIONES

La humedad perjudica los embobinados y es una de las principales causas de escape de corriente, daños en el aislamiento y pequeños cortocircuitos entre las partes internas del motor.

En los motores totalmente cerrados, debe retirarse sus tapones de drenaje para tener la seguridad de que no se ha acumulado agua en su interior. Terminada la verificación y encontrándolo seco, se reinstalan los tapones; de lo contrario, hay que poner a secar los embobinados.

Antes de poner a funcionar un motor, y especialmente si ha estado almacenado en un clima húmedo, debe revisarse la resistencia a tierra del aislamiento de sus embobinados y medir también la resistencia del aislamiento entre sus fases. En términos generales, se considera aceptable una resistencia de 1000 Ω/V entre fase y fase y entre fase y maza.

Cuando se tenga una lectura inferior a la dicha, debe ponerse a secar los embobinados, lo cual puede hacerse utilizando una lámpara de rayos infrarrojos o la corriente inducida; para este último caso, se asegurará el motor de tal forma que no gire (O alternativamente, se retirará el inducido) se hará circular a través del embobinado una corriente con voltaje e intensidad reducidos, que se irá elevando hasta conseguir que la temperatura del embobinado alcance 85 °C y manteniéndola allí, se dejará circular la corriente hasta cuando se logre un valor constante de la resistencia de aislamiento. Ver: Fig. Cap. 3-1.

RECIBO Y ALMACENAMIENTO EN EL SITIO DE LA OBRA DE LAS TURBINAS DE VAPOR

En adición con los cuidados particulares que requieren las turbinas de vapor y que se indican en su correspondiente catálogo, las demás actividades relacionadas con su recibo y almacenamiento en el sitio de la obra son similares a las descritas para las bombas. Sin embargo, con el objeto de facilitar su consulta en relación con estas turbinas, se hace aquí una descripción complementaria de las principales actividades y cuidados que debe tenerse con ellas a su llegada a la obra.

Al tener noticia de la próxima llegada de cada turbina a la obra, se recurrirá a su correspondiente requisición y orden de compra para enterarse de todas las condiciones convenidas entre el comprador y el fabricante y de los requisitos que éste exige para otorgar las garantías que corresponden al equipo; así como también, para conocer exactamente cuál es el alcance al que se ha comprometido con esa entrega.

La precaución anterior es importante por cuanto es frecuente que dentro de los compromisos o requisitos para otorgar la garantía, el fabricante haya estipulado la presencia en el sitio de la obra de uno de sus técnicos, condicionando al mismo tiempo la apertura de las cajas y las operaciones siguientes a la presencia y responsabilidad de este representante; por ello, es fácil deducir la inconveniencia que ocasionaría proceder a la apertura de los embalajes de las turbinas, si antes no se ha tenido la precaución de enterarse con respecto a los convenios existentes para su entrega, o a las instrucciones emitidas, por parte del proveedor.

Una vez conocidas las condiciones para el recibo en obra y para el montaje de la turbina, y si sucediere que de acuerdo con ellas el supervisor mecánico es quien debe hacerse cargo del equipo, entonces, en cuanto la máquina llegue a la planta él deberá estudiar las instrucciones del fabricante en lo concerniente con la apertura de su caja y preparación para su almacenamiento, actuando en un todo de acuerdo con ellas. De no estar disponibles dichas instrucciones, se procederá como se indica en los puntos siguientes:

Observar el estado del embalaje, buscando señales de maltrato y humedad, tenerlas en cuenta y abrir la caja con las suficientes precauciones para evitar daños al equipo o a sus partes. Comprobar el estado del contenido de la caja, teniendo en cuenta:

Que la turbina está correctamente identificada.

Que ni ella ni los componentes adicionales han sufrido daños durante el transporte.

Que viene completa en todas sus partes.

Que todo el contenido de la caja viene adecuada y suficientemente protegido.

Que con la turbina vienen todos los accesorios y repuestos indicados en las listas de empaque. Más tarde se comprobará que lo relacionado en esa lista esté de acuerdo con lo solicitado en la requisición correspondiente al equipo.

En caso de que se encontrare algo anormal, se deberá notificar inmediatamente al jefe del almacén –o patio– de materiales de la obra y al superintendente del área al cual pertenece el equipo. Al primero, para que proceda a dar los avisos correspondientes al transportista, la compañía de seguros y el vendedor. Al segundo, para que lo tenga en cuenta dentro de la planeación de trabajo prevista para su área y prevea además la necesidad de reposición de lo dañado, perdido o erróneamente enviado.

Una vez se haya terminado de verificar el estado en el cual ha llegado la turbina al sitio de la obra, y encontrándose que todo está aceptable, se procederá a desmontar los lubricadores, tacómetros, tuberías de circulación de los sellos y de refrigeración, y en general, todas aquellas piezas que por su fragilidad o pequeñez corran peligro de rotura o pérdida mientras se hace el montaje. No confundirlas con las partes que hayan sido enviadas como repuestos.

Seguidamente, en todas las conexiones que quedan abiertas se pondrán tapones roscados o bridas ciegas hechas con chapa de 2 mm de espesor. Los tapones podrán ser de metal o plástico.

Con respecto a todo el material que se haya desmontado de la turbina, se guardará en el interior del almacén, manteniéndolo dentro de cajas con la marca del equipo al cual pertenece. Al mismo tiempo, se entregará al jefe del almacén todas aquellas piezas que vengan como herramientas especiales o como repuestos del equipo, los cuales serán debidamente rotulados como tales y guardados en un sitio aparte en espera del día en que se entregarán al cliente. Los repuestos recibidos para el arranque y puesta en marcha de la turbina, se deben identificar y separar de aquellos que hayan llegado para "stock".

El supervisor encargado de su montaje, deberá conocer con certeza para cuanto tiempo de almacenamiento ha sido preparada la turbina por el fabricante, de manera que antes de que este plazo se venza, se proceda a verificar sus cojinetes y demás partes móviles para recubrirlas con el lubricante apropiado y prepararlas así para la nueva espera prevista antes de su puesta en marcha.

De todas maneras y como previsión protectora contra la corrosión, especialmente cuando el sitio de la obra esté localizado en climas tropicales o en las cercanías del mar, se deberá untar con grasa o barniz anticorrosivo todas aquellas partes metálicas exteriores que no estén pintadas, tales como acoples, ejes, caras de las bridas, etc. y cuando se trate de un almacenamiento superior al previsto por el fabricante del equipo, desmontar los anillos de carbón para reemplazarlos por abundante grasa.

Mientras que llega el momento de montar la turbina, dejarla anclada a los patines de madera tal como ha venido en su caja de embalaje, lo cual proporciona una base firme que evita que se voltee y que además facilita su transporte al área de montaje, protegiéndola también de] maltrato y de las superficies húmedas y pantanosas, que son comunes cuando se está iniciando una obra.

Así mismo, se le deberá dar protección total de la lluvia, polvo y otras suciedades, dedicando especial atención a las turbinas en cuyos alrededores se esté haciendo limpieza con chorro de arena ya que ésta es sumamente perjudicial dada la facilidad con que se introduce en los alojamientos de los sellos, empaques y rodamientos o cojinetes.

El supervisor de montaje deberá asegurarse de que la turbina recibe adecuado mantenimiento y suficiente protección del medio ambiente mientras que permanece en los patios del almacén de la obra. Este punto es de especial importancia en los climas húmedos tropicales, en donde el óxido y los hongos proliferan con inusitada facilidad. También deberá estar pendiente de que no se retiren las tapas, refuerzos, desecadores y demás protecciones provistas por el fabricante del equipo.

RECIBO Y ALMACENAMIENTO EN EL SITIO DE LA OBRA DE LOS LUBRICANTES

Para el recibo, almacenamiento de los lubricantes y las precauciones que se deben tener durante su almacenamiento y manipuleo, ver las correspondientes secciones en el Anexo I.

INGRESO Y SALIDA DEL PATIO DE MATERIALES DE LOS EQUIPOS, PARTES Y LUBRICANTES

INGRESO

Al ingreso de la carga al patio de materiales, quien la recibe debe clasificar los suministros recibidos y guardarlos en los sitios previstos para ellos. Las bombas, turbinas de vapor, motores y tableros de control se deben dejar sobre polines para que queden separados de la humedad del suelo. Si los motores vienen por separado, se deben dejar dentro de sus cajas de embalaje y protegidos de la lluvia.

En cuanto a los tableros de control deben ser cuidadosamente inspeccionados externamente para constatar que no tienen abolladuras ni daños en los componentes de su exterior, como carátulas, lámparas y pulsadores, seguidamente almacenarlos bajo techo o en su defecto cubrirlos con tela de polietileno para protegerlos de la lluvia. Hay que verificar que sus puertas queden herméticamente cerradas y que todos sus orificios y pasa cables estén sellados para evitar el paso a su interior de roedores, cucarachas, grillos y plagas en general.

Guardar bajo techo y llave los instrumentos, así como el material delicado y todo lo que esté sujeto a pérdidas; además, proporcionarles las correspondientes protecciones adicionales que puedan requerir, como por ejemplo el control de la temperatura y la humedad para los equipos y componentes electrónicos. Protegerlos de roedores e insectos a los cuales les gusta el recubrimiento superficial que las fábricas usan para proteger los equipos electrónicos.

Desmontar los lubricadores –o burbujas de lubricación- las tuberías de sello, las de refrigeración, el espaciador y otras partes del acoplamiento y en general, todas aquellas piezas del equipo que por lo pequeñas o frágiles corran peligro de rotura o de pérdida mientras que llega la hora de su montaje. Estas piezas se desarmarán y revisarán cuidadosamente para comprobar que están en buen estado y que no tienen óxido, en seguida se cubrirán con grasa o aceite anticorrosivo y se envolverán en papel para evitar que haya contacto de metal con metal.

Guardar dentro del almacén todo el material desmontado, sirviéndose de bolsas de polietileno y de cajas que se marcan con el "Tag" de la bomba, turbina o equipo al que pertenecen, teniendo además el cuidado de rotular y separar debidamente tanto las piezas que se utilizarán durante el "precommissioning" como las que han sido recibidas como repuestos, para evitar el riesgo de que durante el avance de la obra se mezclen entre sí.

Cada parte debe estar identificada con el "Tag" de la bomba a la cual pertenece y almacenada en grupos identificados con dicho "Tag", es decir, no se debe revolver partes de una bombas con partes de otra, ni tampoco dejarlas separadas y en sitios diferentes. La razón es que las bombas deben salir para su fundación o sitio de montaje, sin nada que pueda ser dañado o robado mientras que llega el "precommissioning" que es entonces cuando esas partes se retiran de la bodega para instalarlas inmediatamente en la respectiva motobomba. En cuanto a los repuestos, unos se utilizarán durante el arranque de la planta y otros serán entregados al cliente, es decir, al jefe de operaciones de la planta.

Asentar y actualizar los registros correspondientes e informar a quienes corresponda, de acuerdo a como se indica más adelante. De todas maneras, los faltantes, daños, averías y desviaciones encontrados en los equipos y sus materiales, deben informarse inmediata y pormenorizadamente al coordinador de compras del proyecto, para que pueda hacer los reclamos y reposiciones pertinentes.

SALIDA

En relación con los suministros que salen de la bodega:

Entregar únicamente contra presentación por parte del contratista de montaje, del formato "Solicitud de Entrega de Materiales" de uso autorizado en la obra y debidamente diligenciado, autorizado y con la indicación discriminada y completa de todo lo que se quiere retirar y el sitio en donde se va a instalar. En el caso de las bombas, turbinas y válvulas de control, indicar el número de su respectivo "Tag".

Verificar contra el "Plot Plan" del área, que el "Tag" indicado en la "Solicitud de Entrega de Materiales" corresponde con el indicado en ese "Plot Plan" y además, que lo solicitado no ha sido entregado.

Elaborar la respectiva "Remisión y Salida de Almacén". Este documento debe diligenciarse para todos los materiales y equipos que se entreguen, indicando allí el área de la planta de destino del respectivo material o equipo, el número del plano en donde está indicado el material o equipo y la descripción completa de lo que se está despachando, además de los otros datos necesarios para identificar plenamente la fecha y el destinatario de los materiales y equipos que se remiten, como por ejemplo: Número de la "Solicitud de Entrega de Materiales o Equipos", nombre del contratista y de quien retira el material o equipo, marca y placas del vehículo que lo transporta, etc.

La "Remisión y Salida de Almacén" debe emitirse para cada área de trabajo, de tal manera que permita tener carpetas de archivo organizadas por áreas de trabajo y por planos o isométricos de la respectiva área para poder verificar en cualquier momento los materiales entregados.

Todo material que salga del patio (y/o bodega) debe tener su correspondiente remisión, por las siguientes dos (2) razones principales:

Para tener un documento que sirva de futura referencia, tanto al personal del patio (y/o bodega) y al supervisor responsable de su montaje como al contratista de montaje.

Para permitir el control y registro por la portería del patio (y/o bodega) informar al celador que lo indicado en la remisión está autorizado para salir y acostumbrarlo a que verifique todo lo que sale de allí, de tal manera que no deje salir aquello que no vaya acompañado de su respectiva "Remisión y Salida de Almacén"

En todos los documentos usar siempre la descripción del material tal como está hecha en los respectivos planos. Tener en cuenta que la descripción de las bombas y sus instrumentos, siempre debe llevar el correspondiente "Tag".

ACTIVIDADES GENERALES DE PROTECCIÓN Y MANTENIMIENTO EN EL SITIO DE LA OBRA

Al llegar al sitio de la obra, las consolas, los tableros de control y paneles deben ser descargados directamente en su sitio de instalación en la casa de control de la planta correspondiente. Si no puede hacerse, y mientras permanezcan en el patio de materiales o en la bodega de la obra, ellos, junto con los equipos rotativos, se mantendrán protegidos de la lluvia, el barro, la arena, los insectos y roedores y en el caso de los equipos rotativos, se verificará que mantengan en su interior lubricante protector; adicionalmente, cada semana se rotarán a mano en lo posible con el fin de mantener su lubricación interna y evitar que se agarroten.

Con respecto a los instrumentos y herramientas especiales, exigen un cuidado particular desde su recibo hasta su entrega al contratista responsable del montaje de las bombas, motores y turbinas, como sigue:

Entregar los paneles de control y consolas directamente del camión en que llegan a su sitio de instalación en la casa de control de la planta correspondiente. Estos equipos son delicados, no permiten manipuleo descuidado y no pueden dejarse a la intemperie.

Recibir los instrumentos y herramientas especiales en un lugar protegido de la intemperie y el polvo, en donde se puedan verificar sin riesgo de que sufran daños. Abrir su empaque cuidadosamente uno a uno y a medida que cada uno se va verificando, reempacarlo manteniendo las protecciones puestas por su fabricante.

Al recibir cada instrumento o herramienta especial, verificar si en el empaque trae marcas o indicaciones con respecto a la posición en que debe mantenerse, cuidados particulares para manipularlo o almacenarlo e instrucciones para abrir ese empaque. Una vez desempacado, buscar algún manual o volante con instrucciones para su almacenamiento y manejo, en su defecto, verificar si las hay en la plaqueta del mismo instrumento o herramienta.

Ser cuidadoso con el manejo de herramientas e instrumentos electrónicos, por cuanto pueden ser afectados por cargas electrostáticas.

Colocar los instrumentos y herramientas especiales en estantes que permitan mantenerlos libres del polvo, humedad, calor, hongos, insectos y roedores, almacenándolos en grupos identificados con el "Tag" de la bomba o turbina a la cual pertenecen, con el fin de que no haya confusión ni demoras al momento de su entrega durante el "precommissioning" y protegerlos contra la condensación del vapor de agua resultante en las noches frías de los climas tropicales, envolviendo el instrumento dentro de una bolsa de polietileno junto con producto desecante, o mantener tibio el ambiente del recinto durante las horas nocturnas.

Desmontar de las bombas los instrumentos asociados con ellas y guardarlos en la bodega y debidamente identificados e interrelacionados con los equipos a los cuales pertenecen, tener en cuenta que en ocasiones esos instrumentos vienen empacados en caja aparte, en cuyo caso también hay que verificarlos. Para evitar que sean dañados, o robados, estos instrumentos se entregarán durante el "Precommissioning".

Guardar las válvulas de control y de seguridad guarecidas de la intemperie. Sus extremos deben estar completamente protegidos para evitar que entre polvo, humedad, insectos y roedores. Mantenerlas dentro de la caja en la que han llegado protegiendo los instrumentos y "tubing" que puedan estar instalados en ellas. Cuando se reciben en estibas, decidir la necesidad de proveer dichas válvulas de las protecciones adicionales para evitarles daños hasta cuando sean instaladas.

Dar protección contra la corrosión a las caras de las bridas de las bombas, así como a los espárragos, sus tuercas y cualquiera otro componente que requiera protección contra corrosión.

Informarse de las protecciones que contra la corrosión interna del equipo le ha dado su fabricante y proceder de acuerdo con ellas. En ocasiones es necesario usar lubricantes protectores contra la corrosión del medio circundante, especialmente cuando se trata de zonas con alta humedad relativa o con diferencias apreciables entre el calor del día y el frío de la noche.

Proteger los equipos del polvo y contaminantes producidos cuando en los alrededores se adelantan labores de limpieza con chorro de arena.

Cubrir las bridas con ciegos de madera o de hojalata para proteger el maquinado del "Raised Face" y para evitar que por ellas algo entre a la bomba.

Mantener los equipos dentro de sus cajas de embalaje, las cuales pueden cubrirse con polietileno para evitar que les pase la lluvia.

Mantener en buen estado los polines que soportan los equipos y lubricantes, cambiando aquellos que muestren deterioro.

ACTIVIDADES RUTINARIAS DE PROTECCIÓN EN EL PATIO DE LA OBRA

Está claro que el manejo del patio (y/o bodega) de materiales de la obra es responsabilidad del jefe de materiales, sin embargo, como el supervisor encargado del montaje de las bombas centrífugas de eje horizontal, sus motores y turbinas debe estar atento a implementar y mantener precauciones y manejos que garanticen la integridad y el buen estado de dichos equipos hasta cuando sean entregados al cliente, debe entonces cerciorarse de que mientras esos equipos y sus materiales asociados estén en el patio (y/o bodega) se les den ciertos cuidados que de manera general pueden resumirse como sigue:

Que se mantiene al día, organizados en un solo sitio y al alcance de la mano: El "Plot plan" la lista de equipos rotativos del proyecto, y los catálogos de los equipos. Los catálogos se necesitan para verificar lo relacionado con los repuestos suministrados para las pruebas y arranque de los equipos y para consultar alguna instrucción particular en relación con algún equipo.

Que las bombas, motores, turbinas y lubricantes se mantienen juntos en un solo sitio del patio o bodega y completamente identificados.

Que las partes delicadas, instrumentos y repuestos de cada equipo, se mantienen debidamente almacenados, identificados, protegidos de manipuleo, humedad, roedores, insectos y en general, de todo riesgo, daño o pérdida y bajo acceso restringido.

Que cada bomba, motor, turbina y bidón de lubricante se mantiene sobre polines que los separen del suelo y con sus partes delicadas protegidas de la lluvia.

Que se diligencian completa y correctamente los formularios de retiro de equipos y materiales del patio de almacenamiento.

Que hay un efectivo control de entradas y salidas por la puerta del patio de materiales o bodega.

Que se mantiene actualizada la información en el computador, asentando diariamente todos los movimientos relacionados con los inventarios correspondientes a las bombas, motores, turbinas y lubricantes.

Que diariamente se archiva la documentación que se genera en la bodega, así como la que llega allí.

Que se mantiene corto el pasto y la maleza para evitar que toquen los equipos y los recipientes con lubricantes.

Que se evitan los encharcamientos alrededor de los equipos, sus materiales y lubricantes.

Que se mantiene en buen estado las áreas de almacenamiento y tránsito del patio de materiales.

Que el patio y las bodegas se mantienen limpios y libres de cartones y desechos de embalajes.

Que se mantiene en buen estado las cercas, puertas y garitas que protegen el acceso a la bodega y al patio de materiales.

Que se mantiene en buen estado los cobertizos, estantes, herramientas, máquinas y demás implementos de uso en la bodega y el patio de materiales, incluyendo los computadores, impresoras y software.

CAPÍTULO 2

INSTRUCCIONES GENERALES PARA EL MONTAJE Y ALINEAMIENTO DE EQUIPOS ROTATIVOS

CONSIDERACIONES GENERALES

En este capítulo y en los tres que le siguen se describen los cuidados y procedimientos particulares que se debe tener en cuenta para el montaje y alineamiento de bombas centrífugas, turbinas de vapor y motores eléctricos usados en centros de producción de crudo, refinerías de petróleo y plantas petroquímicas. Por ser generales no cubren todas las variaciones que es posible encontrar en el sitio de la obra, las cuales están sujetas a las especificaciones y requerimientos técnicos propios del proyecto y a condicionantes geográficos y ambientales. Acomodarlas a las particularidades de tiempo y lugar específicas de cada equipo y proyecto es una de las responsabilidades del supervisor de montaje mecánico.

Cuando la instalación de los equipos rotativos se hace con base en una secuencia de actividades bien definidas que conformen un procedimiento adecuado a las condiciones específicas de ese equipo, tanto en lo referente con su propia construcción mecánica como con las peculiaridades del sitio en donde se adelantará ese montaje, se les imprime el sello definitivo que habrá de permitirles un uso duradero y un trabajo seguro, confiable y continuo, libre de paros imprevistos y con requerimientos mínimos de mantenimiento, con lo cual devuelve con creces ese tiempo y costo que se ha dedicado a lograr sus condiciones óptimas de montaje. Es por esta razón que este capítulo ha sido redactado siguiendo la secuencia usual para el montaje y alineamiento de equipos rotativos en instalaciones de la industria petrolera y que cada actividad ha sido numerada consecutivamente.

Es muy importante tener en cuenta que las protecciones con las que llega el equipo al sitio de la obra deben mantenerse hasta cuando ya sea estrictamente necesario retirarlas.

Una de las actividades que más atención y tiempo requiere durante el montaje de los equipos rotativos compuestos por dos o más máquinas de operación solidaria es la alineación entre sus ejes, puesto que para lograr su buen alineamiento, se requiere tener en cuenta todos los factores que pueden ejercer alguna influencia en el funcionamiento de dichos equipos. En consecuencia, hacer una consideración seria de cada uno de esos factores reviste carácter de importancia dentro de las condiciones óptimas de su montaje.

Es frecuente que al establecer la distancia entre los ejes de los equipos, como por ejemplo, cuando a los pedestales se les va a hacer las perforaciones necesarias para asegurar los pernos de anclaje del motor o cuando se va a alinear el eje de éste con el de la máquina que acciona, el operario omita la condición primera para el alineamiento de dos equipos, la cual es que éstos tengan definitivamente montados en sus ejes los correspondientes semiacoples, en razón de que la distancia axial se mide entre las caras de éstos y que a su vez esas caras no siempre quedan a ras con las de sus ejes, formando así un pequeño resalte que desvirtúa la medición que se haya efectuado entre los extremos de los ejes y los posteriores trabajos hechos con base en esa medición.

La falta de alineamiento de un equipo, por ejemplo, el compuesto por una bomba centrífuga de eje horizontal y su motor, ocasiona los siguientes problemas:

Recalentamiento de sus cojinetes. Tanto los de la bomba como los del motor

Deterioro prematuro de los cojinetes de la bomba o del motor

Sobrecargas en el motor, aumentando el consumo de energía

Deterioro prematuro del anillo de desgaste de la bomba

Escapes excesivos a través del prensaestopas, o del sello mecánico

Desgaste prematuro de la empaquetadura de la bomba, o daño de su sello mecánico, cuando es éste el que se usa en lugar de aquélla

Daños en el acople flexible

Chirridos y otros ruidos extraños

Vibraciones, las cuales a su vez causan aumento del desalineamiento creando un círculo vicioso que termina por arruinar el equipo

ACTIVIDADES Y CONTROLES

A continuación se indican los once principales pasos que se debe considerar cuando se va a efectuar el montaje y alineamiento de un equipo rotativo:

Verificar el estado de la fundación en donde irá el equipo y su preparación para recibirlo

Verificar la aptitud y capacidad de los operarios que estarán encargados de montar y alinear el equipo

Controlar el montaje del equipo sobre su fundación y verificar que haya quedado correcto: Como orientación, elevación, nivelación, pernos de anclaje y sus tuercas, de acuerdo con las correspondientes especificaciones

Verificar el buen estado del encofrado para recibir el "grouting". Ver: Fig. Cap. 2-1

Controlar el relleno con mortero o "grouting" de la bancada del equipo, verificando que no queden espacios vacíos

Verificar el estado de las tuberías conectadas al equipo y de los soportes de estas tuberías

Verificar el estado general del equipo, incluyendo protecciones de sus bridas (flanches) y aplicación de anticorrosivos externos e internos

Verificar la clase y condiciones de trabajo de los instrumentos y herramientas que se van a utilizar en la alineación

Establecer el método de alineamiento que se va a utilizar

Establecer los requerimientos y tolerancia finales de los alineamientos que se efectuarán

Establecer el formato que se usará para documentar el registro de las lecturas del alineamiento

Los mencionados pasos se describen como sigue:

Para verificar el estado de la fundación y de su preparación para recibir el equipo, se tendrá en cuenta que las principales finalidades de la fundación son:

Servir de soporte al equipo, distribuyendo adecuadamente su peso y cargas sobre el terreno. El centro de gravedad del equipo debe coincidir verticalmente con el de la fundación,

Reducir al mínimo la transmisión de las vibraciones producidas por el equipo montado en ella, o por los que están en su vecindad y que de alguna manera pueden afectarse mutuamente

Mantener el equipo en la localización y los niveles deseados

Mantener el alineamiento entre los ejes del equipo

Apartar el equipo del terreno para protegerlo de las contingencias que puedan afectar su buen funcionamiento en un momento dado, tales como: inundaciones, lodo, golpes y aún el paso de grúas y otros equipos de mantenimiento

Facilitar las labores de mantenimiento propias del equipo

La fundación debe descansar por completo bien sea sobre roca o bien en un relleno de tierra compactada, pero no una parte en roca y la otra en tierra compactada, por cuanto ello propicia que termine desnivelándose como consecuencia del diferente asentamiento de ambos

Las superficies de la fundación no deben ser sometidas simultáneamente a diferentes temperaturas, tales como las que pueden presentarse cuando por una cara recibe el calor directo del sol mientras que por la otra permanece en la sombra, o cuando en uno de sus costados recibe el calor irradiado por una tubería de vapor que estando desprovista de su aislamiento, se encuentra recostada contra la fundación.

La fundación debe estar aislada de otras fundaciones y de las estructuras vecinas

Los pernos de anclaje a la fundación se instalarán con la mayor exactitud con respecto a sus correspondientes perforaciones en la bancada del equipo, e irán, de preferencia, dentro de tubos o camisas que eviten que sus extremos superiores se agarroten con el concreto, permitiendo así algún desplazamiento cuando se trata de pasarlos a través de esas perforaciones, facilitando con ello el montaje del equipo y evitando esfuerzos en su bancada

Después de fundida, o sea, cuando se ha vaciado todo el concreto de la fundación, debe esperarse al menos 28 días antes de montar en ella el equipo correspondiente, con el fin de permitir un fraguado completo del hormigón y evitar que los pernos de anclaje se aflojen al apretar sus tuercas

La parte superior de la fundación se picará hasta quitar completamente toda lechada de cemento; y antes de montar el equipo, se deberá encontrar libre de polvo, lubricantes y otras sustancias extrañas

Las camisas protectoras de los pernos de anclaje estarán vacías en su interior, dejando libre al perno y éste a su vez estará provisto de su arandela, tuerca y contratuerca

La forma y peso de la fundación deben ser los adecuados para el equipo que va a soportar. En términos generales, el peso de la fundación de un equipo rotativo debe ser cuando menos tres veces el peso del equipo que soportará. Ver: Comentarios en el Capítulo Introducción.

Para verificar la aptitud y capacidad de los operarios que estarán encargados de montar y alinear el equipo, se tendrá en cuenta que debe:

Tener suficiente experiencia en trabajos similares

Conocer la clase, uso y manejo de las herramientas e instrumentos requeridos

Conocer las secuencias en las que debe efectuarse el trabajo y saber cómo se comprueba que se está procediendo correctamente

Saber elaborar los registros correspondientes

Entender a la perfección la exactitud y calidad del trabajo que se espera de él y tener la disposición para hacerlo

Puede haber la necesidad de someter a prueba la pericia de los principales operarios.

Para controlar el montaje del equipo sobre su fundación, se tendrá en cuenta que:

Durante el montaje del equipo sobre su fundación, éste debe manipularse con cuidado, evitando distorsiones de su bancada y golpes que puedan causarle daño

El equipo se montará dejándolo descansar sobre calzos metálicos de 70 x 140 mm, pero de todas maneras, su superficie de asiento debe ser más grande que la superficie de la pata que apoyará en él. Los espesores de los calzos deben estar de acuerdo con lo requerido en cada caso, para evitar la pata coja. Estos calzos estarán completamente limpios, libres de óxido, bien cortados, sin rebabas, arrugas ni dobleces, hechos en un material que no esté sujeto a la corrosión y se colocarán en los sitios que el fabricante del equipo haya previsto para ellos en la bancada, o en su defecto, a lado y lado de los pernos de anclaje a la fundación pero sin obstruir sus camisas, y cuando la distancia así resultante sea mayor que 60 cm se intercalarán otros calzos para dividirla o disminuirla

Se evitará el uso de calzos múltiples usando en su lugar chapas de mayor espesor y se verificará que proporcionen un buen sustento al punto de apoyo de la tuerca del perno de anclaje para evitar la distorsión que su apriete ocasiona a la bancada del equipo. Ver: Sección Pata Coja, en este capítulo.

El equipo se dejará a su orientación, elevación y situación requerida y su bancada en perfecto nivel, medido en cualquier sentido

En aquellos equipos dotados de consola de lubricación, se tendrá en cuenta la posición relativa del montaje entre sus partes, por ejemplo, hay casos en los cuales la salida en el cárter del equipo para el aceite que retorna a la consola de lubricación debe estar más alta que su entrada al depósito de esa consola, a pesar de que el sistema esté dotado de una bomba, puesto que puede ocurrir que ésta es para aspirar el aceite del depósito principal y rociarlo a presión sobre las partes móviles internas del equipo, pero si el cárter está provisto de venteos, se pierde el efecto impulsor de la bomba sobre el aceite, debiendo éste entonces retornar por gravedad al depósito principal. En estos casos, el fabricante del equipo debe indicar el desnivel o pendiente requerido. Ver: Observaciones en la sección Montaje del Capítulo 3.

Los pernos de anclaje del equipo a la fundación se apretarán completamente y estarán provistos de arandela y contratuerca u otro medio que garantice su tensión constante, la cual deberá ser verificada antes de proceder al relleno con mortero

Las superficies de los pedestales que entran en contacto con los equipos, las caras de apoyo de las patas de éstos y las superficies de la bancada que asientan en los calzos de nivelación, deben estar por completo limpias, pulidas, libres de óxido, lubricantes y materias extrañas como la arena

Para verificar el buen estado del encofrado, se tendrá presente que:

El encofrado para recibir el "grouting se hace solamente después de que el equipo haya quedado perfectamente instalado sobre su fundación y se haya hecho la alineación preliminar. Para verificar el buen estado de este encofrado, se tendrá en cuenta que la razón por la cual se necesita, es para mantener el "Grouting" dentro de los límites de la fundación y garantizar que llena toda la cámara de la bancada de la bomba, por lo tanto:

Las paredes del encofrado del "Grouting" deben quedar localizadas alrededor de la bancada de la bomba, en la distancia indicada bien sea por el proveedor o en las especificaciones del proyecto

Las paredes de este encofrado deben superar el límite o nivel hasta el cual y en relación con la bancada de la bomba, debe quedar cubierta por el "grouting" la parte externa de esa bancada

El encofrado para el "Grouting" debe ser hecho de un material resistente a la presión que recibirá durante la expansión del mismo"

Este encofrado debe estar lo suficientemente bien asegurado a la fundación, como para resistir los golpes y presiones que recibe el "Grouting" por parte de los albañiles en su empeño por asegurarse que llena todas las cavidades de la bancada del equipo. Ver: Fig. Cap. 2-1

Para controlar el relleno con mortero o "grouting" de la bancada del equipo, se tendrá en cuenta que las finalidades principales del relleno con mortero son:

Llenar completamente la cavidad interna formada entre la bancada y la fundación del equipo y el área perimetral externa de esa bancada, de acuerdo con lo requerido por el proveedor de ese equipo o con las especificaciones del proyecto.

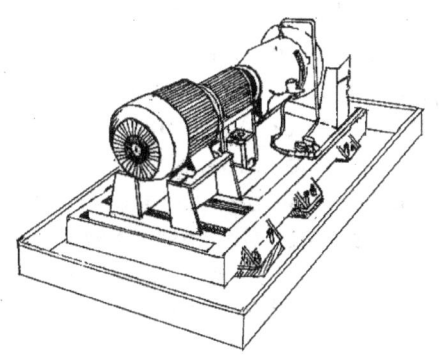

Fig. Cap. 2-1

Adherirse totalmente tanto al concreto de la fundación como al metal de la bancada para proveer una unión permanente entre ellas, conformando así una pieza solidaria

Aguantar todas las cargas estáticas y dinámicas que pueda generar el funcionamiento del equipo que está reforzando

Dar completa solidez y máximo soporte a la bancada, evitando así flexiones y movimientos ondulatorios que afecten el alineamiento entre los ejes del equipo

Evitar el deslizamiento lateral del equipo, lo cual podría suceder de estar sujeto a la fundación solamente por los pernos de anclaje

Reducir al mínimo alguna vibración que resultare en el equipo

Evitar que la cavidad formada por la bancada sirva de caja de resonancia que aumente los ruidos propios del equipo

---

OBSERVACIONES

Causas muy comunes de las vibraciones en las bombas de eje horizontal, son el desalineamiento, el desbalanceo y la pata coja, tanto de la bomba como tal, como de su accionador (Motor o turbina).

Antes de hacer el relleno con mortero, debe hacerse la nivelación de la bancada alineando el equipo y ajustando los calzos entre la fundación y la bancada de acuerdo con los requerimientos de dicha alineación. Esta operación se conoce como alineamiento preliminar. Ver: Sección Montaje del Capítulo 3.

Además de llenar por completo el interior de la bancada, el relleno con mortero debe mostrar una terminación libre de fisuras e irregularidades

Para llenar completamente la cavidad de la bancada, el mortero de relleno debe ser muy fluido preparado siguiendo exactamente las instrucciones de su fabricante y no estar propenso a contracciones ni a la separación de su agua, razón por la cual no es aconsejable el uso de la mezcla común de cemento portland y arena; sin embargo, si las especificaciones de la obra indican la utilización de esta mezcla, debe tenerse en cuenta que al momento de efectuar el "grouting" la parte superior de la fundación debe encontrarse completamente empapada con agua (pero no encharcada) y la mezcla debe estar apenas húmeda, lo suficiente como para que con ella se pueda formar una bola y sostenerla en la mano sin que se asiente. Obtenido este punto o consistencia, la mezcla se introduce a presión bajo la bancada. La humedad de esta mezcla debe permitir su fraguado y a la vez evitar su retracción y exudación, y como por su consistencia se dificulta que dicha mezcla llegue a todas partes dejando cámaras vacías, se requiere hacer perforaciones en la bancada para introducir mezcla por ellas.

Para evitar los problemas que conlleva el relleno con un mortero de cemento y arena, se utilizan productos especialmente preparados para ese uso y que reúnen las siguientes condiciones:

Mezcla con baja proporción de agua pero con muy buena fluidez

No están sujetos a exudación ni retracción

Una vez fraguados, ofrecen máxima resistencia a la fatiga

Las prácticas para la preparación y uso de estos morteros especiales para relleno, requieren atenerse estrictamente a las instrucciones de su fabricante.

Para verificar el estado de las tuberías conectadas al equipo, se tendrá en cuenta que es necesario:

Controlar el correcto montaje de las tuberías conectadas al equipo, no solo en lo que respecta a sus accesorios e instrumentos, sino también en cuanto al montaje de sus soportes en la posición, sitio y ajuste adecuados. En principio, debe haber un soporte para cada uno de los tubos conectados al equipo y el soporte debe estar tan cerca del equipo, como lo permitan sus circunstancias particulares de montaje.

Controlar que las tuberías no estén ejerciendo esfuerzos distorsionadores sobre las bridas y otras conexiones del equipo. Para reducir esfuerzos de las tuberías sobre las bridas de la bomba, aquellas se deben montar y ensamblar partiendo de las bridas de ésta.

Controlar que los "tubing" eléctricos y de instrumentos no estén ejerciendo tirantez o empuje sobre el equipo.

No proceder a ninguna alineación mientras no se tenga la certeza de que el montaje de las tuberías está terminado y éstas han sido probadas y aprobadas hidrostáticamente. Si la prueba hidrostática no ha sido aprobada, la tubería está sujeta a que sobre ella se hagan trabajos de reparación y ajustes y una nueva prueba hidrostática, con lo cual se afecta el alineamiento del equipo al cual está conectada.

Que una vez hecha la alineación de las tuberías de acuerdo a como se describe en la sección Alineación final en frío del Capítulo 3, se pueden comprobar los resultados obtenidos o deducir la acción de otra fuerza distorsionadora, efectuando la prueba siguiente:

Montar dos comparadores en el eje del equipo conectado a la tubería, con sus carátulas puestas a cero y apoyadas sobre el eje de la máquina acompañante. Una carátula indicará el movimiento axial y la otra el radial

Aflojar los pernos que anclan el equipo a sus pedestales

Leer las carátulas

Si el desplazamiento es superior al promedio permitido, buscar sus causas y hacer las correcciones necesarias

Para verificar el estado del equipo, se tendrá en cuenta:

Disponibilidad de los catálogos para instalación, operación, mantenimiento y lista de partes, entregados por el fabricante del equipo.

Disponibilidad de los planos dimensionales certificados del equipo

Disponibilidad de los repuestos para instalación, pruebas y arranque del equipo

Total limpieza tanto del equipo como de su fundación y vecindades inmediatas.

Correcto apriete de todas las tuercas de los pernos de anclaje del equipo a su fundación. Verificar que todos tengan arandelas y el mismo torque de apriete.

Correcta situación, orientación, elevación y nivel del equipo

Correcto montaje y balanceo de los acoples, poleas y cuñas de los ejes.

Correcta altura y buena terminación de los pedestales, permitiendo el buen asentamiento de todas las patas de los equipos que se apoyan en ellos. Verificar que todas las patas asientan completamente y si tienen suplementos, que sean de acero inoxidable, teniendo en cuenta que no debe haber más de tres por pata.

Correcta localización de las perforaciones que hay en los pedestales para el anclaje del equipo. Verificar que están hechas con el diámetro y profundidad adecuados.

Suficientes protecciones contra las contingencias del medio circundante.

Suficientes facilidades que permitan efectuar un trabajo bueno y eficiente. La incomodidad y el acceso difícil al equipo aumentan las horas de montaje dedicadas a él.

Apropiada lubricación de todos los rodamientos del equipo

Ausencia de ralladuras, golpes, rugosidades y rebabas en la parte exteriormente visible de los ejes.

Admisible movimiento radial y axial de los ejes.

Para verificar la clase y condiciones de trabajo de los instrumentos y herramientas que se van a utilizar en la alineación, se tendrá en cuenta que:

Las herramientas e instrumentos de medición y calibración son los adecuados y se encuentran en buen estado de funcionamiento, en especial los calibradores de carátula y sus soportes

El buen estado de los soportes de los comparadores de carátula se puede estimar si se aseguran perfectamente como corresponde a su utilización normal y poniéndolos en cero se ejerce una ligera presión en el extremo del soporte, al aflojar, el indicador debe volver a cero. Ver: Atrás en este capítulo.

Los instrumentos y herramientas que han sido inspeccionados y aprobados son los mismos que se usan durante el trabajo de alineación.

Las carátulas de los comparadores deben descansar perpendicularmente a la superficie de contacto.

REPRESENTACIÓN GRÁFICA DE LA INTERPRETACIÓN DE LAS LECTURAS OBTENIDAS AL ALINEAR UN EQUIPO

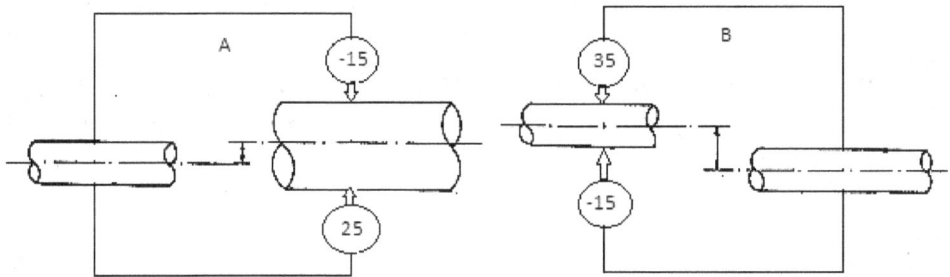

Para alinear los ejes, el punto con la lectura negativa se mueve en la dirección del que muestra la lectura positiva, en un valor igual a la mitad de la diferencia entre ambos.

En el equipo A
25-15 = 10
10/2 = 5
El eje en donde está apoyando la carátula, desciende en 5 unidades

En el equipo B
35-15 = 20
20/2 = 10
El eje en donde está apoyando la carátula, asciende en 10 unidades

Fig. Cap. 2-2

Para establecer los requerimientos y tolerancia finales de los alineamientos que se efectuarán, determinar la precisión del método de alineamiento que se usará, teniendo en cuenta lo indicado en las especificaciones del proyecto y en los catálogos de los correspondientes fabricantes de los equipos, considerando que las tolerancias usuales son:

Para velocidades de 1800 rpm o menores, la tolerancia es de 0,0500 en total, es decir, 0,05 mm debe ser la máxima diferencia existente entre la lectura tomada en un punto del eje y la tomada en otro diametralmente opuesto.

Para velocidades de 3600 rpm o superiores, las tolerancias tendrán que ser menores puesto que aún el desalineamiento aparentemente despreciable, puede producir daños y accidentes. En equipos con estas revoluciones, se seguirán las instrucciones de sus fabricantes y de los fabricantes de los acoples.

Definir los movimientos radial y axial permitidos para cada máquina y la distancia especificada que debe haber entre los semiacoples, con el fin de establecer las tolerancias finales del equipo.

Llevar un registro de las lecturas de alineamiento, teniendo en cuenta que:

Las mediciones y lecturas que se hagan, se asentarán en una hoja que tendrá todos los datos de identificación del equipo, de forma tal que se pueda llevar un control que facilite y haga lógicos los ajustes requeridos durante su alineación.

Considerar la necesidad de adjuntar el registro de las lecturas finales del alineamiento al acta de recibo del equipo por el cliente. Ver: Fig. Cap. 2-2.

Para establecer el método de alineamiento que se va a utilizar, se tendrá en cuenta que:

Los términos usados en el alineamiento son: Alineamiento colineal. Desplazamiento paralelo. Alineamiento radial. Desplazamiento angular o alineación axial y separación o distancia axial. Ver: Fig. Cap. 2-3.

La práctica ha demostrado que una alta proporción de fallas y desgastes prematuros de los cojinetes y sellos en los equipos es debido a mala alineación, llegándose en algunos casos hasta la rotura del eje, acople, el rodamiento o del cojinete.

Antes de proceder al alineamiento, los cojinetes del equipo deben estar montados y lubricados en forma adecuada y con sus cubiertas apretadas.

La carcasa del equipo no debe estar sometida a distorsión, lo cual se comprueba de la manera siguiente:

Estando la máquina debidamente anclada y apretada a sus pedestales, se afloja el perno de una de sus patas y enseguida se retira el calzo que pueda haber allí.

Calibrar el espesor del calzo retirado, así como la luz que ha quedado entre el pedestal y la pata.

Restar de la luz el espesor del calzo. Tener en cuenta que puede obtenerse tanto cero (0) como una cifra positiva o negativa. Cuando resulta positiva, significa que el perno de anclaje está forzando hacia abajo, es decir, está halando, la pata del equipo. Si es negativa, quiere decir que el calzo la está empujando hacia arriba. Cuando el espesor del calzo difiere de la luz entre la pata y su pedestal, se llama pata floja.

Montar de nuevo el calzo y apretar el perno.

Proceder en igual forma para las otras tres patas del equipo.

Comparar entre sí los resultados y de encontrar una diferencia apreciable entre ellos, se procederá a determinar su causa, puesto que puede ser ésta la señal de que la carcasa está sometida a distorsión, lo cual debe corregirse antes de continuar trabajando con el equipo.

Fig. Cap. 2-3

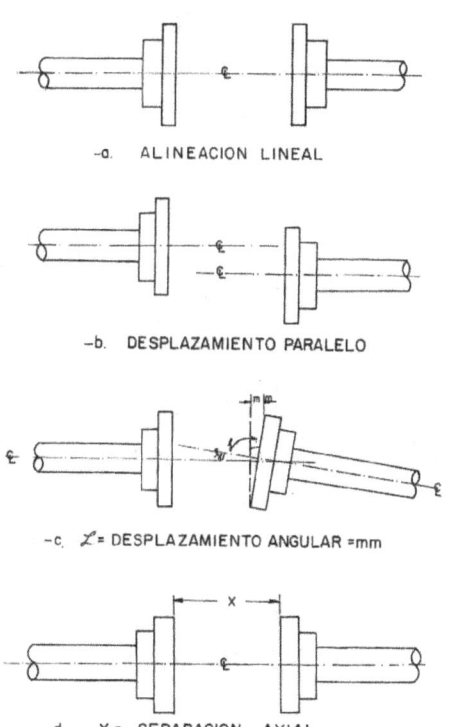

-a. ALINEACION LINEAL

-b. DESPLAZAMIENTO PARALELO

-c. ∠= DESPLAZAMIENTO ANGULAR =mm

d   X = SEPARACION AXIAL

Con el procedimiento descrito en el inciso anterior, se verifica que no haya patas del equipo forzadas hacia arriba por los calzos; y cuando se quiera determinar si los pernos de anclaje del equipo a sus pedestales están forzando sus patas hacia abajo, se procederá como se explica a continuación:

Se monta el soporte del comparador en el extremo del eje del equipo y la carátula en la parte superior de la rodadura del semiacople del equipo acompañante.

Se pone en cero el reloj y se afloja uno de los pernos de anclaje del equipo a su pedestal

Se toma la lectura del reloj y se aprieta de nuevo el perno de anclaje

Se procede en igual forma para los otros tres pernos

Se corrigen aquellos calzos en donde se haya encontrado que al aflojar sus correspondientes pernos de anclaje, el desplazamiento de la pata hacia arriba o hacia abajo superó los 0,050 mm

Se monta el soporte del comparador en el extremo del eje del equipo acompañante y se procede en la misma forma que se acaba de describir.

El método para hacer el alineamiento se escoge en función de la distancia axial, así:

El método de cara y borde, también llamado de cubo y cara o de los dos indicadores, que se recomienda cuando la distancia axial es menor que la mitad del diámetro del acople. Ver: Fig. Cap. 2-4.

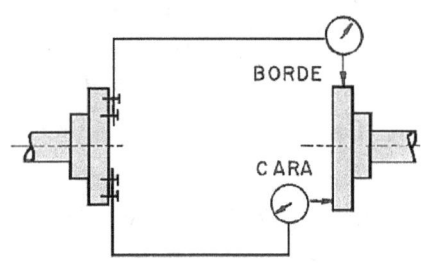

Fig. Cap. 2-4

El método de los indicadores alternados, que se recomienda cuando la distancia axial es mayor que la mitad del diámetro del acople. Ver: Fig. Cap. 2-7.

Las lecturas hechas por este método son de mayor precisión que las logradas por el método anterior, por cuanto hay una mayor longitud entre el punto de apoyo del soporte y el del vástago de la carátula, además de que cada calibrador está indicando la desviación del eje en donde está montado, al mismo tiempo que su soporte es una prolongación de éste.

Adicionalmente, la precisión se aumenta usando dos calibradores cuyas lecturas son registradas simultáneamente y que pueden ser utilizados sin necesidad de retirar el carrete del acople, puesto que uno de ellos se asegura sobre el eje de una de las máquinas y su carátula se deja descansar sobre la rodadura del semiacople de la otra, mientras el otro calibrador se monta en sentido contrario y a 180° del primero.

Para establecer el formato en donde se asentarán las lecturas del alineamiento, se tendrá en cuenta:

Que debe cumplir con los requerimientos del proyecto, por lo tanto, lo primero es verificar si ya hay un formato definido y aprobado.

Que si no hay un formato establecido para el proyecto, deberá elaborarse uno. Ver: Suplemento 2 de este capítulo.

PATA COJA

Pata Coja (Soft Foot) es un término usado en la alineación de equipos rotativos para indicar que hay distorsión en la bancada o en el equipo por causa de alguna de sus patas. La pata coja aparece cuando una de los patas de la máquina no asienta suficientemente, o es más larga, o su pedestal está más alto o más bajo que el de las demás, o no asienta de manera plana, lo cual se conoce como pata coja angular que aun cuando puede hacer contacto con su pedestal, por no hacerlo uniformemente, cuando su tornillo se aprieta la pata tiende a doblarse para ajustarse a la superficie en la que está montada.

Lo mismo que ciertas fallas estructurales de un equipo pueden complicar su proceso de alineación y en algunos casos imposibilitar alinearlo, la pata coja o distorsión de la bancada del equipo, es una de las trampas más comunes que pueden convertir una alineación de otra manera simple en una tarea muy difícil y costosa.

La pata coja genera distorsión y tensión en la bancada del equipo, creando problemas de desalineación, desequilibrio y daños y puede aumentar sus niveles de vibración tanto como hasta diez veces, en algunos casos llegando a una oscilación mensurable de la máquina; por lo tanto, si un equipo vibra, para diferenciar la pata coja de la desalineación se afloja cuidadosa y secuencialmente el tornillo de cada pata que la fija al pedestal, mientras que los otros tres se mantienen apretados. Si al aflojar uno de ellos se reduce la amplitud de la vibración (lo cual sería contrario a lo que cabría esperar si la máquina estaba bien y si el tornillo no hubiera estado flojo por haberse desenroscado) entonces esa Pata está Coja.

Así como es rutinario comprobar el alineamiento entre las tuberías y el equipo y verificar que ni están tirando de él ni empujándolo, también es muy importante comprobar la ausencia de pata coja durante el proceso de prealineamiento. De hecho, puede que no sea posible alinear la máquina sin primero solucionar una pata coja. Es frecuente pasar por alto esta comprobación, resultando en demora para hacer la alineación entre los ejes del equipo, imposibilidad para obtener una buena alineación, producción de problemas internos en los motores eléctricos y de vibraciones en el equipo.

Un equipo con un problema de pata coja está indebidamente expuesto a un desgaste excesivo con cada revolución de su eje por la flexión a la que éste está sometido, por cuanto al estar distorsionada su bancada, las cajas de sus cojinetes están desalineadas entre sí lo que crea una carga en el eje a medida que rota, terminando por romperse, pues a 1.800 revoluciones por minuto (RPM) una distorsión producida por una pata coja puede hacer que el eje sufra 5.184.000 ciclos de deflexión cada 24 horas (1800x2x60x24). Esta deflexión continua produce además alta vibración, desgaste prematuro de cojinetes y sellos y mayor consumo de energía

La pata coja se causa por alguno o por una combinación de los siguientes factores:

Bancada o pedestal deformado o torcido

Diferencias ocasionadas durante el maquinado de las patas o de los pedestales del equipo

Superficie de la fundación, irregular o mal terminada

Patas de la máquina, deformadas, dobladas o rotas

Pernos de anclaje a la fundación, flojos

Tornillos de fijación al pedestal, flojos

Tornillos de fijación al pedestal, con diferente apriete entre sí

Falta de calzos ("Shims") en una pata

Demasiados calzos bajo las patas. No debe usarse más de tres (3)

Calzos doblados o deformados

Calzos oxidados por ser de material inadecuado

Suciedad, lubricante u otro material no deseado bajo las patas de la máquina

Abolladuras u otros defectos en el pedestal de la máquina o en sus patas

Rebabas o limaduras en el pedestal de la máquina o en sus patas

Tensión excesiva en la pata de la máquina por deformación de esa pata al apretar el tornillo que la fija a su pedestal

Los tornillos de fijación del motor a su pedestal tienen diferentes torques de apriete. Para evitarlo, apretarlos primero con la mano, después ajustarlos con una llave y finalmente dejarlos en su apriete con una llave de torque

Tubería unida al equipo ejerce tensión o empuje sobre él, impidiendo que todas sus patas apoyen completamente en su bancada.

La superficie del pedestal en donde asienta la pata se mueve hacia arriba al apretar el tornillo que fija la pata a ese pedestal.

ALINEAMIENTO EN FRÍO

Por alineamiento en frío se conoce el procedimiento de situar sobre una misma recta la línea central de los ejes de dos equipos, mientras se encuentran a la temperatura del medio ambiente normal en el sitio de la obra. Por lo general se efectúa utilizando equipos LASER, o carátulas, galgas, micrómetros o combinaciones de ellos.

Básicamente, el alineamiento en frío se efectúa en dos momentos bien definidos del montaje del equipo, los cuales son: A su instalación en su fundación de concreto sobre los calzos metálicos que lo separan de ella, no solo para alinear los ejes entre sí, sino también para verificar la correcta nivelación de los pedestales en donde se apoyan sus patas y revelar patas cojas, desviaciones, desniveles y otras irregularidades causantes de esfuerzos que si se omiten, más tarde dificultarán el alineamiento final del equipo. Esta alineación se conoce como alineación preliminar. Ver: Sección Montaje del Capítulo 3. El segundo alineamiento en frío se llama alineamiento final en frío, del cual trataremos en esta sección y se hace cuando ya la instalación del equipo está completamente terminada y con él sus tuberías y accesorios, encontrándose lista para entrar a sus pruebas de arranque o funcionamiento.

Al hacer los preparativos para la alineación final en frío, es necesario tener en cuenta las condiciones ambientales locales, por ejemplo, en situaciones de baja temperatura ambiental se tomarán precauciones con respecto a la fluidez del lubricante y de los líquidos de enfriamiento; y en el caso de las turbinas de vapor y de los equipos cuyo fluido de operación esté sujeto a congelamiento, se drenarán completamente. Por el contrario, en un medio tropical, se considerará el efecto de distorsión que pueda causar el calor del sol recibido en un lado del equipo o de su fundación, mientras el otro tiene sombra, así como la obstrucción que puede ocasionar en los sistemas de lubricación y refrigeración la proliferación de hongos y esporas propios de esos climas.

El alineamiento final en frío se hace con todas las tuberías desconectadas del equipo y éste a su vez deberá estar apropiadamente lubricado.

Para facilitar la alineación, una de las máquinas permanecerá anclada y la otra –generalmente el motor– será alineada con respecto a la que permanece inmóvil, se recomienda pues:

En el caso de una máquina accionada por un motor eléctrico, la máquina permanecerá fija y el motor se alineará con respecto a ella.

En el caso de una máquina accionada por una turbina de vapor, la máquina estará fija, excepto cuando sea más fácil lo contrario.

En el caso de tres máquinas interconectadas entre sí, como por ejemplo, un compresor conectado a un reductor de velocidad y éste a una turbina, el compresor estará fijo; el reductor se alineará con respecto al compresor y por último, la turbina se alineará con respecto al reductor. Sin embargo, antes de iniciar la alineación de las otras máquinas conectadas al compresor, éste se instalará y centrará exactamente sobre sus pedestales, teniendo en cuenta la posición relativa de las otras máquinas.

La máquina que se va a alinear, debe estar ligeramente más baja que la otra. La diferencia entre los centros de sus ejes deberá ser al menos igual a la cantidad que se espera habrá de dilatarse durante su funcionamiento normal, más 3 mm, cantidad que es suficiente cuando los pedestales y patas del equipo están bien maquinados y en un mismo plano. Ver: Más adelante.

Cuando la distancia existente entre los centros de los ejes es mayor que la dicha en el párrafo anterior, conviene reducirla utilizando un bloque metálico sólido. No sirve formar el bloque juntando láminas.

Se construirá un bloque en donde puedan descansar perfectamente las patas de la máquina, proveyéndolo de las perforaciones roscadas requeridas tanto para el anclaje de ella, como de otras adicionales como se estimen necesarias para asegurar el bloque a la bancada del equipo, y para ello conviene usar tornillos por dos razones:

Por lo general, las bancadas están hechas de fundición de hierro, lo cual dificulta hacer soldaduras en ellas.

Aun cuando la bancada no esté hecha de fundición, pero si de un material soldable, el calor generado durante la aplicación de la soldadura puede generar distorsiones tanto en la bancada como en el bloque usado para suplementar.

Lo que en definitiva no es aceptable, es construir dicho suplemento utilizando lámina a la cual se le da la altura adecuada bien sea juntando varios pedazos de lámina o doblando sus extremos, o bien soldándole calzos. La utilización de lámina da por resultado deflexiones y falta de solidez del pedestal, lo que distorsionará la carcasa desviando el eje, con lo cual terminará rompiéndose y mientras tanto, ocasionará ausencia permanente de alineación del equipo, acrecentará considerablemente la vibración y aumentará el ruido propio de su funcionamiento.

Al hacer la alineación en frío debe considerarse la dilatación térmica que a partir de la temperatura ambiente sufrirá el equipo durante su funcionamiento, esta expansión puede venir dada por el fabricante del equipo o deducirse en el campo de acuerdo con las siguientes fórmulas:

A = 0.0000117heT ó A = 0,0000105heT

En donde:

0,0000117 = Coeficiente de dilatación lineal del acero al carbono por cada grado centígrado

0,0000105 = Coeficiente de dilatación lineal del hierro fundido por cada grado centígrado

A = Expansión térmica dada en milímetros

he = Altura en milímetros del eje, tomada desde la superficie de apoyo de sus patas

T = Aumento de la temperatura en grados centígrados, a partir de la temperatura del medio ambiente circundante

Debe tenerse en cuenta que:

La expansión térmica del equipo medida en el eje con respecto a su altura desde la parte inferior de sus patas de apoyo, es decir, su dilatación vertical, se disminuye cuando las patas del equipo no han sido fundidas con su cuerpo para formar una sola pieza, sino que están atornilladas a él, esto ocasiona una reducción apreciable del calor transmitido a ellas. Ver: Comentarios de la sección Arranque en el Capítulo 3.

Al hacer las mediciones del alineamiento se puede caer en inexactitud por una o varias de las siguientes causas:

Porque la superficie del cubo presenta irregularidades de maquinado, para evitarlo, los dos ejes deben unirse por un medio adecuado que permita girarlos simultáneamente, de manera que las lecturas se tomen siempre a partir de dos puntos iguales que se hacen girar alrededor de su eje. El carrete del acople puede usarse como el medio de unión. Ver: Sección Alineación final en frío del Capítulo 3.

Porque el soporte del calibrador tiende a la deflexión. Para comprobar la rigidez de dicho soporte o establecer la cantidad en que se desvía, se recurre a un torno en cuyo mandril se monta una barra de hierro con el diámetro y peso suficientes para darle total rigidez que evite su propia deflexión y con una longitud igual a la del soporte del comparador más la necesaria para montarla apropiadamente en el torno. En el extremo opuesto de la barra se instala el soporte buscando que el comparador quede junto al mandril, a cuyo lado y apoyando en la misma barra, se coloca la carátula puesta a cero y preparada como si se fuera a hacer una calibración normal; en seguida, el torno se hace girar a mano y lentamente, tomando lecturas sucesivas a los 90°, 180° y 270°. Si permanece en cero, no hay deflexión, pero si es el caso contrario y obligado por las circunstancias hay necesidad de usar el calibrador con ese soporte, las lecturas de su deflexión deben ser anotadas cuidadosamente para utilizarlas como corrección de las mediciones que se hagan al equipo que se desea alinear. Evidentemente, ésta será una alineación preliminar. Ver: Fig. Cap. 2-5.

Fig. Cap. 2-5

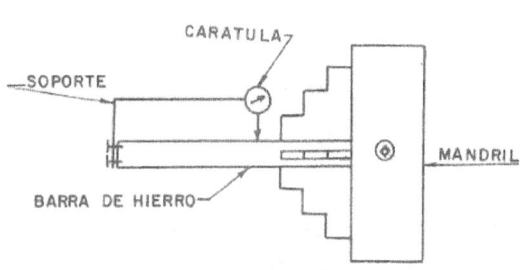

El alineamiento, ya sea que se realice por el método de cara y borde o bien por el de los indicadores alternados, debe iniciarse comprobando el buen asentamiento de todas las patas de las máquinas para verificar que no haya pata coja y después, tomando nota de ello, se confronta la elevación relativa entre los centros de sus ejes, teniendo en cuenta que el eje de la máquina que va a alinearse deberá estar más bajo que el de la máquina con respecto a la cual se va a alinear. Se continúa con una comprobación de su distancia axial, tomando esta medida entre las caras de los semiacoples montados en los ejes para verificar que mantiene la holgura recomendada por el fabricante del acople y que cuando tiene carrete que los une, al atornillarlo no quedará tirando de ellos. Finalmente, se continúa con el alineamiento axial para dejar paralelas entre sí las caras de esos semiacoples. Todas las verificaciones y lecturas se dejan por escrito para futura referencia.

Terminado el alineamiento axial, se procede con el alineamiento radial comprobando cuatro posiciones a intervalos de 90° así: Empezando por la superior, se continúa hacia la inferior, con lo cual se comprueban recíprocamente pero teniendo en cuenta la cantidad prevista para compensar la dilatación que sufrirá el equipo cuando esté a su temperatura de funcionamiento, para terminar con las dos posiciones de la horizontal, esto es, las situadas a los 90° y 270° respectivamente. Por último, se verifica cuidadosamente todo el trabajo hecho.

Es bueno tener en cuenta que los giros del eje deben hacerse a intervalos exactos de 90° y que para logarlo se puede utilizar un nivel de cuatro burbujas montados entre sí a 90° y preferentemente dotado con un marco magnético que facilite instalarlo en el extremo del eje de la máquina que se va a alinear.

Al hacer las lecturas para la alineación de dos ejes, aquél en donde se ha montado el soporte del calibrador se hará girar siempre en el mismo sentido, con el objeto de tener una secuencia regular en esas lecturas y en los registros que de ellas se lleven.

Cabe destacar que a no ser que los ejes estén unidos entre sí, el eje que se gira es aquél en donde está montado el soporte del calibrador. Cuando se procede al contrario, o sea, girando el eje en donde se apoya la carátula del calibrador, no se obtiene ninguna lectura de alineamiento puesto que el punto de apoyo ocupa siempre la misma posición relativa con respecto al centro del eje aun cuando éste se haga girar; sin embargo, como ya se dijo, conviene que los ejes sean solidarios en su giro. Aquí es oportuno mencionar que si al girar el eje en donde se apoya la carátula del calibrador se obtiene alguna lectura, ello indica que ese eje está torcido, o eventualmente, que el borde del semiacople esté ovalado.

OBSERVACIONES

El API 610 en su parágrafo 6.1 dice que el equipo cubierto por ese estándar internacional debe ser diseñado y construido para trabajar por un mínimo de 20 años, de los cuales 3 deben ser de operación sin interrupciones.

De esta afirmación podemos deducir la extrema importancia que tiene hacer cuidadosamente tanto el montaje como el alineamiento de las bombas centrífugas de eje horizontal.

Teniendo como referencia la Fig. Cap. 2-2, las fórmulas usadas para calcular los ajustes que debe hacerse para lograr la alineación entre dos ejes tomando las lecturas con el vástago del comparador apoyado sobre la rodadura del semiacople, son:

V = (b+a)/2 y H = (d+i)/2

Donde:

V = Ajuste vertical

b = Lectura con la carátula colocada por debajo del acople (180°)

a = Lectura con la carátula colocada por encima del acople (0°)

H = Ajuste horizontal

d = Lectura con la carátula colocada a la derecha del acople (90°)

i =   Lectura con la carátula colocada a la izquierda del acople (270°)

Debe tenerse en cuenta que:

Las lecturas pueden ser positivas o negativas

La suma de dos lecturas tomadas por la rodadura del semiacople y diametralmente opuestas entre sí, es igual en cantidad y signo a la suma de las otras dos lecturas tomadas en las mismas condiciones pero en el diámetro perpendicular al primero.

Los valores "V" y "H" son tomados con respecto a una línea ideal que uniría los centros de los semiacoples si los ejes estuvieran perfectamente alineados (alineación colineal)

En las fórmulas anteriores, si "V" es positivo, indica que al proyectar el eje del equipo en donde está asegurado el comparador, su línea del centro cruzará hacia (o por) arriba del semiacople en donde está asentando la carátula. Pero, si es negativo, la proyección de la línea central del eje en donde está montado el comparador, pasará hacia (o por) abajo del semiacople en donde esté apoyando la carátula.

Para ayudarse en el logro de una correcta alineación, conviene elaborar un gráfico, que a su vez servirá como historial para posibles ajustes que vayan a hacerse durante el arranque y puesta en marcha de los equipos. Dicho gráfico debe ser trazado a escala y en papel milimetrado y en él se mostrará:

El "Tag" o número de identificación de cada equipo.

El lado que corresponde a la succión y descarga de cada equipo.

Los lados derecho e izquierdo, según correspondan mirando el equipo desde su motor o turbina y hacia la bomba.

Las lecturas tomadas con el comparador identificándolas como arriba, abajo, derecha e izquierda, de acuerdo con lo que corresponda a la localización de su vástago con respecto a los lados del equipo accionado, mirándolo desde su motor o turbina.

Las distancias en planta que haya entre las caras de los semiacoples y entre éstos y los puntos de apoyo de sus respectivos equipos medidas todas en el sentido de sus ejes.

Los puntos de apoyo de los equipos y las líneas correspondientes a las caras de sus semiacoples.

Las fórmulas para calcular los ajustes, con sus resultados. Éstos a su vez, se marcarán de acuerdo a como correspondan según la escala utilizada.

Los desplazamientos horizontales del equipo que se alinea con respecto al otro, serán los que resulten en el gráfico. Los desplazamientos verticales deben ser ajustados de acuerdo con las dilataciones que se espera sufran ambos equipos (el accionado y su motor o turbina) cuando estén en pleno funcionamiento.

La documentación resultante conviene sacarla en limpio, anexarla al reporte de alineación y adjuntar todo al "Dossier" final del respectivo equipo.

ALINEAMIENTO EN CALIENTE

Por alineamiento en caliente se conoce el procedimiento por el cual se establece y controla el cambio sufrido en el alineamiento en frío de la máquina, al pasar ésta de la temperatura ambiente a su temperatura de operación. Este alineamiento se conoce también como alineamiento de operación o de servicio.

Para poder conseguir un buen alineamiento en caliente sin estar sujeto a demoras y tropiezos, es fundamental que el alineamiento en frío se haya hecho correctamente.

El método tradicional para detener el equipo y efectuar el alineamiento en caliente no es muy confiable, a no ser que se usen técnicas muy complejas, puesto que mientras que el equipo se detiene completamente y se le instalan los calibradores para proceder a las mediciones hay un enfriamiento de la máquina que aun cuando sea muy pequeño, es suficiente para desvirtuar las lecturas tomadas, que en consecuencia no reflejan lo que sucede cuando la máquina se encuentra en operación.

Por lo tanto, si se quiere que los resultados de la alineación en caliente muestren al máximo las condiciones normales de trabajo del equipo, ella debe efectuarse mientras éste se encuentra en operación, y entonces, una vez establecidos los desplazamientos sufridos por el eje a partir de los registros hechos de las lecturas finales de la alineación en frío, detener la máquina, esperar a que su temperatura se iguale con la del medio circundante y efectuar un nuevo alineamiento en frío haciendo los ajustes de acuerdo con las diferencias halladas.

Siempre y cuando no haya instrucciones que indiquen lo contrario, el alineamiento final en caliente deberá permitir un desplazamiento angular máximo de 0,25 mm/m medidos en el plano de corte perpendicular al eje y que pasa por los dientes o por la junta flexible del acople.

En seguida se describe un método que da resultados de mucha exactitud y que permite efectuar el alineamiento en caliente con el equipo funcionando, para lo cual:

Se utiliza, un Inclinómetro, papel milimetrado y un indicador de carátula con dos extensiones o brazos construidos de un metal compuesto por 64% de hierro y 36% de níquel, llamado invar y cuyo coeficiente de dilatación lineal entre 0° y 100° C es de alrededor de 0,0000012 por °C.

Se instalan esferas de acero inoxidable que servirán de apoyo al calibrador, bien sea en la tapa de los rodamientos del eje, o en otro sitio de la carcasa igualmente apropiado pero situado del lado del acople, y también se instalan en la fundación o bancada del equipo.

En total son cuatro esferas, que se sitúan en el plano perpendicular al eje.

Se procede al alineamiento en frío, tal como ya se ha descrito, y teniendo el cuidado de registrar debidamente sus lecturas finales. Ver: Sección Alineación final en frío en el Capítulo 3 y la Fig. Cap. 2-2 al final de este capítulo.

Con el calibrador indicado arriba, y estando la máquina a su temperatura ambiente, se miden las distancias existentes entre cada una de las esferas montadas en la fundación y sus correspondientes montadas en la carcasa, mientras que con el Inclinómetro se determina el ángulo de inclinación del calibrador.

Se pone a funcionar el equipo y se espera hasta cuando alcance sus condiciones normales de trabajo.

Se registran las nuevas lecturas de las distancias entre las esferas y a estos se valores se les resta los obtenidos en las lecturas que se hicieron con la máquina detenida y a su temperatura ambiente.

Todas las lecturas se registran en un papel milimetrado y en rigurosa escala y en él se calculan las diferencias.

Se detiene la máquina, se procede a las correcciones del cálculo sobre las anotaciones hechas en la alineación final en frío y se repite ésta de acuerdo con los nuevos datos. Ver: Fig. Cap. 2-6 al final de este capítulo.

En la Fig. Cap. 2-6 se expone gráficamente el procedimiento para registrar las lecturas obtenidas en el alineamiento en caliente usando el calibrador de extensión.

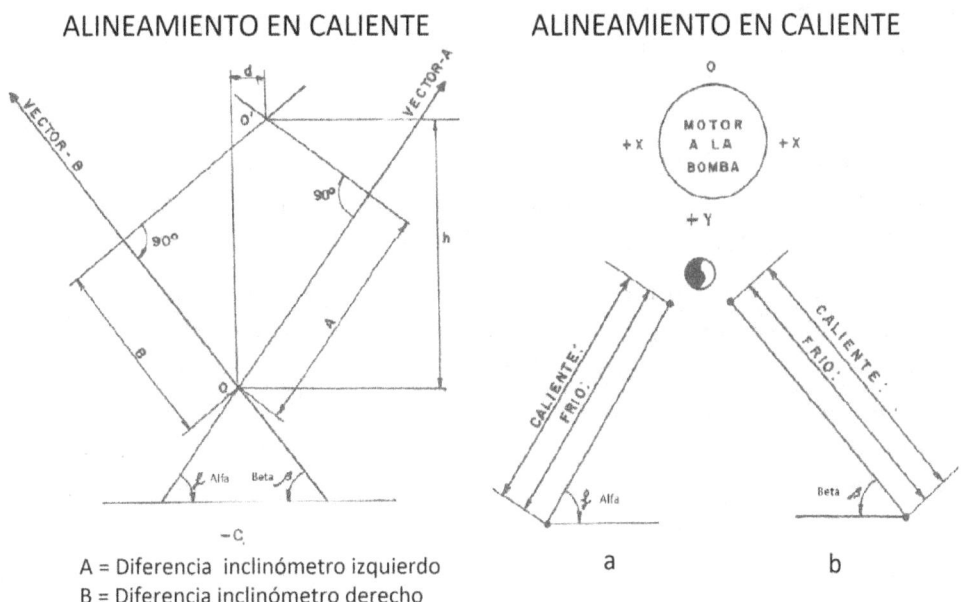

ALINEAMIENTO EN CALIENTE   ALINEAMIENTO EN CALIENTE

A = Diferencia inclinómetro izquierdo
B = Diferencia inclinómetro derecho

a   b

Fig. Cap. 2-6

Para elaborar esos gráficos se usa un papel milimetrado en donde meticulosamente se registran a escala todas las lecturas tomadas, construyendo con ellas un diagrama como el mostrado en la Fig. Cap. 2-6. En dicho diagrama:

O y O' son las posiciones inicial y final respectivamente del eje de la máquina que se va a alinear.

α y β (Alfa y Beta) son los ángulos de inclinación de la varilla del calibrador de extensión, cuando se toman las medidas con la máquina en reposo.

A y B son las diferencias encontradas entre la medición hecha en frío y la hecha en caliente, d y h son las diferencias por desplazamiento horizontal y vertical respectivamente, del eje en caliente con respecto a su posición en frío, siendo d y h los dos datos que se tendrán en cuenta para hacer los ajustes a la alineación en frío que habrá de hacerse, excepto que cuando se hizo la alineación final en frío se hubiera previsto de manera correcta la dilatación que sufriría el equipo.

OBSERVACIONES

El método que se ha descrito solo será válido si las esferas montadas en el equipo para soportar el calibrador de extensión, se mantienen siempre a la misma temperatura.

DESCRIPCIÓN DEL MÉTODO DE ALINEAMIENTO DE CARA Y BORDE

Lo primero que debe hacerse al prepararse para acometer el alineamiento de un equipo rotativo, es tomar un centro punto y con él marcar un punto en la parte superior de las rodaduras de los semiacoples.

A continuación y utilizando un estilete, marcar en la cara y en la rodadura de los semiacoples, las posiciones correspondientes a 90°, 180° y 270° con respecto a los puntos hechos con el centro punto.

Terminada la marcación de los grados, asegurarse que las tuberías están desconectadas del equipo, que no se apoyan en él y que las bridas del equipo están protegidas con sendas tapas que eviten la entrada de objetos extraños e insectos.

Terminadas las actividades anteriores, colocar los ejes a su distancia axial, de acuerdo con las instrucciones suministradas por el fabricante del acople.

Montar el calibrador haciendo descansar su carátula en la cara del eje acompañante y cerca de su centro, mientras su ménsula se asegura al eje del otro equipo. Hacer girar el eje de la máquina acompañante y comprobar que no tiene desplazamiento axial.

Un eje con desplazamiento axial distorsiona las lecturas tomadas en su cara, requiriéndose entonces el uso de dos calibradores dispuestos a 0° y 180° sobre la misma cara y puestos ambos a cero. La carátula localizada en 0° se tomará como guía para las lecturas, así:

A cada medición restar la lectura del indicador montado en los 180° de la mostrada por el otro, dividir por dos esta diferencia y registrarla como dada por el indicador guía teniendo en cuenta los signos positivos y negativos.

Determinar el desplazamiento angular colocando la carátula del calibrador en la cara del semiacople y tan ceca del borde de la rodadura como sea posible.

Determinar el desplazamiento paralelo colocando la carátula en la rodadura del semiacople y teniendo en cuenta que el desplazamiento entre los ejes es igual a la mitad de la lectura obtenida.

DESCRIPCIÓN DEL MÉTODO DE ALINEAMIENTO DE LOS INDICADORES ALTERNADOS

Al utilizar este método no se requieren las lecturas tomadas en la cara del eje, con lo cual se evitan las interferencias que pudiere ocasionar el desplazamiento axial propio de los ejes flotantes. Este alineamiento se efectúa así: Ver: Fig. Cap. 2-7

Marcar un punto en cada una de las partes superiores de las rodaduras de los semiacoples montados en los ejes. Esta es la posición 0° o punto de origen.

Marcar las posiciones 90°, 180° y 270° de los semiacoples con respecto a los puntos marcados en ellos.

Asegurarse de que el equipo no tiene ninguna tubería conectada o apoyada en él.

Montar dos calibradores, uno con su carátula apoyada en la rodadura del semiacople perteneciente a la máquina que no se va a mover, mientras su soporte se asegura en el eje de la máquina en donde se van a hacer los ajustes, ocupando la posición de los 0° y el otro colocado en la dirección contraria y en la posición de los 180°. Poner los calibradores a cero.

Girar el eje de la máquina que se va a mover, parando en las posiciones correspondientes a los 90°, 180° y 270°. Tomar las lecturas correspondientes en la carátula que debe estar apoyando sobre el semiacople de la máquina que ha de permanecer fija. Volver a la posición 0° y verificar que el calibrador indica cero. Como estas lecturas corresponden al eje que se está girando, se moverá su máquina para hacer los respectivos ajustes.

Terminados los ajustes, se monta el carrete del acople y nuevamente se ponen los calibradores a los 0° y 180°. Se hace entonces girar solidariamente ambos ejes parando a los 90°, 180°, 270° y finalmente en el 0 ° o punto de origen, para verificar que el calibrador marca cero.

Simultáneamente se toman las lecturas correspondientes en ambas carátulas. Se hace la comparación de los registros resultantes y se procede a hacer los ajustes necesarios hasta logar las tolerancias aceptadas por las especificaciones del proyecto y/o por las recomendaciones del fabricante del equipo.

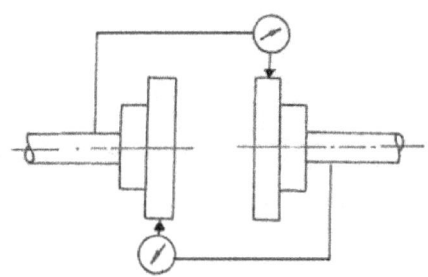

Fig. Cap. 2-7

Es posible que sea necesario determinar los valores de las deflexiones de las ménsulas de ambos calibradores, para tenerlos en cuenta al hacer correcciones de las lecturas.

ALINEAMIENTO DE PIÑONES

En aquellos equipos cuyos ejes se encuentran conectados por piñones en lugar de acoples, también se debe cuidar al máximo su alineamiento, para lo cual además de utilizar los procedimientos aplicables a las uniones con acoples, se puede recurrir al que se describe enseguida para este caso particular:

Insertar entre sus dientes una tira de papel del mismo ancho que el de los piñones.

Hacerlos girar lentamente hasta cuando todos los dientes dejen su impresión en la cinta.

Estudiar las huellas buscando regularidad entre ellas, y de no haberla, hacer las correcciones necesarias hasta cuando subsecuentes pruebas muestren que la alineación ha sido lograda.

SUPLEMENTOS AL CAPÍTULO 2DO.

1. Procedimiento alterno para el método de alineamiento de cara y borde

2. Control del alineamiento en frío de equipo rotativo

SUPLEMENTO 1

PROCEDIMIENTO ALTERNO PARA EL MÉTODO DE ALINEA-MIENTO DE CARA Y BORDE

GENERALIDADES

El procedimiento aquí descrito permite hacer el alineamiento preliminar de los equipos sin necesidad de desacoplar sus ejes, o sea que si el acople tiene espaciador, no es necesario desmontarlo.

Puesto que para llevar a cabo el alineamiento en la forma aquí descrita, no es necesario que el calibrador esté soportado por una ménsula, se evitan las malas lecturas causadas por deflexión de ésta.

Antes de iniciar la alineación, debe aflojarse los pernos de unión del acople hasta logar que éste permita el libre juego requerido por el desalineamiento existente y por los requisitos de la alineación. Es decir, no deben quedar ni tan apretados como para forzar el acople ni tan flojos como para interferir con la buena unión solidaria entre las partes.

Con el fin de evitar descripciones extensas que se prestan para confusiones, en las operaciones de este procedimiento se describen al mismo tiempo los cuidados a seguir con el calibrador montado ya sea para verificar el alineamiento angular o bien para verificar el paralelo, sin que ello signifique que sea necesario efectuar las mediciones con dos calibradores a la vez, aun cuando haciéndolo así se gana tiempo.

Una vez más se insiste en que primero debe efectuarse la alineación en un sentido y después en el otro. Aquí se recomienda llevar a cabo primero la alineación angular y después la paralela, siguiendo las secuencias expuestas anteriormente en este mismo capítulo, bajo el título "Alineamiento en Frío".

PROCEDIMIENTO

Hacer un primer alineamiento utilizando regla y compás, con el fin de corregir desplazamientos relativamente grandes que no se aprecian a simple vista pero que crean tensiones innecesarias y perturbadoras entre los elementos de unión del acople.

Montar los calibradores como se indica en la Fig. Cap. 2-8. Con el primero (a) se controla el desplazamiento angular y con el segundo (b) el paralelo.

Colocarlos en la posición del 0° que generalmente es la parte superior del acople y ponerlos a cero.

Girar lentamente el acople hasta completar 360°, tomando lecturas simultáneas en ambas carátulas cada 90°. Destacar las localizaciones en donde se han presentado los mayores y menores valores.

Calcular los valores correspondientes a la buena alineación

Localizar de nuevo las carátulas en la parte superior e inferior del acople y ponerlas a cero.

Hacerlas girar hasta la posición encontrada con la máxima lectura según el punto 4 anterior.

Desplazar o calzar el equipo hasta logar las lecturas que se consideran correctas.

Girar las carátulas hasta los 90° en relación con la posición encontrada con la máxima lectura según el punto 4 anterior y verificar la alineación.

Hacer una verificación del alineamiento en las cuatro posiciones que en su giro de 360° corresponde a cada calibrador y ajustar en lo que corresponda.

Apretar todos los pernos de unión del acople.

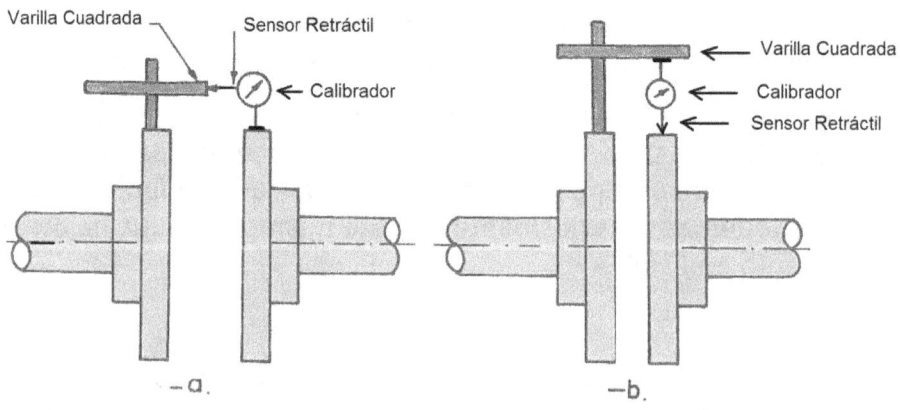

Fig. Cap. 2-8

SUPLEMENTO 2

CONTROL DEL ALINEAMIENTO EN FRÍO DE EQUIPO ROTATIVO

Alineamiento en Frío de Equipo Rotativo con Tag No.	Fecha de este Reporte: (DDMMAAAA) (Hoja 1 de 3)

Nombre y cargo del Responsable:

INFORMACIÓN DEL EQUIPO AL INICIAR TRABAJOS	
Clase de Equipo*	Accionador**
Instrumento que se Usará: (Encerrar con círculo) Láser. Carátula	Procedimiento que se Usará: (Encerrar con círculo) Calibradores Alternados. Cara y borde
Especificación Aplicable:	

INFORMACIÓN DEL ACOPLE AL INICIAR TRABAJOS		
Marca del Acople:	Tiene separador (Encerrar con círculo) Sí No	
Tipo		
Modelo		
Espacio entre los semiacoples		
Torque de los tornillos		Cantidad de tornillos:
Tipo de lubricante y No.		
Cantidad de lubricante en Litros		
Notas:		

* Clase de equipo: Indicar si es bomba centrífuga, compresor, etc.
** Accionador: Indicar si es motor eléctrico, turbina de vapor, etc.

Alineamiento en Frío de Equipo Rotativo con Tag No.	Fecha de este Reporte: (DDMMAAAA) (Hoja 2 de 3)		
INFORMACIÓN DE REFERENCIA PARA ESTE EQUIPO Valores Máximos Permitidos para este Alineamiento			
Para el Equipo en Frío		Movimiento Vertical	Movimiento Horizontal
Equipo, extremo sin acople			
Equipo, extremo con acople			
Accionador, extremo sin acople			
Accionador, extremo con acople			
Para el Acople en Frío			
Desalineamiento Vertical			
Angularidad Vertical			
Desalineamiento Horizontal			
Angularidad Horizontal			
INFORMACIÓN INICIAL Datos encontrados al iniciar el alineamiento			
En el Acople (Indicarlos en la correspondiente casilla inferior)			
Desalineamiento Vertical	Angularidad Vertical	Desalineamiento Horizontal	Angularidad Horizontal
En las Patas del Equipo Accionado Mirando desde atrás del Accionador hacia el extremo con el acople			
Pata coja en el Accionador: (Encerrar con un círculo)			
Espacio en la Pata Derecha del extremo sin acople	Espacio en la Pata Derecha del extremo con acople	Espacio en la Pata Izquierda del extremo sin acople	Espacio en la ata Izquierda del extremo con acople
Sí. No.	Sí. No.	Sí. No.	Sí. No.
En las Patas del Accionador Mirando desde atrás del Accionador hacia el extremo con el acople			
Pata coja en el Equipo Accionado: (Encerrar con un círculo)			
Espacio en la Pata Derecha del extremo sin acople	Espacio en la Pata Derecha del extremo con acople	Espacio en la Pata Izquierda del extremo sin acople	Espacio en la Pata Izquierda del extremo con acople
Sí. No.	Sí. No.	Sí. No.	Sí. No.

Alineamiento en Frío del Equipo con Tag No:	Fecha de este Reporte: (DDMMAA) (Hoja 3 de 3)

INFORMACIÓN FINAL

Datos al finalizar el alineamiento (Indicar valores en la correspondiente casilla inferior)

En el Acople

Desalineamiento Vertical	Angularidad Vertical	Desalineamiento Horizontal	Angularidad Horizontal

En las Patas del Accionador Mirando desde atrás del Accionador hacia el extremo con el acople (Indicar valores en la correspondiente casilla inferior)

Pata coja en el Accionador

Espacio en la Pata Derecha del extremo sin acople	Espacio en la pata Derecha del extremo con acople	Espacio en la Pata Izquierda del extremo sin acople	Espacio en la Pata Izquierda del extremo del acople

En las Patas del Equipo Accionado Mirando desde atrás del Accionador hacia el extremo con el acople (Indicar valores en la correspondiente casilla inferior)

Pata coja en el Equipo Accionado

Espacio en la Pata Derecha del extremo sin acople	Espacio en la pata Derecha del extremo con acople	Espacio en la Pata Izquierda del extremo sin acople	Espacio en la Pata Izquierda del extremo del acople

EQUIPO EN FUNCIONAMIENTO

Alineamiento en Caliente del Equipo con Tag No:	Fecha de este Reporte: (DDMMAA)

ALINEAMIENTO EN CALIENTE

Datos tomados después de 30 minutos de funcionamiento continuo del equipo bajo las condiciones de proceso (Indicar valores en la correspondiente casilla inferior)

En el Acople

Desalineamiento Vertical	Angularidad Vertical	Desalineamiento Horizontal	Angularidad Horizontal

CAPÍTULO 3

MONTAJE DE BOMBAS CENTRÍFUGAS DE EJE HORIZONTAL

CONSIDERACIONES GENERALES

El objeto de este capítulo es suministrar la información básica necesaria para efectuar el montaje de las bombas centrífugas de eje horizontal utilizadas en las plantas petroquímicas y en la industria en general, en las cuales el funcionamiento de estos equipos debe ser confiable, estable y libre de cuidados adicionales a las actividades periódicas que requieren los programas de mantenimiento establecidos por las empresas que los estén utilizando.

Con el fin de facilitar su consulta y el cruce de referencias, el capítulo ha sido redactado en forma abreviada y por operaciones consecutivas, siguiendo en un todo el proceso requerido para el montaje de dichas bombas.

Las actividades descritas en este capítulo son de aplicación general, razón por la cual, antes de guiarse por ellas, el supervisor deberá instruirse plenamente sobre las particularidades de cada uno de los equipos puestos bajo su responsabilidad.

Si surgieren dudas al aplicar las instrucciones aquí expuestas, se recomienda que sean discutidas y aclaradas con el superintendente del área en donde irá montado el equipo, o con el ingeniero del proyecto asignado a la obra.

DOCUMENTOS DE REFERENCIA

Antes de iniciar el montaje de las bombas centrífugas de eje horizontal y en busca de la mayor información accesible en la obra que le permita ejercer un estricto control de acuerdo con las particularidades del proyecto y de los equipos utilizados, el supervisor mecánico deberá proveerse y familiarizarse con la documentación que se enumera en este punto, la cual, aun cuando básicamente es la misma en todos los proyectos, debe estudiarse y tenerse en cuenta no sólo al comienzo sino también en el transcurso de toda la obra para evitarse sorpresas desagradables; que en los montajes siempre son costosas; y que se pueden presentar, ya sea que por ignorancia se omitan operaciones o precauciones propias de ese proyecto, o bien porque se efectúen otras que sean innecesarias. Por ejemplo, durante el periodo de garantía normalmente las bombas sólo pueden ser abiertas por un representante del fabricante o mediante su autorización escrita; sin embargo, esta regla no es general; por tanto, si el primer caso es el pertinente y omitiéndolo se abren las bombas, ello afecta su garantía, lo cual puede resultar costoso si encontrando defectos en ellas el fabricante se niega a repararlos alegando violación de una de sus condiciones de venta. Por lo contrario, si la presencia o autorización del fabricante no es necesaria e ignorándolo se insiste en ella, también podrá ser costosa dicha ignorancia debido al tiempo perdido y al innecesario cargo extra que posiblemente facturará el fabricante.

Los documentos del proyecto a tener en cuenta antes y durante el montaje de las bombas centrífugas de eje horizontal, son los siguientes:

Contratos existentes para el montaje de equipos mecánicos.

Condiciones generales anexas a los contratos de montaje.

Notas generales para montaje de equipos mecánicos.

Plano de implantación.

Planos de tuberías por áreas.

Listas de equipos.

Órdenes de compra para las bombas centrífugas

Requisiciones y hojas de datos ("Data Sheets") para las bombas centrífugas.

Especificaciones para bombas centrífugas.

Planos de dimensiones de las bombas centrífugas.

Especificaciones para motores eléctricos de baja tensión.

Especificaciones para motores eléctricos de media tensión.

Especificaciones para motores eléctricos de alta tensión.

Especificaciones para turbinas de vapor para servicios generales.

Especificaciones para turbinas de vapor para servicios especiales.

Requisiciones y hojas de datos ("Data Sheets") para cada uno de los equipos anteriores.

Instrucciones y catálogos generales de los fabricantes para cada uno de los equipos anteriores.

Tabla en donde se indiquen los lubricantes que se usarán en las bombas, turbinas y motores, de acuerdo con sus particulares requerimientos de lubricación.

Conviene aclarar que estos lubricantes pueden ser según sus equivalentes con los disponibles localmente, o también con los suministrados por el cliente, es decir, el dueño de la planta en donde se van a montar los equipos. Téngase en cuenta que en este último caso, además de que el cliente puede suministrar las grasas y aceites que sean requeridos en la obra, también puede exigir que se utilicen los de una marca determinada.

Otra información que conviene tener en cuenta para el montaje de las bombas centrífugas de eje horizontal es aquella constituida por los estándares, especificaciones, normas y demás información técnica propia del cliente y que deba utilizarse en la obra.

COMENTARIOS

Toda la información anterior debe estar puesta al día; es decir, debe corresponder a la edición de su última revisión; por tanto, los planos deberán llevar el sello de "Aprobado para Construcción" o de "Plano Final", las especificaciones estarán "Emitidas para Construcción" y las requisiciones y hojas de datos estarán "Emitidas para compra".

De todos los planos se tendrán copias heliográficas en las cantidades necesarias y esas copias junto con la demás información se colocarán debidamente ordenadas en forma tal que permitan su fácil consulta; al mismo tiempo, se evitará que sean retiradas del sitio que se les haya asignado. El fácil y rápido acceso a los medios de información y consulta de que se disponga en la obra, es elemento primordial para el buen desempeño en las labores de supervisión de montaje.

Se tendrá en cuenta que una bomba centrífuga se designa por el diámetro de su descarga, el cual es sólo una dimensión nominal que no fija definitivamente su capacidad, ya que ésta debe ser especificada con base en otros parámetros.

RECIBO EN OBRA

Aun cuando en el Capítulo 1 de este libro se trata lo referente al recibo de los equipos en la obra, se ha considerado necesaria la redacción de esta sección para exponer las actividades que en relación con el recibo de las bombas incumben particularmente al supervisor de montaje mecánico responsable de su montaje.

De acuerdo con los informes enviados por el activador del proyecto y con los anuncios de llegada de las bombas a la obra, el supervisor mecánico se pondrá en contacto con el jefe de materiales y con el del almacén (o bodega) para hacer las previsiones necesarias para el recibo de esos equipos, las cuales generalmente consisten en:

Disponer el lugar en donde se dejarán los equipos; que casi siempre es en las instalaciones del almacén de la obra, pudiendo guardados bajo techo o también dejarlos en sus patios, a la intemperie, para lo cual habrá que proveerse de carpas o telas de plástico para cubrir aquellos equipos cuyos embalajes no estén suficientemente preparados para este tipo de almacenamiento.

Disponer el lugar de descarga con libre acceso a él de los operarios, equipos y elementos necesarios para adelantar los trabajos de descargue y verificación de la guía de transporte y con espacio suficiente para manipular e inspeccionar la carga, previsión que no se debe omitir puesto que se supone que el montaje es lo primero en una obra en construcción y por tanto si es una planta nueva, el terreno no estará suficientemente preparado; pero si es una ampliación de una planta existente, generalmente las áreas libres son escasas.

Tener lista la máquina con que se va a efectuar la descarga; que puede ser una grúa o un montacargas; así como las herramientas y el personal necesarios para esa maniobra. A este respecto, se prevendrá oportunamente al contratista que tenga el compromiso de hacer las descargas en la obra.

Es oportuno aclarar que nunca está por demás esta intervención del supervisor mecánico en la preparación de las faenas de recibo y descarga de las bombas, sus motores y turbinas y aun cuando es el jefe de materiales quien responde por el recibo de los equipos, se acostumbra que éste solicite la asistencia del supervisor mecánico y esto no solamente cuando de bombas se trata, sino también para otros equipos que se consideran delicados y en especial cuando son muy pesados o difíciles de manejar.

Otra inquietud que deberá atender el supervisor mecánico al recibir el aviso de la próxima llegada de las bombas a la obra, es la de enterarse de lo estipulado en las requisiciones y en las correspondientes órdenes de compra así como también de lo que los catálogos puedan decir respecto a las precauciones para la apertura de las cajas y a los cuidados para su almacenamiento.

Cuando no se tienen disponibles las instrucciones anteriores, se procederá como se indica en los puntos siguientes:

Abrir las cajas para comprobar que todo el material ha llegado. Para hacer esta apertura, se cerciorará que no haya instrucciones especiales, de todas maneras, se hará con cuidado para evitar causar daños al equipo o a las partes enviadas con él. La mejor forma de hacerla es levantando la tapa superior de la caja se entiende que está descansando apropiadamente una vez que se ha logrado ver su interior, se pueden decidir los pasos a seguir para terminar de abrirla.

Comprobar que las bombas están correctamente identificadas y que no han sufrido daños durante su transporte. Hacer la misma verificación con las piezas de repuesto que puedan venir dentro de la caja, en donde además, generalmente vienen:

Una lista de las piezas que se incluyen (Lista de Embarque o Lista de Empaque) la que en ocasiones también viene en un bolsillo especialmente adaptado al exterior de la caja.

Un catálogo de la bomba u otras instrucciones pertinentes para el cuidado del equipo.

La primera servirá para confrontar lo recibido contra lo que en ella se relaciona como despachado; y a su vez, para comprobar que todo en ella esté de acuerdo con lo solicitado según la requisición correspondiente.

En cuanto al catálogo, deberá ser retenido por el supervisor para que se instruya con respecto a las recomendaciones que hace el fabricante para el cuidado de esa bomba. A propósito, es muy recomendable que antes de continuar con la apertura de la caja, lea con cuidado lo que dichas instrucciones dicen en relación con el desembalaje.

Si al hacer la revisión del contenido se encuentra algo anormal, deberán ser notificados inmediatamente el jefe de materiales y el superintendente del área al cual pertenece esa bomba. Se avisa al primero para que proceda a los reclamos y reposiciones a que haya lugar; y al superintendente, para que haga las previsiones y cambios necesarios en la planeación y las actividades de montaje.

Desmontar los lubricadores –o burbujas de lubricación– las tuberías de sello, las de refrigeración, el espaciador y otras partes del acoplamiento, y en general, todas aquellas piezas del equipo que por lo pequeñas o frágiles corran peligro de rotura o de pérdida mientras que se hace su montaje. Estas piezas se desarmarán y revisarán cuidadosamente para comprobar que están en buen estado y que no tienen óxido, en seguida se cubrirán con grasa o aceite anticorrosivo y se envolverán en papel para evitar que haya contacto de metal con metal.

Guardar en el interior del almacén todo el material desmontado, sirviéndose de bolsas de polietileno y de cajas que se marcan con el número de la bomba a que pertenecen, teniendo además el cuidado de rotular debidamente tanto las piezas que se utilizarán durante el "precommissioning" –o pruebas de arranque- como las que han sido recibidas como repuestos, para evitar el riesgo de que durante el avance de la obra se mezclen entre sí.

Poner tapones roscados o bridas ciegas de chapa metálica de 2 mm de espesor en todas las conexiones y bocas que quedan abiertas, al mismo tiempo que se comprueba el buen estado de las protecciones puestas por el fabricante. Los tapones podrán ser de metal o plástico, en este último caso, con la resistencia suficiente para soportar las contingencias propias de un sitio en donde se adelanten labores de construcción y montaje.

Informarse de las protecciones que contra la corrosión interna del equipo le ha dado su fabricante y de acuerdo con el tiempo transcurrido desde su aplicación, considerar la necesidad de llenar totalmente con aceite anticorrosivo los cárteres de los cojinetes lubricados con aceite. En cuanto a los lubricados con grasa, deberán ser llenados con ésta hasta que salga por los rebosaderos; más tarde, al momento oportuno durante la preparación para el arranque del equipo, se retirarán estos lubricantes protectores, se lavarán los cárteres y cojinetes y se lubricarán de acuerdo con lo que sea apropiado para el buen funcionamiento del equipo.

A pesar de la información del fabricante, se hará una inspección visual a los cojinetes del equipo, pues nunca se confiará en que hayan venido lubricados de fábrica, ni siquiera en aquellos que requieran grasa.

Considerar la necesidad de llenar la carcasa de la bomba con aceite anticorrosivo; esta precaución es especialmente necesaria en las zonas con alta humedad relativa y con ello se previene la formación de óxido en las partes internas del equipo.

Untar con barniz anticorrosivo, o con una grasa apropiada, todas las partes metálicas exteriores que no estén pintadas ni protegidas y que por tanto corren el riesgo de oxidarse; tales como: los acoples, ejes, tapas de los sellos y prensaestopas, asientos de los pedestales, etc., según el juicio del supervisor.

Proporcionar al equipo una protección total de la lluvia, polvo, humedad del suelo y otros contaminantes; para lo cual se dejará montado en la base que le proporciona la caja de su embalaje y se cubrirá con una tela de polietileno debidamente asegurada para que no pueda ser dañada por el viento. Estos cuidados se deben llevar al extremo cuando en las cercanías del equipo se esté haciendo limpieza con arena puesto que el polvo resultante se introduce con gran facilidad por entre las coberturas de los sellos mecánicos y de los cojinetes, causando graves perjuicios en estos elementos dada la alta abrasividad de la arena.

Comprobar frecuentemente que mientras que las bombas y sus motores permanecen en los patios del almacén de la obra, continúan recibiendo un adecuado mantenimiento y suficiente protección tanto del medio ambiente como de golpes que pueden ser dados por el manipuleo a su alrededor de otros equipos; bien por estos mismos o por los montacargas y otros equipos de izaje usados en el almacén. También se comprobará que en todo momento se mantienen los equipos en un sitio libre de humedad; y cuando han sido dejados a la intemperie, se cubrirán con tela de polietileno para resguardados de la lluvia.

PREPARACIÓN PARA EL MONTAJE

Al hacer los preparativos para el montaje de las bombas centrífugas de eje horizontal hay que cerciorarse de que el personal con el que se va a efectuar el montaje tiene la suficiente experiencia en ello, posee todas las herramientas e instrumentos de calibración necesarios y adecuados para hacerlo y sabe manejarlos e interpretarlos apropiadamente.

Evitar hasta el máximo posible la instalación de los equipos en sus fundaciones, demorándola hasta cuando se hayan terminado los trabajos de pavimentación, o al menos los de movimiento de tierra alrededor de dichas fundaciones, puesto que cuando no se tiene esta precaución, en todo momento se estará corriendo el riesgo de que se causen daños al equipo ya sea por la tierra que puede caer en su interior o por las máquinas o los operarios que se encargan de estos trabajos de obra civil.

En concordancia con lo anterior, antes de montarlos en sus fundaciones se tratará de adelantar sobre los equipos la mayor cantidad de trabajos posibles, por ejemplo, se puede proceder al montaje de los cubos de los acoples o semiacoples en los ejes de los motores, a la perforación de los pedestales para el montaje de esos motores y al montaje de ellos sobre sus pedestales. Ver: Anexo C.

Para efectuar dichas operaciones se requiere tener disponible un sitio protegido de la intemperie y que ofrezca la suficiente seguridad en cuanto a evitar pérdidas de materiales y herramientas así como daños a los equipos en los que se va a trabajar. Una vez que se ha escogido este sitio de la planta, el supervisor ordenará traer del almacén, o del patio de materiales, todas las bombas y sus correspondientes motores y acoples y procederá de acuerdo con las operaciones siguientes:

Formar grupos de bombas de acuerdo con las zonas de prioridad existentes dentro del área en donde irán montadas.

Identificar y marcar visiblemente cada bomba y motor con su correspondiente número de "ítem", para lo cual se tendrá en cuenta el plano del equipo, el cual a su vez habrá sido confrontado contra su correspondiente requisición. En cuanto a los acoples, ya deben venir marcados del almacén puesto que así se habrá hecho durante el recibo de los equipos.

Al hacer la redacción de esta sección se ha supuesto que las bombas vienen montadas en sus respectivas bases o bancadas pero sin los motores que les corresponde, y que éstos a su vez vienen sin sus acoples. Cuando la realidad de la obra sea el caso contrario, es decir, que traigan con ellas sus motores y acoples se omitirán las operaciones de perforación de pedestales y de montaje de semiacoples descritas en los puntos siguientes, pero aún seguirán siendo necesarias las demás operaciones descritas en esta sección.

Montar los semiacoples a los motores, para ello se empezará por los equipos de prioridad y se procederá en cada uno de ellos de acuerdo con la siguiente secuencia:

Quitar la laca protectora del eje del motor y de su cuña, limpiarlos por completo y quitarles las rebabas usando tela esmeril grano 200. Hacer lo mismo con las superficies inferiores de sus patas y las superiores de los pedestales en la bancada del equipo.

Colocar en el eje del motor la correspondiente brida del semiacople, cuidando que quede en la posición correcta y que no estorbe el montaje del cubo del semiacople.

En caso de que la brida del semiacople traiga una junta tórica de caucho ("O" Ring) ésta debe desmontarse, etiquetarse con el número del equipo y guardarse en el almacén para evitar que sufra daños o que se pierda durante la prueba de arranque del motor.

Se deberá considerar la necesidad de desmontar el carrete espaciador del acople de la bomba, asegurarse de que está marcado con el número del equipo, protegerlo con grasa, guardarlo envuelto en papel y dentro de una bolsa de polietileno y devolverlo al almacén, de donde se retirará posteriormente cuando sea necesario para efectuar la prueba de arranque del equipo.

Limpiar con disolvente el semiacople correspondiente al motor.

Revisar interiormente la perforación de su cubo en busca de rebabas e imperfecciones; si las hubiere, pulirlas con cuidado usando tela esmeril de grano 200. Hacer lo mismo con el cuñero, el cual a su vez deberá ser confrontado contra su correspondiente cuña que vendrá montada en el eje del motor.

Comprobar con el pie de rey o con un calibrador de interiores la igualdad existente entre dos diámetros interiores del cubo que sean perpendiculares entre sí, y confrontarlos con el diámetro del eje del motor.

Las lecturas comparativas entre las mediciones de los diámetros internos de la perforación del cubo del semiacople y las del eje, deben ser iguales entre sí, o las del acople unas milésimas menores. De todas maneras, deben estar de acuerdo con las indicadas en la requisición o en las especificaciones del fabricante.

Instalar la cuña en su cuñero y verificar que el diámetro del eje más la altura de la cuña, coinciden con el diámetro interno de la perforación en el cubo más la altura del cuñero.

Cruzar diametralmente un alambre por la cara del semiacople que va a quedar contra el extremo del eje, dejándolo tensionado y muy bien asegurado para que sirva de tope al montarlo y entonces dejarlo exactamente en su lugar; en seguida, sumergirlo por 45 minutos en aceite que esté entre 130 y 150 °C. Ver: Anexo E.

El tiempo mencionado se da para que se tenga una idea de la permanencia del semiacople en el aceite, que permite adelantar otras actividades como se indican aquí. De todas maneras, antes de retirarlo debe verificarse que el diámetro interno de la perforación del cubo sea lo suficientemente mayor que el diámetro del correspondiente eje en donde se instalará.

Para calentar el aceite se puede usar un mechero Bunsen y como recipiente un "Cap" o tapa para tubería de 8"

Mientras que el semiacople se calienta (y dilata) revisar las cuatro perforaciones que para su anclaje tiene el motor en sus patas, buscando en ellas rebabas e imperfecciones, incluyendo fracturas, para pulidas con una lima redonda o con la herramienta adecuada. En el caso de las fracturas, se procederá a su reparación de la manera más adecuada para cada caso particular.

Instalar la cuña en su cuñero del eje y asegurarse que al colocar el semiacople en el eje coincide la cuña con el cuñero que hay en la perforación interna del semiacople.

Una vez que el semiacople esté suficientemente dilatado, se monta en el eje del motor deslizándolo sin golpes y hasta que su cara exterior quede a ras con la cara del extremo del eje. Para facilitar esta operación y proceder con rapidez, es que se ha instalado el alambre en el extremo externo del semiacople.

Si se requirieren algunos golpes, éstos deberán ser leves y darse con un martillo de plástico o caucho, para no dañar los rodamientos ni deformar el cubo. Ver: Sección Montaje del Anexo C.

Para prevenir daños en el rodamiento por posibles golpes al introducir el semiacople, conviene montar en el eje una abrazadera lo suficientemente apretada y además apoyada contra la tapa de los rodamientos, buscando con ello la absorción de la fuerza de los golpes que de otra manera irían directamente al rodamiento. Asegurarse que no le quite espacio al semiacople. Ver: Anexo E y la sección Montaje del Anexo C.

Hacer la perforación y roscado de los pedestales para el motor, teniendo en cuenta la prioridad de montaje de cada equipo. Para ello se procede como sigue:

Aun cuando la perforación de los pedestales para el anclaje de los motores requiere el uso del calibrador de carátula y de las galgas para efectuar el alineamiento de los ejes del equipo, debe tenerse en cuenta que no es necesario que esta alineación se efectúe dentro de las tolerancias restringidas que exige la alineación final en frío, la cual sólo se hará cuando toda la tubería, sus soportes, accesorios incluidos instrumentos empaques y filtros correspondientes a cada bomba, estén ya definitivamente montados puesto que el hacerla antes es desperdiciar ese tiempo. Una alineación preliminar es suficiente.

Montar el motor sobre sus pedestales y disponerlo a la distancia pedida entre su semiacople y el de la respectiva bomba. Se puede recurrir al carrete espaciador para verificarla.

Antes de proceder a ello, se tendrá la precaución de comprobar que los semiacoples estén montados en los ejes de acuerdo con lo indicado por los fabricantes del acople, la bomba y el motor, pues cuando se hacen las perforaciones en los pedestales sin estar montados los semiacoples de los ejes, hay una alta probabilidad de que se dificulte el montaje final del motor sobre esos pedestales ya que frecuentemente la cara de los semiacoples no queda a ras con la del extremo del eje, impidiendo así conservar la distancia axial requerida entre las partes del acople, y por tanto, habrá que proceder ya sea a desmontar el o los semiacoples y volverlos a montar, o bien, a reperforar el pedestal de acuerdo con la nueva localización de los taladros para los tornillos de anclaje del motor.

Montar el calibrador de carátula sobre el eje de la bomba y proceder al alineamiento tanto radial como axial, con una tolerancia máxima de ± 0.050 mm medidos entre el origen de la primera medida y su diametral opuesta.

Al mismo tiempo, se revisa que el motor esté entre 2 y 3 mm más bajo que la bomba, con el fin de que permita la correcta nivelación en la alineación final en frío; de no estarlo así, antes de proseguir con las operaciones siguientes se deben rebajar o suplementar las superficies de los pedestales hasta lograr dicha diferencia. La bomba permanece fija, pues ella se instala teniendo como referencia la localización de la brida del tubo conectado a su admisión.

Usar las perforaciones de las patas del motor como guías para marcar sus contornos en los pedestales.

Bajar el motor y localizar el centro del contorno de las perforaciones marcadas sobre los pedestales. Marcar con punzón esos centros, perforar y roscar teniendo en cuenta que el diámetro de los tornillos de anclaje sea 2 mm menor que el diámetro menor de las perforaciones de anclaje en las patas del motor y que las perforaciones en los pedestales tengan una profundidad mínima de 40 mm o que estén de acuerdo con las especificaciones pertinentes.

Al localizar dichos centros en los pedestales, se le dedicará el máximo cuidado puesto que el huelgo entre éstos y sus correspondientes perforaciones en las patas (2 mm) apenas es suficiente para los desplazamientos exigidos por la alineación final del equipo.

Montar de nuevo el motor sobre sus pedestales, atornillarlo incluyendo las correspondientes arandelas y apretarlo un poco, lo suficiente como para evitar que los tornillos sean retirados con la mano. Antes de apretar, verificar que todas las patas estén asentando completamente sobre sus respectivos pedestales.

Cuando el montaje del motor se haya efectuado sobre la bancada de una bomba que no está montada en su fundación, los tornillos de anclaje del motor y los del acople deben dejarse sueltos, con suficiente juego para evitar esfuerzos perjudiciales resultantes durante el acarreo y las maniobras para el montaje del equipo en su sitio final, los cuales pueden ocasionar rotura de patas del motor, flexiones en los ejes y otros daños en el acople o en los rodamientos de una de las partes del conjunto bomba-motor.

Si el acople tiene carrete distanciador y se ha quitado para efectuar las operaciones descritas en este punto pero no se ha enviado al almacén de la obra, debe limpiarse y engrasarse para protegerlo del óxido. Después se monta al equipo y se envuelve en una funda plástica, cubriendo al mismo tiempo los cubos de la bomba y su motor. Esta funda debe dejarse bien asegurada para evitar su pérdida o daño por acción de los esfuerzos requeridos para hacer girar la bomba periódicamente, tal como se explica en la sección siguiente.

Colocar de nuevo sobre la bancada la guarda del acople, teniendo en cuenta engrasar los tornillos que la sujetan a ella. Este engrase es muy importante por las siguientes dos razones:

Permite que los albañiles puedan remover fácilmente la guarda cuando vayan a proceder con la aplicación de mortero o "grouting".

Previene el agarrotamiento de los tornillos por acción del mismo "grouting", que de suceder habrá que cortarlos, perforar y roscar de nuevo la bancada; lo cual es un trabajo fastidioso dadas las dificultades que presenta el mismo mortero, contribuyendo entonces a aumentar el tiempo destinado al montaje de cada equipo.

Cuando no ha sido hecho durante el recibo del equipo, proceder a:

Taponar el cárter de la bomba por su lado inferior, en el caso de que no haya llegado así de la fábrica.

Quitar la burbuja indicadora del nivel del aceite conjuntamente con su niple, tapando con un tapón de metal o plástico el orificio roscado que queda. El niple se retira para evitar que sea doblado o partido en el transcurso de la obra. Se etiquetan y se envían al almacén de la obra para ser guardados con las otras partes que le fueron retiradas a la bomba durante su recibo.

Llenar todo el cárter con aceite anticorrosivo al mismo tiempo que se hace girar el eje de la bomba con la mano para que se empape completamente su interior.

Considerar también la necesidad de llenar la carcasa de la bomba con aceite anticorrosivo.

Retirar las protecciones, que generalmente son de madera, puestas por el fabricante en las bridas de la bomba y en su lugar colocar tapas de hojalata calibre 16, las cuales se recortan con tres patas situadas como en los vértices de un triángulo para permitir aseguradas por entre las perforaciones para los espárragos de las correspondientes bridas, buscando con ello que no interfieran con el montaje de la tubería pero que eviten la caída al interior de la bomba de cuerpos extraños como escoria, colillas de soldadura, tuercas, etc.

En cuanto se haya terminado de instalar dichas tapas y estando la bomba montada sobre su fundación, se enviará una carta al contratista de tubería exponiéndole el fin de estas protecciones y la necesidad que hay de que sus operarios no las quiten aun cuando allí se monten bridas ciegas. Debe dejarse claramente establecido que en el caso de que estas tapas de hojalata sean retiradas, el patrono del causante es responsable de los trabajos adicionales necesarios para hacer la limpieza del interior de las bombas afectadas.

Este es un punto cuya efectividad es difícil de controlar en el montaje dado la diversidad de personas que ponen sus manos sobre los equipos, por tanto, como una medida de refuerzo para conservar limpio el interior de las bombas, se recomienda establecer las siguientes precauciones:

Retirar la protección, pero reservarla. (No deshacerse de ella) puesta por el fabricante en las bocas de la bomba.

Colocar las tapas de hojalata a las bridas de la bomba, tal como se expuso anteriormente.

Terminados los trabajos de tubería alrededor de la bomba, desabrochar los codos y hacerlos girar de forma que las bridas de la línea se alejen de sus correspondientes de la bomba, buscando con ello que en su orientación final no permitan que el agua de la prueba hidrostática de esas tuberías, ni las sustancias contenidas en ellas, pueda ser arrojada sobre la bomba al hacer los correspondientes lavado y barrido de las líneas de tubería.

Una vez que se ha encontrado la desviación más conveniente para la tubería conectada a la bomba, se armará, apretará, pondrán soportes y se le colocará una brida ciega a la brida prevista para ser conectada a la bomba, con el fin de permitir la prueba hidráulica del circuito sin ensuciar el interior de la bomba.

Colocar y asegurar en las bridas de la bomba las protecciones que tenían por suministro del fabricante; pero sin retirar la hojalata protectora.

Guardar en lugar seguro las empaquetaduras y otras piezas resultantes marcándolas apropiadamente con el número de la bomba a la cual pertenecen.

Cubrir el motor con una tela de polietileno para protegerlo del polvo, materias extrañas y las lluvias.

Considerar la posibilidad de que las operaciones de nivelación descritas más adelante en este capítulo, sean postergadas para aquellas bombas cuyas fundaciones son bloques aislados; es decir, que no hacen parte de una loza común con otros equipos; esperando para realizadas hasta cuando estas fundaciones ofrezcan la seguridad de que no se hundirán ni se inclinarán; por ejemplo, hasta cuando ya se encuentren agarradas por el pavimento.

A propósito, a pesar de que se encuentren unidas al pavimento por varillas de hierro que generalmente son de 1/4 o 3/8" de diámetro las fundaciones de los equipos rotativos no son solidarias con el pavimento de la planta y para evitarlo, se separan entre sí con una lámina de poliestireno expandido o de material bituminoso. Considerando la necesidad de este aislamiento y aun cuando los trabajos con el concreto están a cargo del supervisor de la obra civil, el supervisor de montaje mecánico debe vigilar que al fundir el pavimento éste no quede en contacto directo con las fundaciones de los equipos.

Picar la cara superior de la fundación de hormigón en una profundidad mínima de 15 mm, hasta eliminar completamente la lechada de cemento que se ha formado sobre ella y a continuación, proceder a su limpieza total con agua y con aire a presión de modo que pueda ofrecer la máxima superficie de adhesión al mortero del "grouting".

Esta actividad es responsabilidad del supervisor de obra civil; sin embargo, es frecuente que se le pase por alto hacerla cumplir; además, la cara superior de la fundación puede encontrarse contaminada con aceite u otro lubricante, en cuyo caso, cuando la mancha es pequeña será necesario retirar esa parte del concreto; pero, si fuere grande habrá que considerar la posibilidad de usar un adhesivo que garantice la buena unión entre el "grouting" y el concreto contaminado.

Limpiar totalmente, con la ayuda de herramientas y aire a presión, toda la suciedad que pueda haber en el interior de las camisas de los pernos de anclaje y para evitar que vuelvan a llenarse mientras que llega el montaje del equipo, rellenarlas con papel usado, por ejemplo, pedazos de periódicos o bolsas de cemento vacías. Si fuere necesario, cubrirlas con tapones de madera o de chapa metálica.

Marcar en la fundación del equipo los centros y la elevación del apoyo de la bancada del conjunto bomba-motor. Para la marca de elevación se toma como referencia la elevación a la que debe quedar la brida de admisión de la bomba, de acuerdo con lo indicado en el respectivo isométrico y se hace 100 mm por debajo de la real con el fin de permitir la correcta medición de la altura de los suplementos usados, independientemente de las deficiencias de la superficie del concreto.

En cuanto a los centros, se marcarán teniendo en cuenta los centros indicados en el plano del equipo, o en su defecto, se considerarán los centros de las bridas de admisión y descarga de la bomba, para lo cual se tendrá como referencia los isométricos de las tuberías correspondientes.

En general, para lograr la localización exacta de un equipo su orientación, elevación y centrado se confrontará la localización de sus bridas contra la de las bridas de las tuberías que irán conectadas a él, basándose en los isométricos correspondientes.

Estas últimas actividades son responsabilidad del topógrafo de la obra, pero su verificación es responsabilidad del supervisor de montaje mecánico.

MONTAJE

Montar la bomba centrífuga de eje horizontal en su fundación correspondiente, teniendo cuidado en dejarla con la orientación pedida y colocándola a la elevación señalada mediante suplementos o calzos de hierro de 140 x 70 mm y del espesor necesario.

Estos suplementos se deben colocar a un lado de cada uno de los pernos de anclaje a la fundación, con el fin de que al apretarlos no se flexione la bancada.

Centrar sus bridas de acuerdo con los centros que el topógrafo debe haber marcado en el concreto, uno en el frente de la fundación y el otro en uno de sus costados; es decir, perpendiculares entre sí; y como ya se dijo, conviene confrontar la posición final de las bridas de la bomba con la localización dada en la isométrica de las tuberías conectadas a ella.

Nivelar perfectamente el conjunto usando laminillas ("Shims") de acero inoxidable o de latón, de 140 x 70 mm y del espesor requerido, las cuales se colocan sobre los suplementos –o calzos que soportan la bancada, dedicando cuidado especial a los niveles de la brida cuya cara se encuentre en posición horizontal y a los de los pedestales del motor. Si éste ya se encuentra instalado sobre sus pedestales, debe aflojarse los pernos que lo aseguran a ellos y en cuanto se termine la nivelación de la bancada, verificar que no haya espacio entre las patas y sus respectivos pedestales, en caso de haberlo, suplementar hasta logar total firmeza de la correspondiente pata y seguidamente apretar todos los pernos. Ver: Sección Pata Coja del Cap. 2.

Apretar las tuercas de los pernos de anclaje a la fundación de acuerdo con lo descrito más adelante. Los pequeños ajustes de nivelación entre la bancada y los suplementos que la separan de la fundación, se hacen con laminillas de latón, cobre o acero inoxidable. Ver: Fig. Cap. 3-1

Por último, revisar los niveles y la localización final del equipo, medida esta última sobre la línea de su centro y con una tolerancia de ± 2 mm.

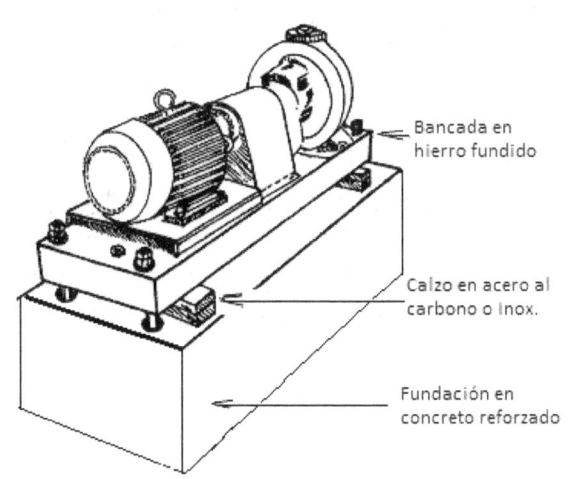

Bancada en hierro fundido

Calzo en acero al carbono o Inox.

Fundación en concreto reforzado

Fig. Cap. 3-1

Terminada la instalación de la bomba sobre su bancada, estando debidamente apretados todos sus pernos de anclaje y antes de autorizar su relleno con mortero o "Grouting", se procede con el alineamiento preliminar de los ejes bomba-motor con una tolerancia de ± 0.050 mm; esto implica la verificación de su distancia axial, con miras a determinar la perfecta nivelación de la bancada del equipo, la buena localización y utilización de los calzas puestos entre esa bancada y su fundación, el terminado, nivelación y buen contacto de las superficies de apoyo de los pedestales con las patas del motor y la correcta tensión de los pernos de anclaje de la fundación.

Con este alineamiento preliminar se busca evitar todos aquellos problemas que tienen su origen en una mala disposición de la bancada del equipo, antes de autorizar su relleno con mortero; por lo tanto, se da por entendido que para someter el equipo a este alineamiento, tanto la bomba como su motor tienen instalados sus correspondientes semiacoples, pues de proceder con ligereza en lo que a este relleno concierne, son de esperarse problemas e inconvenientes difíciles de determinar y de corregir una vez fraguado el "grouting". Ver: Sección Actividades y controles del Capítulo 2.

Durante este alineamiento preliminar se prestará atención a lo siguiente:

En cada calzo se empleará el menor número posible de suplementos; es decir, si la luz entre las superficies es de 25 mm se utilizará una chapa de ese espesor y no una de 10 y tres de 5 mm, o dos de 10 y una de 5 mm, etc.

La superficie de la fundación en donde asiente el calzo debe estar completamente lisa y pareja, libre de polvo y de humedad, se desbastarán con cincel, u otro medio, las piedras y cascajo propios del concreto que por sobresalir en la superficie de la fundación no permitan un buen asentamiento de los calzos. Se tendrá cuidado de que el suplemento más grueso asiente directamente sobre el concreto y el más delgado esté sobre aquél, con lo cual se facilitarán las operaciones de nivelación de la bancada.

Los calzos no obstruirán las bocas de las camisas de los pernos de anclaje ni tampoco irán sobre suplementos de cemento o mortero. Las cuñas no son admisibles para ser usadas en lugar de calzos porque por ser susceptibles a deslizarse, pueden afectar el nivel de la bancada y por consecuencia la alineación del equipo. Los calzos deben quedar completamente apretados.

Una vez montado, centrado, nivelado y apretados todos los pernos de anclaje del equipo, y antes de darle el visto bueno para proseguir con su "grouting"; es prudente dejar pasar un día para hacer las comprobaciones de su elevación, centrado y nivelación. La razón para ello es permitir que las tensiones de los pernos de anclaje cedan un poco y lograr así unas lecturas más ajustadas a la posición final del equipo; en muchas ocasiones, esta espera ha permitido descubrir calzos defectuosos que se han aflojado o sufrido un asentamiento.

Antes de proceder a la nivelación, cuidar que cada uno de los pernos de anclaje a la fundación esté provisto de su respectiva arandela, tuerca y contratuerca y entonces sí, apretarlos alternadamente y a medida que lo vaya pidiendo el ritmo de la nivelación; es decir, apretar en el sentido indicado por la burbuja del nivel cuidando que ésta se desplace cada vez el mínimo de su posición central.

Apretar las tuercas requintándolas y manteniendo siempre el nivel del equipo con la ayuda de laminillas de latón, cobre o acero inoxidable. Al terminar el requintado de todas y cada una de las tuercas de los pernos, requintar sus contratuercas sin descuidar el nivel del equipo, cuya tolerancia máxima es de ± 0.1 mm/m en todas las direcciones.

El motor o la bomba se podrán desmontar de sus pedestales cuando así se requiera para efectuar una buena nivelación de la bancada.

Considerar la necesidad de soldar a la bancada tuercas que ayuden a hacer los movimientos horizontales que requiere el alineamiento. Ver: Fig. Cap. 3-2

Retirar la guarda del acople y rellenar la bancada con mortero ("grouting") operación que será realizada por los albañiles pero que el supervisor mecánico debe controlar y para la cual se tendrán en cuenta las siguientes precauciones:

Asegurarse que dentro de la cámara que forma la bancada de la bomba con la superficie de su fundación, no haya objetos extraños ni restos de concreto.

Rellenar totalmente con mortero todas las cámaras que la bancada tenga en su interior, buscando que no quede ninguna bolsa de aire que impida la completa adherencia entre la lámina de la bancada y el mortero de relleno, lo cual requiere vibrar y embutir bien la mezcla así como también hacer taladros en los extremos de estas cámaras para permitir la salida de todo el aire que pueda haber en ellas.

Cuando, de acuerdo con las especificaciones aplicables, las camisas de los pernos de anclaje deban dejarse sin relleno de mortero, se les agregará secciones de tubo de la longitud suficiente para evitarlo, o se cerrarán sus bocas con espuma de poliuretano o con masilla para vidrios u otro medio adecuado.

Una vez que esté completamente terminado el relleno de mortero y para evitar la retención de líquidos sobre las superficies exteriores de las perforaciones de que dispone la bancada para su llenado, éstas se dejarán abombadas y lisas y por la misma razón, las superficies de terminación de la fundación se dejarán con un ligero caballete.

Para que el mortero de relleno dé resultados satisfactorios, debe seguirse al pie de la letra tanto las instrucciones de preparación suministradas por su fabricante, como todas las instrucciones del fabricante del expansivo con que se adicione, si es que se usa alguno.

Después de que el mortero de relleno haya fraguado, se comprobará el apriete de los pernos de anclaje de la bancada a su fundación, y se corregirá si fuere preciso, recordando para ello que la tolerancia máxima de desnivel que se permite para la bancada es de ± 0.1 mm/m.

El tiempo de fraguado del mortero de relleno varía según el tamaño de la fundación, humedad ambiental relativa y temperatura ambiente.

Si los equipos habían sido desmontados para efectuar la nivelación de la bancada, se esperará hasta cuando haya fraguado el mortero de relleno antes de volverlos a montar.

Colocar de nuevo la guarda del acople con sus correspondientes tornillos para asegurarla a la bancada, los cuales deben estar lo suficientemente engrasados como para evitar que se agarroten con el cemento fresco.

Girar cada semana el eje de las bombas sirviéndose de la mano; es decir, sin accionar eléctricamente el motor; con ello se mantienen lubricadas sus partes internas y se evita que se aprieten. El motor también debe girarse y el equipo en general debe revisarse en busca de fugas de aceite u otras anormalidades.

Como un comentario marginal, en cuanto a las bombas de engranajes (desplazamiento positivo) se recomienda no girarlas ya que cualquier partícula de escoria u otra impureza abrasiva que haya caído en su interior, puede rayar o a picar la rodadura de sus engranajes.

Engrasar los rodamientos de los motores de acuerdo con las instrucciones de su fabricante. Es importante consultar estas instrucciones puesto que la grasa de que puedan estar provistos puede ser sólo para protección temporal y no compatible para servicio. Ver: Sección Lubricación del Anexo C.

Cuando la tubería ya esté conectada a la bomba, verificar que en la aspiración no haya reducción concéntrica y que la reducción excéntrica que pueda haber tenga su parte plana hacia arriba para evitar bolsas de aire o de gas.

Impedir que a las bridas de las bombas se aseguren tuberías que no tengan los soportes suficientes y adecuados. Sin embargo, se permitirá la utilización de soportes provisionales siempre y cuando reúnan las condiciones apropiadas; no obstante, no se autorizará la soldadura de soportes provisionales ni de otros aditamentos a la bancada del equipo, puesto que esta práctica destruye el relleno de mortero, deforma la bancada y crea distorsiones incontroladas que dificultan la alineación del equipo.

Cerciorarse de que los soportes de tuberías instalados en las vecindades de la bomba sean ajustables y compatibles con los requerimientos de la alineación bomba-motor. Cuando los soportes no están apoyados en el piso, sino que están suspendidos de la estructura instalada encima de la bomba, se verificará que la varilla del soporte se encuentre a plomo; y en el caso de que este soporte tenga resorte, se comprobará que se haya graduado a la tensión que le corresponde.

Evitar que antes del "precommissioning" operaciones de ajuste y preparación para el arranque se instale la tubería ("tubing") que para el traceado de vapor pueda tener la bomba, puesto que ello dificulta las operaciones de su apertura y revisión interna.

Asimismo, es necesario asegurarse de que todas las tuberías que están conectadas a la bomba y también aquellas que han sido montadas en sus inmediaciones, no interfieran con el mantenimiento y desmontaje de las partes del equipo.

Verificar que el conjunto bomba-motor o bomba turbina, sus tuberías y todos los demás accesorios que pueda tener conectados, se preparen adecuadamente para el "precommissioning" y al mismo tiempo, activar todas las operaciones necesarias para esta preparación.

OBSERVACIONES

Cuando el equipo está dotado de un sistema de lubricación centralizado, se tendrán en cuenta las siguientes consideraciones:

Aun cuando esté provisto de una bomba para la circulación del aceite de lubricación, el retorno de ese aceite desde el cárter del equipo hasta el depósito de la consola, puede ser por gravedad.

Si el retorno del aceite se hace por gravedad, el punto de salida del cárter del equipo debe estar más alto que el de entrada al depósito de la consola, en la relación dada por el fabricante, por ejemplo: Pendiente de x mm/m de recorrido o x"/8 (octavos de pulgada) por cada pie de distancia entre la salida y su entrada a la consola.

Es muy probable que el fabricante pida un decapado o "pickling" de la tubería de lubricación antes de poner en marcha el equipo, por tanto, hay necesidad de confirmar este punto antes de llenar el sistema con aceite. Ver: Anexo H.

En consecuencia con lo anterior, se revisará con cuidado todo el contenido del catálogo y las instrucciones adicionales del fabricante del equipo, así como las isométricas de las líneas de lubricación que interconectan el equipo con la consola de lubricación.

El decapado o "pickling" se hace antes del arranque del equipo y tan pronto como lo permitan las circunstancias del montaje. Una vez efectuado este tratamiento y teniendo además completamente limpio el depósito de aceite, se monta la tubería proveyéndola de filtros provisionales tanto en la entrada al cárter del equipo como al depósito de la consola, entonces, se llena éste hasta su nivel y con el aceite adecuado de acuerdo con lo que esté recomendado por el fabricante del equipo. Ver: Sección Lubricación con grasa y aceite del Anexo I.

Una vez lleno el depósito de aceite, se pone a funcionar la bomba de lubricación por 10 minutos; si es que no hay otra indicación del fabricante; al cabo de los cuales se detiene su marcha y se desmontan los filtros para extraer la suciedad que pudiere haber retenido. El tipo de malla de los filtros viene indicado en el catálogo del fabricante de la consola.

Se vuelve a armar el sistema y se repite la operación hasta cuando los filtros se encuentren completamente libres de residuos; entonces, se arma por última vez y se hace funcionar la bomba de lubricación el tiempo suficiente para que llene por completo todo el sistema; una vez logrado, se detiene dicha bomba y se prepara la consola para dejarla en espera hasta cuando se vaya a proceder a la prueba de arranque del equipo al cual está conectada.

Al prepararse para efectuar la prueba de arranque del equipo, debe vaciarse completamente el circuito de lubricación depósito y cárter incluidos y revisarse cuidadosamente en busca de cieno y agua; y si es posible, se hace una cuidadosa inspección visual del interior del depósito de la consola de lubricación y del cárter del equipo. Encontrándolos bien, se llena el sistema con aceite nuevo y se procede a la prueba de arranque.

El depósito de aceite de la centralita de lubricación sirve para los siguientes propósitos:

Para almacenamiento del aceite, evidentemente.

Para permitir la sedimentación de partículas extrañas como lodos, limallas y mugre en general.

Para permitir la separación de las burbujas de aire contenidas en el aceite.

Para facilitar, ya sea el enfriamiento o calentamiento del aceite.

Para asegurarse que no falte aceite en la aspiración de la bomba que lo recircula por el sistema de lubricación.

El depósito de aceite de la centralita de lubricación debe reunir las siguientes condiciones básicas:

Capacidad suficiente para contener el aceite requerido por el sistema de lubricación, más una cámara de aire en la parte superior, equivalente al 10 % del volumen ocupado por el aceite.

Profundidad suficiente para evitar remolinos y entrada de aire en la succión de la bomba de lubricación; si se permiten, producirán cavitación en la bomba.

Filtro instalado en la mencionada conexión de la succión, fácilmente removible para limpieza periódica.

Respiradero a prueba de inclemencias climáticas y con filtro para polvo, instalado en la parte superior del depósito.

Indicador de nivel, que puede ser una varilla graduada como en los automóviles.

Un "bafle" o tabique interno situado del lado de la entrada del aceite de retorno, formando un pozo en donde esté sumergida esa entrada para mantener en reposo el resto del aceite y permitir la sedimentación de impurezas y separación de aire.

Un indicador de temperatura colocado a la entrada del aceite de retorno y eventualmente un termostato que desconecte el suministro de energía al equipo objeto de la lubricación.

Un niple de drenaje con su correspondiente válvula.

PRUEBAS HIDRÁULICAS (O HIDROSTÁTICAS)

Como norma general las bombas se aíslan de los circuitos de prueba de presión hidráulica (Que también se conoce como prueba hidrostática) de las tuberías, ya que en la obra no se requiere someterlas a ella, porque deben haberla pasado durante las visitas de inspección hechas a su fabricante. Sin embargo, en aquellos circuitos de tubería que van a estar sometidos a presión y temperatura altas o que van a manejar líquidos muy corrosivos, puede ser necesario incluir la bomba en la prueba hidrostática a fin de asegurarse de que no hay escapes por las bridas que la unen a la tubería, en este caso, si la tubería de sello está conectada al circuito de prueba, se desconectará de él. Asimismo, también será necesario desmontar del eje el sello mecánico para protegerlo de las impurezas y abrasivos contenidos en la tubería y que habrá de arrastrar el agua de la prueba; pero cuando en lugar de sello mecánico se utiliza empaquetadura, no será necesario retirarla, pero sí se cambiará por una nueva después de efectuada la prueba. Adicionalmente, cuando se quiera cambiar la empaquetadura o montar el nuevo sello, sea que la bomba venga provista de la una o del otro, se limpiarán prolijamente el eje y el estopero o la cámara del sello.

De acuerdo con las normas *del "Hydraulic Institute Standard": ANSI/HI 14.6 19Aug2011 Rotodynamic Pumps for Hydraulic Performance Acceptance Tests y ANSI/HI 1.6 (M104) 01Jan2000 Centrifugal Pump Tests,* las bombas centrífugas deben ser capaces de soportar una presión hidrostática igual a 1,5 veces la presión que podrá ocurrir en esa parte del circuito cuando la bomba es operada bajo sus condiciones de diseño y utilización. Esta presión se debe mantener cuando menos por 5 minutos Ver: Sección Realización de las pruebas del Capítulo 6.

COMENTARIOS

Si para efectuar las pruebas hidráulicas fuere preciso desmontar los sellos mecánicos, se procederá como se explica a continuación:

Desmontar los sellos y sustituirlos por empaquetaduras apropiadas.

Marcarlos para su posterior identificación usando el número del equipo al cual pertenecen, y seguidamente, envolviéndolos en una bolsa plástica, entregarlos al almacén de la obra para que sean agregados a las otras piezas del equipo que ya hayan sido guardadas allí.

Cuando los sellos mecánicos se requieran de nuevo para la puesta en marcha de la bomba, se pondrán nuevas todas las empaquetaduras de aquellas partes que hubiera sido necesario retirar del equipo para facilitar el desmontaje de dichos sellos.

Cuando se han terminado las pruebas hidrostáticas de los circuitos a los cuales están conectadas las bombas, es necesario inspeccionarlas tanto externa como internamente para verificar que no han sido afectadas por esos trabajos. Para hacer la inspección interna, proceder como se indica a continuación:

Desarmar una de las bombas del circuito una vez que han sido terminadas las pruebas hidrostáticas de las tuberías, dedicando atención especial a aquellas de desplazamiento positivo por engranajes los cuales pueden ser inutilizados por el óxido y cuerpos extraños que lleguen a ellos.

Revisar en forma meticulosa cada una de las partes interiores de la bomba en cuyo interior se encuentre agua u otros contaminantes por haber estado conectada a una línea de tubería que ha sido probada hidráulicamente; cuando se presenta este caso, también se requiere la revisión interna de cada una de las bombas conectadas a esa línea o circuito de prueba; ya que, como es fácil deducir, si el responsable de preparar el circuito omitió las precauciones para una bomba, también pudo haberlas omitido para otras.

En el caso inverso, o sea, si después de la prueba hidráulica se abre una bomba para su inspección interna y se encuentra seca, libre de óxido y de cuerpos extraños y si se tiene la certeza de que la preparación del circuito de prueba se ha hecho con las debidas precauciones, se puede suponer que el resto de las bombas conectadas a ese circuito se encuentra en las mismas condiciones de limpieza y por tanto, la bomba abierta se cierra y las demás no se tocan sino hasta el momento de requerirse así para su arranque. No obstante, se recomienda revisar cuidadosamente su interior a través de sus bocas.

Tratándose de bombas de desplazamiento positivo, la última decisión debe considerarse detenidamente dada la facilidad con que la escoria, materias abrasivas y agua deterioran este tipo de bombas.

Cuando al destapar una bomba para su inspección interna se encontrare inaceptable según lo que se ha dicho en el punto anterior, entonces se hará lo siguiente:

Se procede a la limpieza y lubricación de las superficies internas y de sus partes móviles. Cuando las bombas aún están bajo garantía de fábrica, este trabajo será hecho por un representante del fabricante o, en su ausencia, por otra persona; pero mediante autorización escrita del fabricante. Téngase en cuenta que este requisito no siempre existe, para lo cual es necesario enterarse de los pormenores de la orden de compra y de sus documentos adjuntos, como se expuso al comenzar este capítulo.

Se establece cuál es el subcontratista responsable de la contaminación interna puesto que pudo haberse producido por falta de las tapas protectoras en las bridas de la bomba, de ser esta la causa, el mecánico será responsable si omitió instalar dichas tapas o lo será el tubero si fue quien las retiró. Ver al comienzo de este capítulo.

En previsión de los problemas administrativos que se derivan del inciso anterior, el supervisor mecánico debe llevar un cuadro de control de las bombas a las que se les haya puesto la protección de hojalata en sus bridas y de aquellas que no la hayan recibido, con indicación de las razones para esto último; pero como ya se ha dicho, también corresponde al tubero cuidar que no caiga nada al interior de la bomba mientras que está efectuando los trabajos necesarios para el montaje de la tubería o para la prueba hidrostática.

ETAPAS FINALES

El procedimiento que se describe en las secciones siguientes se lleva a cabo durante la entrega de las bombas al cliente. Para una descripción detallada, Ver: Cap. 7. Etapas Finales del Montaje de las Bombas Centrífugas de Eje Horizontal

Para entender su sentido es necesario aclarar que durante la construcción y puesta en marcha de una planta petroquímica se pueden distinguir las seis etapas siguientes:

Montaje, comprende los trabajos relacionados con excavaciones, construcción e instalación de los equipos, tuberías y demás componentes de una planta industrial.

Completamiento mecánico. Es la etapa final de las actividades de montaje, en la que todos los equipos, tuberías, sistemas eléctricos, sistemas de control, etc. están instalados y el respectivo contratista procede a verificarlos, corregirlos, terminarlos, probarlos y limpiarlos, hasta tener la certeza de que todo está conforme con sus correspondientes especificaciones de diseño y los requerimientos de sus fabricantes, y por lo tanto ha cumplido con sus compromisos.

"Precommissioning" o precomisionamiento. Esta etapa del montaje sigue al completamiento mecánico y es vigilada estrechamente por el cliente puesto que es cuando recibe uno por uno los diferentes equipos de la planta que ha comprado. Comprende inspecciones, pruebas y ajustes, hechos a cada uno de los equipos. También comprende la recopilación y verificación de toda la documentación correspondiente a cada equipo para elaborar el Catálogo Mecánico de la planta. Desde el punto de vista del contratista, la construcción de la planta comienza a terminarse a la iniciación del "precommissioning".

"Commissioning" o Comisionamiento. Es la etapa del montaje conducente al arranque de la planta, pero adelantada por secciones o áreas que se prueban y ajustan de acuerdo con los requerimientos del proceso aplicable a cada área.

Puesta en marcha y terminación de la obra. También denominada "StartUp" o arranque. Es la etapa del montaje en la cual el cliente reconoce que la planta ha sido construida de acuerdo con los planos, especificaciones, parámetros de operación y diseño y demás términos contractuales, e inicia las pruebas de funcionamiento como un todo, su aceptación y consecuente recibo.

Entrega de la planta. Esta etapa comprende la suscripción de pólizas y garantías y la edición y firma del documento mediante el cual oficialmente la planta, de una parte (El Contratista) se transfiere y de la otra (El Cliente) se recibe.

ALINEACIÓN FINAL EN FRIO

En resumen, antes de iniciar la alineación final en frío de la bomba, se tendrá la seguridad de que a su alrededor no habrá trabajos adicionales que impliquen cambios que se manifestarán contra sus bridas, que alterarán el estado de limpieza interior de la tubería o que anularán los trabajos de alineación que se le haya dedicado al equipo. Ver: Sección Alineamiento en frío Cap. 2

Esta etapa requiere dedicación y cuidado para garantizar un funcionamiento confiable y largo de la bomba, durante ella se deben tener en cuenta las siguientes actividades:

Revisar que la tubería perteneciente al circuito de la bomba tenga todos sus accesorios, filtros, conexiones para instrumentos, empaques, espárragos, tuercas, soportes, soldaduras terminadas y además, que esté probada y lavada por completo y que todo esté debidamente apretado, incluyendo los pernos de anclaje; asimismo, se revisará el estado de la fundación y su mortero de relleno.

Desabrochar completamente las bridas de la tubería de sus correspondientes de la bomba, y al hacerlo, prestar atención especial a los desplazamientos que puedan manifestarse en las tuberías, los cuales son indicativos de tensiones ejercidas sobre las bridas del equipo.

Cerciorarse de que entre las bridas de la tubería y las de la bomba estén instaladas bridas ciegas y que la tapa de hojalata puesta allí para protección se encuentra en buen estado, en el caso de que no fuera así, habrá que efectuarse una meticulosa limpieza interna de la bomba, para lo cual se destapa y revisa la limpieza interna, lubricación de rodamientos, estado de sellos, asientos, álabes, ductos y presentación interna en general.

Lavar todas las partes internas de la bomba que han estado en contacto con el aceite anticorrosivo o con los lubricantes aplicados para su protección. Ver: Sección Lubricación del Anexo C.

Recubrir con bisulfuro de molibdeno todas las partes del equipo expuestas a corrosión. En los trabajos de montaje es común denominar al bisulfuro de molibdeno por "Molikote", que es una de las marcas comerciales bajo las cuales se expende.

Tapar de nuevo la bomba teniendo el cuidado de no olvidar la instalación de las empaquetaduras de que estuviere provista.

Montar los sellos mecánicos, en el caso de que hubieran sido desmontados. Ningún sello mecánico debe alterarse ni desarmarse.

Revisar el completo asentamiento de las patas a sus pedestales y el apriete con el torque correspondiente de los pernos de anclaje de la bomba. Nótese que se habla de los pedestales y no de la fundación, puesto que los pernos de anclaje a la fundación de concreto tuvieron que haber sido revisados al hacer las verificaciones para autorizar el "Grouting". Ver: Sección Pata Floja del Cap. 2.

Montar en el cárter la burbuja de nivel y su niple y proceder a lubricar de acuerdo con las respectivas indicaciones dadas en el catálogo del vendedor de la bomba, lo cual significa utilizar lubricantes de la calidad y el grado indicados en la "Tabla de Lubricantes" elaborada para ese contrato.

Revisar las tuberías de lubricación, refrigeración y sello de la bomba, asegurándose de que tienen todos sus accesorios, como: empaques, espárragos, tuercas, soportes, conexiones para instrumentos, etc. La misma revisión se hará a la turbina, si el equipo incluyera una de ellas.

Ajustar la altura de los soportes de tuberías para que éstas no ejerzan ninguna presión ni tiro sobre las bridas del equipo.

Aflojar todas las tuberías y accesorios de lubricación.

Hacer las mismas comprobaciones anteriores para las tuberías auxiliares conectadas al equipo y aflojarlas completamente.

Marcar un punto visible en la parte superior de la rodadura del semiacople de la bomba, usando para ello un centro punto. (También es conocido como punzón)

Comprobar la concentricidad del conjunto formado por el semiacople y el eje de la bomba, para lo cual se procederá de la siguiente forma:

Teniendo el pie magnético del comparador sobre la bancada del equipo y su carátula alineada con la marca hecha en la rodadura del semiacople de la bomba, girar éste 90°. Si la carátula del calibrador mostrase desplazamiento, habrá que buscar si el eje tiene una torcedura o si el semiacople está descentrado.

Repetir la misma prueba pero colocando la carátula del calibrador sobre el semiacople del motor.

Asegurar la base magnética del calibrador al cubo del semiacople del motor y su carátula o reloj dirigirla hacia el semiacople de la bomba, alineando el vástago retráctil del calibrador con la marca hecha en el semiacople.

Aflojar por completo los tornillos auxiliares montados en las tuercas que han sido soldadas provisionalmente en la bancada del equipo. Ver: Fig. Cap. 3-2.

Localizar el reloj por la cara axial y en la parte superior del semiacople de la bomba; haciéndolo coincidir con la marca hecha en la rodadura, ponerlo en cero y haciendo girar el eje del motor, tomar lecturas sucesivas a 90°, 180°, 270° y de nuevo a 360° para confirmar el cero. Este alineamiento se conoce como angular o axial. En lugar del calibrador de carátula, también se pueden usar galgas, pero en ambos casos se tendrá muy en cuenta la distancia que se debe conservar entre las caras de los semiacoples, la cual estará dada en el plano del equipo y además deberá corresponder con la longitud del carrete que une el semiacople del motor con el de la bomba, cuando de él está dotado el equipo.

Localizar el reloj en la parte superior de la rodadura del semiacople de la bomba y alineándolo axialmente con el punto marcado allí, ponerlo a cero y proceder como en la operación anterior. Esto se conoce como alineamiento radial. El desplazamiento máximo tolerado en cada lectura es de ±. 0.050 mm –si no hay indicación diferente en las especificaciones del proyecto– teniendo en cuenta que cuando una es de signo positivo, su opuesta es de signo negativo.

COMENTARIOS

Para facilitar la alineación es conveniente soldar a la bancada del equipo y al costado de cada una de las patas del motor, un total de ocho tuercas de rosca fina de un diámetro acorde con el peso del motor o turbina y colocadas en tal forma que al introducirles sus respectivos tornillos, éstos queden perpendiculares entre sí dos a dos y con sus extremos apoyando en las patas del motor, permitiendo así deslizarlo al mínimo y en todos los sentidos de acuerdo con los requerimientos indicados anteriormente. Ver: Fig. Cap. 3-2.

Si se giran al mismo tiempo el semiacople de la bomba y el del motor, las lecturas serán más exactas puesto que se eliminan las asperezas y otras irregularidades que pueden afectarlas, ya que las lecturas se obtienen siempre entre los mismos puntos. Para lograr la solidaridad de este giro, conviene montar el carrete distanciador pero sin apretar demasiado sus tornillos de unión.

Fig. Cap. 3-2

Debido a la temperatura de trabajo de las turbinas, por norma general éstas se dejan más bajas que las bombas a las cuales están conectadas, teniendo en cuenta el siguiente producto: 0.001" multiplicado por la altura en pulgadas existente entre el apoyo de sus patas y el centro de su eje. El producto así obtenido se toma como la diferencia que habrá de dejarse entre el centro del eje de la turbina y el centro del eje de la bomba.

Para los motores eléctricos grandes, se deja el eje del motor más bajo que el de la bomba en: 0.001" multiplicado por el diámetro del eje del motor; pero nunca se deja más bajo que 0.004".

Una fórmula general para ayudar en las estimaciones correctas de la alineación final en frío de las bombas de hierro fundido impulsadas por motores eléctricos y que se destinarán a manejar líquidos calientes, es la siguiente:

h = {(TTa)/100} x 0.0006 he

En donde:

0.0006 = Coeficiente de dilatación lineal del hierro fundido por cada grado Fahrenheit

h = Altura a la que a la temperatura ambiental debe quedar el eje del motor sobre el de la bomba, en pulgadas.

T = Temperatura del líquido bombeado, en grados Fahrenheit.

Ta = Aumento de la temperatura en grados Fahrenheit a partir de la temperatura ambiental circundante

he = Altura en pulgadas del eje, tomada desde el apoyo de la bomba en sus pedestales.

O, en grados centígrados, aplicar:

A = 0,0000105heT

En donde:

0,0000105 = Coeficiente de dilatación lineal del hierro fundido por cada grado centígrado

A = Expansión térmica dada en milímetros

he = Altura en milímetros del eje, tomada desde la superficie de apoyo de sus patas

T = Aumento de la temperatura en grados centígrados, a partir de la temperatura del medio ambiente circundante

Debe tenerse en cuenta que:

La expansión térmica del equipo medida en el eje con respecto a su altura desde la parte inferior de sus patas de apoyo, es decir, su dilatación vertical, se disminuye cuando las patas del equipo no han sido fundidas con su cuerpo para formar una sola pieza, sino que están atornilladas a él, esto ocasiona una reducción apreciable del calor transmitido a ellas. Ver: Comentarios de la sección Arranque en el Capítulo 3.

La dilatación que éstos puedan sufrir por el hecho de ser o no refrigerados.

Los incisos anteriores, deben ser considerados como información general y complementaria a las instrucciones suministradas por el fabricante del equipo, puesto que para cada tipo de metal existe una dilatación diferente; además de que la manifestación de ésta en el eje de la máquina puede verse afectada por la configuración particular de ella y por el sistema que se haya utilizado para soportarla.

Fuera de lo anterior y esto hay que tenerlo muy en cuenta la dilatación de la máquina en el lado del acople puede ser muy diferente de la manifestada en lado opuesto, requiriendo consideraciones y cálculos más complicados.

Para comprobar el buen asentamiento de las patas del motor sobre sus respectivos pedestales y evitar la pata floja, se procederá como se explica a continuación:

Tomar el calibrador de carátula comparador o reloj y localizar su pie magnético sobre el semiacople del motor y su reloj sobre el semiacople de la bomba, teniendo cuidado de que ambos estén en la parte superior de dichos semiacoples y que el punto marcado en el de la bomba quede alineado axialmente con el sensor del reloj.

Poner en cero el reloj.

Aflojar lentamente uno de los pernos de anclaje del motor.

Tomar la lectura del reloj.

Corregir en la pata cualquier desviación indicada por el reloj.

Apretar de nuevo el perno de anclaje del motor. Se entiende que sin permitir que la aguja del reloj se desvíe.

Proceder del mismo modo con los tres pernos restantes de las patas del motor.

OBSERVACIONES

La tolerancia permitida en el asentamiento de las patas del motor sobre sus respectivos pedestales es de ± 0.050 mm. Siempre y cuando no afecte el alineamiento entre los ejes.

Las correcciones se hacen poniendo calzos "Shims" de laminillas de latón, cobre o acero inoxidable bajo la pata correspondiente.
Estas laminillas deberán recortarse siguiendo la conformación de la pata y perforarse con sacabocado para permitir el paso del tornillo de anclaje. Se tendrá especial cuidado en corregir las rebabas causadas por estos cortes.

Logrado el buen asentamiento de las patas del motor, se procederá a verificar la alineación bomba-motor, según lo descrito anteriormente.

Para evitar que se cree un círculo vicioso entre la comprobación del asentamiento de las patas del motor y de su alineamiento con la bomba, los tornillos de anclaje a los pedestales deben estar completamente apretados antes de iniciar la operación y ésta se efectuará soltando sólo un tornillo cada vez.

Cuando el alineamiento preliminar se ha hecho prestándole toda la atención, no debe existir problema alguno con el asentamiento de las patas del motor sobre sus pedestales respectivos.

Para comprobar el buen asentamiento y alineación de las bridas de la tubería con sus correspondientes de la bomba, se procederá como se describe a continuación:

Utilizar dos comparadores cuyos relojes estén graduados en escalas iguales. Localizar los pies magnéticos de los comparadores sobre el semiacople del motor y sus relojes sobre la rodadura del semiacople de la bomba, teniendo cuidado de que uno de los comparadores ocupe la parte superior de los semiacoples y que el punto marcado en el de la bomba quede alineado axialmente con el sensor de su reloj; mientras que el otro comparador quede localizado a 90° con el primero.

Poner en ceros ambos relojes.

Apretar uno de los espárragos de una de las bridas hasta desplazar 0.050 mm uno de los relojes. Se entiende que los espárragos de las bridas se encuentran completamente sueltos, puesto que este es uno de los requisitos de la alineación final en frío. Ver: Punto 2 de esta sección.

Apretar el espárrago opuesto en la misma brida hasta volver el reloj a cero.

Volver al primer espárrago y luego al segundo, alternadamente, repitiendo las operaciones anteriores hasta obtener el apriete deseado.

Continuar el mismo procedimiento con los dos espárragos de la misma brida colocados perpendicularmente a los anteriores.

Continuar así hasta terminar con todos los espárragos de la primera brida.

Repetir todo el procedimiento anterior para la otra brida de la bomba.

Para efectuar las operaciones descritas anteriormente, es requisito indispensable haber alineado muy bien el motor con su bomba y haber dejado firmemente apretados sus tornillos de anclaje a la bancada; vale decir, a sus pedestales.

Al hacer el montaje de las tuberías conectadas a la bomba, deberá cuidarse que sus bridas queden colineales con respecto a sus ejes y paralelas respecto a sus caras; por tanto, una vez terminadas las soldaduras, sus espárragos tienen que poderse colocar fácilmente y apretar sin que produzcan tiranteces.

Si al apretar los espárragos se encontrara con que el reloj que ha registrado el desplazamiento no puede volverse a cero, ello significa que la cara de la brida del tubo no es paralela con la cara de su correspondiente de la bomba; entonces, se soltarán todos los espárragos de unión entre ellas y se calentará el tubo correspondiente con el fin de lograr este paralelismo, para lo cual, usando galgas entre la brida del tubo y la de la bomba y por el procedimiento de calentar y enfriar de acuerdo con los requerimientos que se van observando durante la operación, se llevarán las bridas hasta conseguir que ambas caras queden paralelas entre sí y, una vez que esto se ha obtenido, se procederá a efectuar de nuevo todo el procedimiento de apriete de sus espárragos.

De lo descrito en los puntos anteriores, se deduce la importancia que, para un buen avance del montaje mecánico, tiene la pericia de los tuberos y soldadores responsables de hacer las conexiones de las tuberías a los equipos rotativos, así como el cuidado y precauciones que le dediquen a estos trabajos.

Cuando el montaje de las tuberías conectadas a un equipo rotativo se hace a la ligera, se manifiesta en un exagerado número de horas dedicadas a ese equipo durante su alineación final en frío; de aquí la necesidad que tiene el supervisor mecánico de coordinar su trabajo con el del supervisor de tuberías.

Apretar las tuberías de lubricación y las auxiliares conectadas al equipo teniendo cuidado que no afecten la alineación entre sus ejes.

Llenar con aceite la consola de lubricación, cuando el equipo está provisto de una de ellas.

PREPARACIÓN PARA EL ARRANQUE

Antes de proceder al arranque de la bomba, debe:

Haberse efectuado el arranque de su turbina o motor eléctrico.

Verificar que no haya reducción concéntrica en la succión y si tiene reducción excéntrica, que tenga su parte plana en la parte superior para evitar bolsas de aire o de gas.

Cerciorarse de que la tubería que está conectada a la brida de admisión de la bomba esté provista de su correspondiente filtro. Las bombas que por diseño estén equipadas con un filtro permanente, llevarán uno temporal durante las pruebas de arranque y será usado hasta cuando haya garantía de que el interior de la tubería se encuentra limpio.

Los filtros cónicos temporales tendrán un área de paso libre igual al doble de la sección del tubo y la medida de sus mallas estará de acuerdo con la especificación pertinente, lo mismo que el tipo de material del que estarán construidos.

El filtro debe montarse cuidando que su diámetro mayor quede del lado de donde viene el flujo como se muestra en la Fig. Cap. 3-4 con el fin de que los contaminantes retenidos queden en su interior y en esta forma se extraigan al retirar el filtro.

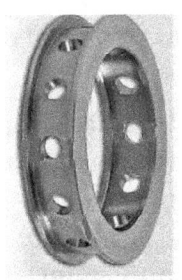

Cuando se monta en sentido contrario, las impurezas retenidas quedan entre el filtro y el tubo, por tanto no sólo permanecerán allí cuando sea retirado aquél, sino que también dificultarán la operación de limpieza del sistema.

Fig. Cap. 3-3

ANILLO LINTERNA

Considerar la utilización de un filtro provisional en la tubería de sello para que retenga las impurezas propias de un sistema recién instalado, con el fin de proteger el sello mecánico o de evitar ralladuras en el eje cuando en lugar de aquél tiene empaquetadura y anillo linterna.

COMENTARIOS

El anillo linterna es un aro con perforaciones en su periferia, la cual tiene un perfil en forma de H.

Este anillo se instala en el prensaestopas y entre los anillos del cordón del empaque, con el fin de permitir el ingreso de un lubricante que no solo protege del desgaste a la empaquetadura y mejora el sello de ésta, sino que también puede cumplir funciones de enfriamiento. Es particularmente útil en el caso de bombas que trasiegan líquidos corrosivos o altamente inflamables. Ver: Fig. Cap. 3-3

Asegurarse de la limpieza del interior de la bomba, cárter y cojinetes. Como el lector podrá haberlo observado, a lo largo de este capítulo se insiste con frecuencia en la limpieza que debe observarse al manipular el equipo y en especial sus partes internas, pues bien, conviene mencionar que basta con que haya una tuerca dentro de la carcasa para que se destruya el impulsor, o unos granitos de arena en el cárter para que se disminuya notablemente la duración de los cojinetes.

Asegurarse de que los rodamientos, el cárter o la consola de lubricación tengan el lubricante adecuado y hasta su nivel correspondiente. Ver: Anexos C y H.

Cuando en el sistema de lubricación haya bombas de desplazamiento positivo, comprobar que se encuentren provistas de un dispositivo para amortiguar la sobrepresión. Cuando este tipo de bombas no ha sido provisto por su fabricante con tal dispositivo, se tendrá que montar una válvula de seguridad en la tubería de descarga y localizarla entre la brida de la bomba y la válvula que se encuentra aguas abajo; al mismo tiempo, el desfogue de dicha válvula de seguridad se conectará a la tubería de admisión, entre la brida de la bomba y la válvula que se encuentra aguas arriba.

Cuando se estime que por causa de un bloqueo en la tubería de descarga, ésta puede sufrir un considerable aumento de temperatura; o que un descenso en la presión del sistema pueda originar gases, el tubo de desfogue de la válvula de seguridad no se conectará a la tubería de admisión como se dijo en el párrafo anterior, sino que deberá ser conectado a la fuente de succión, o en su defecto, a un tanque o acumulador.

Al montar la válvula de seguridad, su resorte debe quedar en posición vertical y la tubería de conexión entre su desfogue y la succión de la bomba, deberá estar conectada de forma que no produzca esfuerzos y que permita desmontar fácilmente la válvula o desarmar la bomba.

Comprobar que el codo de la línea de succión en las bombas de doble succión, se encuentre distante de la brida de la bomba en una longitud que sea cuando menos igual a cinco diámetros de ese tubo.

Comprobar que en la línea de descarga de las bombas centrífugas, así como de las rotativas, se ha instalado una válvula de cheque o de retención y que se encuentre en la posición correcta. Ver la isométrica y especificación correspondientes. El cheque se instala adyacente a la bomba para evitar que cuando ésta se detenga, se regrese el líquido contenido en la tubería de descarga haciendo que aquella gire en sentido contrario, además de que la protege de los golpes de ariete.

Comprobar que la bomba y su motor pueden ser girados a mano, asegurándose así de que no se han agarrotado.

ARRANQUE

Al proceder al arranque de la bomba centrífuga de eje horizontal, debe tenerse en cuenta cada una de las siguientes actividades:

Asegurarse que no haya pérdidas de aceite por ninguna parte del sistema de lubricación, cárter, juntas, tapón de drenaje y burbuja de nivel.

Aflojar o liberar el acople del lado del motor.

Arrancar el motor y cerciorarse de su sentido de giro.

Verificar que la vibración del motor está dentro de los límites permitidos.

Armar, apretar y llenar definitivamente el acople con grasa u otro lubricante de la clase y calidad adecuadas en concordancia con la especificación o en su defecto, con la recomendación de su fabricante. No sobrepasar el nivel correspondiente. Ver: Anexo E.

Revisar que el eje no tenga alambres, herramientas u otros elementos extraños enredados en él, una vez hecha esta revisión, montar la guarda del acople

Revisar el correcto montaje de todos los instrumentos que van instalados en las vecindades de la bomba o conectados a su sistema de bombeo, tales como manómetros, termómetros, presóstatos, termóstatos, etc.

Revisar la tubería de refrigeración y asegurarse que por ella circula o puede circular libremente el agua de enfriamiento.

Revisar tanto el sistema como el flujo del líquido de sello. A este respecto téngase en cuenta que no siempre el líquido de cierre o sello es aceite, pues con frecuencia se utiliza el mismo líquido que bombea el equipo, sirviéndose de un tubo que conecta la descarga de la bomba con la caja del sello o del anillo linterna, dependiendo para ello de cuál de estos dos elementos es el que se está utilizando en esa bomba. Ver: Anexos A y B.

Revisar que la carcasa de la bomba tenga sus válvulas de drenaje, de ventilación y cebado, con todas las conexiones hechas de acuerdo con lo indicado en los planos correspondientes.

Verificar que están correctamente instaladas y conectadas a las bridas de la bomba, las tuberías de succión y descarga

Cerrar la válvula de aspiración de la bomba y cebarla abriendo lenta y completamente su válvula de descarga.

Si no hay líquido, cebar la bomba, para lo cual se presentan las siguientes dos alternativas:

Si el líquido suministrado se encuentra en un lugar superior al de la bomba, y si se puede permitir que ese líquido se derrame, se abre el venteo que tiene la carcasa. Pero, cuando la bomba maneja líquidos diferentes al agua y que exigen manejo especial, deberá elaborarse un procedimiento que ofrezca todas las seguridades para salvaguardar la integridad de las personas y de la planta en donde está instalada esa bomba y verificarse que está provista de las facilidades para cumplir con ese procedimiento.

Si la bomba está instalada para aspirar de un pozo o de un circuito situado a un nivel inferior al de su brida de succión, la línea de aspiración estará provista de un cheque o de una válvula de pie que evitará que el sistema se vacíe cuando la bomba no está en funcionamiento. Siendo éste el caso, llevará conectada una línea de diámetro pequeño que permita llenar o cebar la carcasa de la bomba y la línea de succión, por lo tanto, deberá verificarse contra su respectivo isométrico, que esa línea tiene la válvula o el cheque que correspondan.

La válvula de pie debe ser al menos 1,5 diámetros mayor que el diámetro de succión de la bomba, para que no haya restricción en el flujo del líquido aspirado y evitar la cavitación.

Asegurarse que durante todo el tiempo requerido por la prueba, habrá suficiente suministro del líquido que se va a bombear.

Desairear y llenar de líquido las cámaras de los sellos mecánicos.

Si la bomba tiene sistema de lubricación centralizada, revisar:

Que el depósito del lubricante se encuentra libre de óxido, polvo, arena, agua y cualesquiera otras sustancias contaminantes.

Que tiene el aceite adecuado y está lleno hasta su nivel correspondiente.

Que tiene todos los filtros requeridos, tanto en cantidad como en calidad y tipo.

Que la bomba de lubricación trabaja correctamente.

Que el aceite fluye libremente.

Que los instrumentos funcionan de acuerdo con lo que se espera de ellos, según las correspondientes especificaciones.

Que el aceite fluye a la presión requerida.

Que los presóstatos funcionarán adecuadamente en el caso de presentarse un descenso en la presión del aceite.

Que si tiene difusores de calor, la superficie aleteada se encuentra limpia y libre de obstrucciones.

Que después de detenida la bomba, el aceite de lubricación continuará circulando durante el tiempo estipulado por el fabricante.

Este tiempo está en relación directa con la temperatura de los cojinetes que requiera ser disipada por el sistema de lubricación.

Arrancar la bomba.

Antes de arrancar la motobomba, verificar que la bomba no ha perdido su cebado. Cerrar hasta la mitad de su recorrido la válvula de descarga y abrir completamente su válvula de aspiración. Arrancar el equipo y permitir que la bomba adquiera la temperatura del líquido bombeado.

Revisar el sistema en busca de fugas del líquido bombeado.

Terminar de abrir la válvula de descarga, haciéndolo lentamente para evitar golpes de ariete aguas abajo en el sistema de tuberías, hasta dejarla completamente abierta que entonces debe haber alcanzado las presiones de salida y entrada requeridas.

COMENTARIOS

Tener en cuenta que cuando se cierra la válvula de descarga o cuando no está suficientemente abierta, se produce un desbalance en el empuje hidráulico radial, sometiendo el eje a flexión, causando ruidos y vibraciones excesivas en la bomba que afectan sus rodamientos y al estopero o al sello mecánico y creando cargas radiales que terminan por producir la rotura de su eje. Estas sobrecargas son más peligrosas cuando la bomba ha sido diseñada para elevar el líquido a gran altura.

La reacción radial está en función de la altura total de elevación para la cual está diseñada y de las dimensiones del impulsor. A mayor altura y dimensión, mayor será la reacción cuando esté trabajando por debajo de su capacidad de descarga.

Por el contrario, cuando el NPSH es insuficiente, cuando la sección de la tubería de aspiración es menor que la requerida, cuando la altura de succión es excesiva, cuando la velocidad (rpm) de la bomba supera a la recomendada, o cuando la temperatura del líquido que está siendo trasvasado se eleva por encima de la de diseño, puede crearse un vacío en la succión, provocando evaporación del líquido aspirado y pudiendo llegar a interrumpirse el flujo dentro del circuito.

El vapor generado por el vacío en la succión entra en forma de burbujas al rodete de la bomba para desaparecer rápidamente cerca de los extremos de los álabes, en la zona de alta presión, fenómeno conocido como cavitación, el cual produce: ruidos, vibración, pérdida de eficiencia y desgaste y por último, daños graves en la bomba.

En consecuencia, tener presente que para evitar la cavitación en las bombas centrífugas, se requiere que la presión de succión se mantenga por arriba de un mínimo especificado que se conoce como NPSH, el cual debe estar por encima de la presión de vapor del líquido bombeado.

La diferencia entre la potencia de succión y la ejercida por la columna del líquido a su paso por la bomba se transfiere a ésta en forma de calor; así pues que si se cierra la válvula de descarga mientras la bomba está en funcionamiento, o si sólo se permite la salida de un pequeño porcentaje del flujo, la carcasa puede ser incapaz de disipar el calor generado con el consiguiente aumento de temperatura en su interior, pudiendo entonces alcanzar límites perjudiciales para el equipo.

Cuando a pesar de mantener la bomba en operación continua mientras la válvula de descarga permanece cerrada, no se manifiesta ninguno de los efectos descritos en el inciso anterior; debe preverse que la duración del impulsor puede verse reducida considerablemente como consecuencia de la cavitación excesiva causada por recirculación interna del líquido bombeado. Este desgaste se acelera cuando dicho líquido contiene material abrasivo.

Cuando sea necesario mantener una bomba sometida a trabajar con poca entrega, se debe construir un "Bypass" que vaya desde la descarga hasta la fuente de suministro, preferiblemente, usando tubería del mismo material y "Schedule" que la usada en la descarga, con un diámetro nominal no inferior a su cuarta parte y provista de una válvula que permita regular el flujo de retorno para que la bomba trabaje dentro de las tolerancias aceptables; teniendo en cuenta a su vez que dicha línea entre en el líquido a suficiente profundidad como para evitar la formación de burbujas de aire y lo suficientemente lejos del punto de salida, para no impulsar hacia allí aire y contaminantes.

Cuando la línea del "Bypass" debe ser devuelta a la línea de succión, en lugar de a la fuente de suministro, se tendrá en cuenta que la conexión quede desde la brida de entrada, a una distancia que sea al menos10 veces el diámetro nominal del tubo de succión; esto, con el fin de evitar la producción de burbujas y la consecuente cavitación, la cual y como se viene diciendo, destruye el impulsor o "Impeller" de la bomba.

Cuando durante el arranque no se necesite el "Bypass", su válvula debe permanecer completamente abierta con el fin de facilitar un desfogue en caso de tener que cerrar intempestivamente la válvula de descarga de la bomba, por ejemplo, si se presentare un derrame del fluido que se esté bombeando.

Verificar el funcionamiento de los instrumentos conectados al sistema, para lo cual y en aquellos que por su montaje así lo requieran se abrirán las válvulas montadas entre ellos y la tubería.

Al proceder a la prueba de arranque de la bomba, es aconsejable montar un manómetro diferencial en el tramo de la tubería en donde se encuentra el filtro de admisión.

Cuando se usa un manómetro diferencial, éste debe estar montado de forma que su ducto de entrada esté conectado del lado del flujo a ser filtrado, y su ducto de salida, del lado del flujo ya filtrado.

Las variaciones de presión mostradas por el manómetro diferencial indican el comportamiento del filtro; así pues, una variación brusca hacia el máximo indica que el filtro se ha roto. Por el contrario, un descenso en la presión señala que se ha obstruido. En cualquiera de los dos casos, la bomba debe ser detenida y el filtro desmontado para corregir el problema.

Mientras que los manómetros en las líneas de aspiración y de descarga indican las condiciones de funcionamiento del equipo, el manómetro diferencial muestra las diferencias de presión ocasionadas por el filtro, es decir, refleja el funcionamiento de éste, y recuérdese que tan desastroso es un desperfecto en el filtro que permita el paso de colillas, escorias de soldadura y otros elementos extraños aún más grandes como lo es la obstrucción total o parcial del flujo. En ambos casos está de por medio la integridad del equipo.

Después de arrancada la bomba, y una vez que el equipo bomba-motor o bomba-turbina alcancen sus temperaturas de funcionamiento, detenerlo e inmediatamente revisar su alineamiento radial para corregirlo de acuerdo con lo que sea necesario. Esta corrección se requiere para ajustar las desviaciones que por dilatación ha producido el calor de funcionamiento del equipo, distorsionando la alineación final en frío; por tanto, la corrección se hará sin desconectar ninguna tubería y con sus válvulas un poco abiertas para que permitan el paso del fluido a través de la bomba y de la turbina, si la tiene, buscando que se mantenga a su temperatura de funcionamiento pero sin llegar a producirse giro alguno.

A esta operación se conoce como alineamiento en caliente y se hará tan rápido como sea posible después de parar el equipo, buscando con ello que su enfriamiento sea el mínimo para que las lecturas tomadas reflejen al máximo sus condiciones propias de funcionamiento. En el caso de equipos que giran a 3.000 o más revoluciones por minuto y en donde la diferencia de temperaturas entre la máquina accionada y su motor establece un desalineamiento que no es aceptable, no basta con detener el equipo para efectuar su alineamiento en caliente por lo cual se recurre a métodos que permiten establecer la verdadera dilatación durante su funcionamiento, uno de ellos descrito en la Sección Alineamiento en Caliente del Capítulo 2

Para detener la bomba se procede en dos pasos, como sigue:

Apagar el motor.

Si el líquido bombeado proviene de un nivel superior a aquél en donde está la bomba y si tiene la posibilidad de seguir fluyendo por sí solo, se cerrará la válvula de la descarga si se quiere dejar cebada la bomba.

Terminada la alineación en caliente y en caso de que fuera necesario, fijar el motor a sus pedestales con pasadores cónicos para evitar cualquier riesgo de que se mueva.

Arrancar de nuevo el equipo.

Comprobar la vibración existente, la cual de acuerdo con lo indicado en el API 610 (parágrafo 10.d.) debe estar dentro de los límites mostrados en la tabla siguiente:

VIBRACIÓN EN "MILS" MEDIDOS ENTRE LOS PICOS DEL DIAGRAMA API 610 (Parágrafo 10.d)		
Revoluciones por minuto (rpm)	Rodamientos[1]	Cojinetes de Casquillo[2]
0 a 1800	3.0	3.0
1801 a 4500	2.0	2.5
4501 a 6000		2.0
6001 o más		1.5
Notas: 1 Medido en la caja de los rodamientos 2 Medido en el eje		

Cuando se superan estos límites debe determinarse exactamente el origen de las vibraciones, teniendo en cuenta que no sólo pueden ser producidas por un mal alineamiento, un acople desbalanceado o una pata coja, sino también por una bancada distorsionada o un relleno de mortero insuficiente. No debe descartarse que la parte causante esté en el motor o la bomba, por ejemplo: Desbalanceo del inducido o del rotor. En cuanto la causa haya sido localizada, se procederá a corregirla antes de volver a poner en operación el equipo. Una vibración excesiva puede terminar dañando los rodamientos o los sellos mecánicos.

Comprobar el número de revoluciones por minuto rpm para lo cual es necesario considerar que cuando la prueba de arranque de la bomba se está efectuando con un líquido diferente al que se va a utilizar durante el proceso, quizás sea necesario calcular la equivalencia entre las rpm obtenidas en la prueba y aquellas que serán las reales en las condiciones normales de funcionamiento, teniendo en cuenta la influencia que en ello tengan las diferencias de densidad y viscosidad existentes entre e1 líquido de la prueba y aquél para el cual fue diseñada la bomba.

Revisar:

Ruidos y calentamiento en la caja de los rodamientos. Ver: Anexo C.

Hermeticidad y temperatura de los sellos y empaquetaduras, tanto de los rodamientos como del eje, teniendo en cuenta que en este último debe permitirse un pequeño escape. Ver: Anexo A.

Presión de la succión y de la descarga.

Flujo, temperatura y presión, tanto del sistema del agua de enfriamiento como el del aceite de lubricación.

Después de haber corregido todas las fallas encontradas durante las operaciones del arranque, se dejará funcionar la bomba por un tiempo mínimo de seis horas continuas, durante las cuales se continuará revisando periódicamente el comportamiento del equipo de acuerdo con lo que se ha expuesto en los puntos anteriores.

Obtener la aceptación del cliente.

Entregar la bomba al cliente. Al llegar a este punto, es de suponerse que el cliente ya ha aceptado la máquina que acciona la bomba, que puede ser un motor eléctrico o una turbina, y por lo tanto, recibirá el equipo como un todo; es decir, la bomba, motor y consola de lubricación, si la tiene.

BIBLIOGRAFÍA

API 610: Centrifugal pumps for petroleum, petrochemical and natural gas industries.

API 614: Lubrication, Shaft Sealing, and Control Oil Systems for Special Purpose Applications.

ANSI/HI 1.6 (M104) 01Jan2000 Centrifugal Pump Tests.

ANSI/HI 14.6 19Aug2011 Rotodynamic Pumps for Hydraulic Performance Acceptance Tests

Hydraulic Institute Standards for Centrifugal, Rotary & Reciprocating Pumps. Edición 14. Año 1983, por la Universidad de Michigan

SUPLEMENTOS AL CAPÍTULO 3ro.

1. Filtro para usarse en las pruebas hidráulicas
2. Registro de lecturas en la alineación final en frío de las bombas centrífugas de eje horizontal
3. Registro de prueba de funcionamiento de bombas centrífugas de eje horizontal.

SUPLEMENTO 1

FILTRO PARA USARSE EN LAS PRUEBAS HIDRÁULICAS (O HIDROSTÁTICAS)

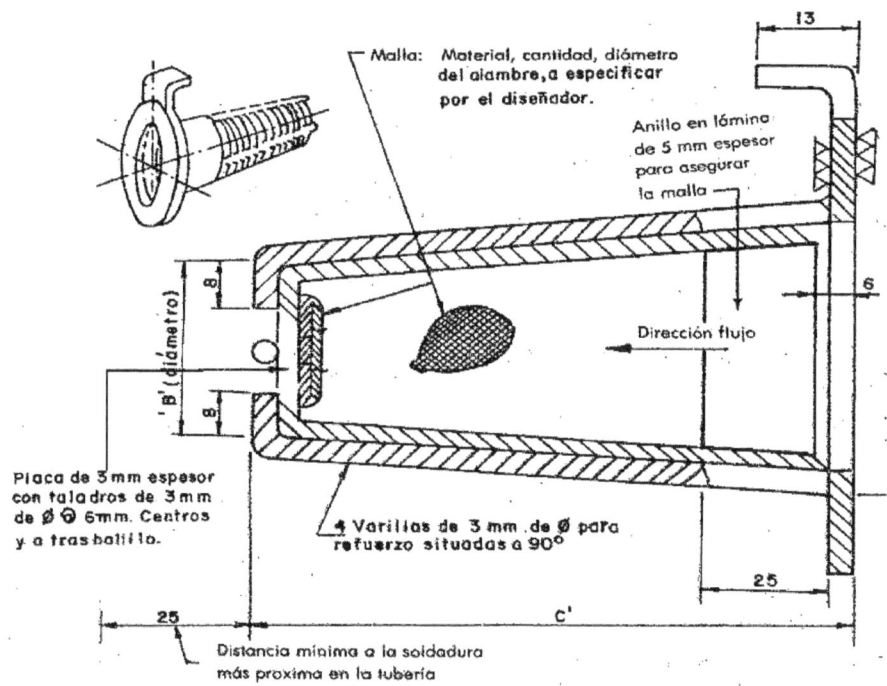

Diám. Nominal Tubería	A Sch. 80	B	C	D cara resalta-da (R. F.)	E		
					150 RF	300# 400#	600 RF
2"	45	25	152	92	56	62	62
3"	70	38	152	127	57	67	68
4"	92	51	203	157	68	76	80
6"	143	76	330	216	68	76	96
8"	190	102	406	270	76	81	101
10"	240	135	508	324	81	86	118
12"	294	163	635	381	94	95	115
30"	720	400	760	865	127	127	174

NOTAS:

1. Dimensiones en mm.
2. Situar el filtro cerca de la bomba, entre la válvula de bloqueo o de control y la brida de succión, en un tramo horizontal de tubería.
3. Esmerilar todas las soldaduras.

Fig. Cap. 3-4

SUPLEMENTO 2

REGISTRO DE LECTURAS EN LA ALINEACIÓN FINAL EN FRIO DE LAS BOMBAS CENTRIFUGAS DE EJE HORIZONTAL

Fecha: DDMMAAAA   Tag del Equipo:

Alineación Radial   Alineación Axial

Tensión de los Tornillos de Anclaje del Motor o de la turbina:

Placa de características de la bomba, correcta	Sí	No
Placa de características de motor/turbina, correcta	Sí	No
Bridas de la bomba están protegidas con bridas ciegas	Sí	No
Tubería de aspiración está provista de filtro	Sí	No
Nivelación de la brida de aspiración, bien	Sí	No
Nivelación de la brida de descarga, bien	Sí	No
Alineamiento de las bridas, correcto	Sí	No
Lecturas de alineación y tensión tomadas con las bridas apretadas	Sí	No
Soportes de tuberías, adecuados	Sí	No
Tuberías terminadas y con todos sus accesorios	Sí	No
Sistemas de lubricación, refrigeración y sello, bien	Sí	No
Bomba tiene limpio su interior	Sí	No
Bomba está lubricada correctamente	Sí	No
Motor/turbina probado	Sí	No
Motor/turbina aceptado	Sí	No

Tag del Equipo.   Localizado en la Planta:

Anexos a este informe: Cantidad: Títulos:

COMENTARIOS:

OBSERVACIONES:

a) Tachar lo que no corresponda.
b) En cada renglón tachar el adverbio que no corresponda y encerrar con un círculo el aplicable.
c) Anexar las gráficas y otra información que se estime necesaria, teniendo el cuidado de identificarlas y numerarlas convenientemente.

Nombres y firmas de:

Supervisor:

Representante del cliente:

SUPLEMENTO 3

REGISTRO DE PRUEBA DE FUNCIONAMIENTO DE BOMBAS CENTRÍFUGAS DE EJE HORIZONTAL

Alineación Radial en Frío   Alineación Radial en Caliente

Filtros de la tubería son Provisionales	Sí	No
Filtros de la tubería son Definitivos	Sí	No
Filtros de la tubería están Limpios	Sí	No
Empaquetaduras de las bridas, correctas	Sí	No
Empaquetaduras del eje de la bomba, bien	Sí	No
Anillo linterna instalado	Sí	No
Anillo linterna bien localizado	Sí	No
Sello mecánico funciona bien	Sí	No
Cojinetes en buen estado	Sí	No
Lubricación de cojinetes, bien	Sí	No
Ventilaciones y venteos, funcionan bien	Sí	No
Acople completo	Sí	No
Alineación radial en caliente, terminada	Sí	No
Lubricante del acople, correcto	Sí	No
Tubería de refrigeración, conectada	Sí	No
Circuito de refrigeración, funciona bien	Sí	No
Tubería de sello, funciona bien	Sí	No
Drenajes, funcionan bien	Sí	No
Sentido de giro, correcto	Sí	No
Vibraciones están dentro de tolerancia (Indicarlas)	Sí	No
Temperatura de cojinetes, normal (Indicarla)	Sí	No
Temperatura del líquido de sello, normal (Indicarla)	Sí	No
Rpm dentro de lo requerido (Indicarlas)	Sí	No
Presión de descarga, bien (Indicarla)	Sí	No
Presión de aspiración, bien (Indicarla)	Sí	No

Indicar la duración de la prueba de funcionamiento, en horas:

Indicar clase de líquido bombeado durante la prueba de funcionamiento:

Tag del Equipo.   Localizado en la Planta:

Fecha: DDMMAAAA

Anexos a este informe: Cantidad (No. y letras):   Títulos:

COMENTARIOS:

OBSERVACIONES:

a) Tachar los renglones que no correspondan
b) En cada renglón restante tachar el adverbio que no corresponda y encerrar con un círculo el aplicable
c) Donde dice [Indicarla(s)] anotar la correspondiente lectura obtenida durante la prueba.
d) Anexar las gráficas y otra información que se estime necesaria, teniendo el cuidado de identificarlas y numerarlas convenientemente.

Nombres y firmas de:

Supervisor:

Representante del cliente:

CAPÍTULO 4

MONTAJE DE MOTORES ELÉCTRICOS

CONSIDERACIONES GENERALES

Aun cuando el montaje de los motores eléctricos se ha tratado en el Capítulo 3 (Ver: Sección Preparación para el montaje en ese capítulo) teniendo en cuenta la forma tan general como allí se ha expuesto, se considera necesaria la redacción de este capítulo con el objeto de dar una información más amplia y específica al supervisor mecánico encargado del montaje de los motores eléctricos de la obra, aclarando que las conexiones y pruebas eléctricas, así como el arranque y funcionamiento del motor, son responsabilidades del supervisor de montaje eléctrico.

De acuerdo con lo anterior y para facilitar su consulta, este capítulo ha sido redactado en operaciones consecutivas siguiendo los requerimientos propios de la instalación de un motor eléctrico, cuyo montaje en la fundación, recibo en la obra e instalación del semiacople, son responsabilidad del supervisor mecánico.

DOCUMENTOS DE REFERENCIA

Antes de iniciar el montaje de los motores eléctricos, el supervisor mecánico deberá proveerse y familiarizarse con lo que sea aplicable de la siguiente información:

Contratos y todos sus anexos existentes para el montaje de los equipos mecánicos o de los motores eléctricos.

Notas generales para montaje mecánico.

Instrucciones y catálogos de los fabricantes de los motores eléctricos.

Planos dimensionales de los motores.

Especificaciones para motores eléctricos de alta tensión. De 13.800 V en adelante.

Especificaciones para motores eléctricos de media tensión. De 4.160 hasta 5.500 V.

Especificaciones para motores eléctricos de baja tensión. De 110 a 440 Voltios.

Especificaciones para la instalación de equipos eléctricos en áreas con riesgo de explosión.

Planos de implantación. (Plot Plans)

Listas de equipos.

Requisiciones y órdenes de compra para los motores eléctricos.

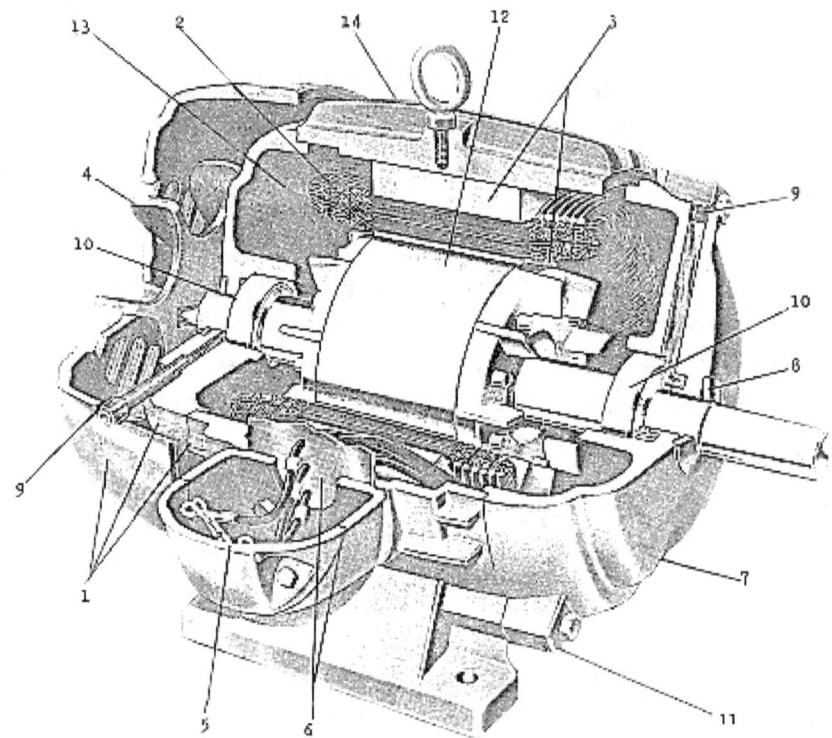

MOTOR ELÉCTRICO DE JAULA DE ARDILLA PARA SERVICIO PESADO
-Identificación de algunas de sus partes-

1. Carcasa y cubierta del ventilador
2. Bobinas aisladas
3. Estator en láminas de hierro al Si
4. Ventaviola
5. Caja para conexiones eléctricas
6. Empaquetaduras
7. Drenajes
8. Sello exterior del eje
9. Conductos para el engrase
10. Rodamientos
11. Refuerzo protector
12. Rotor en láminas de hierro al silicio y barras de cobre
13. Protección interna con anticorrosivo
14. Placa de características

Fig. Cap. 4-1

MONTAJE

Durante el montaje de los motores eléctricos, es de gran importancia cerciorarse de:

Que la superficie en donde va a ser montado el motor está (y continuará estando) libre de vibraciones y además perfectamente nivelada y con sus irregularidades corregidas por medio de calzos adecuados. Recuérdese que la nivelación puede ser vertical u horizontal puesto que en ambas posiciones puede estar el sentido de montaje del eje del motor.

Cuando no se tiene la precaución de controlar el estado de la superficie en donde se va a montar el motor y ésta se presenta irregular, se someten las partes del motor a una, tensión adicional y descontrolada que se manifiesta en un rápido desgaste de sus cojinetes, con la consecuente pérdida de alineamiento, recalentamiento y presencia de problemas imprevistos en el funcionamiento del equipo.

Que el motor esté suficientemente apoyado y anclado en cada una de sus patas.

Que cuando la transmisión se haga por correas, el motor quede montado sobre rieles que permitan que sean tensionadas y alineadas de manera adecuada.

Que el sitio en donde se vaya a montar el motor no esté sometido a encharcamiento ni goteras que puedan alcanzado, por lo cual se verificará que esté suficientemente protegido, bien sea por una fundación que lo separe del piso o por una caseta construida para el efecto.

Que una vez montado, queden accesibles las partes que requieren mantenimiento, como por ejemplo las graseras, colector y ventaviola.

ALINEAMIENTO

Todos los motores eléctricos deben ser cuidadosamente alineados con el equipo al cual están unidos, especialmente cuando para ello se utiliza un acoplamiento directo. El mal alineamiento puede causar daños en los rodamientos, vibraciones, mayor consumo de energía y aun roturas del eje, así pues, cuando durante las pruebas de funcionamiento del motor se encontraren vibraciones o problemas con los rodamientos, por ejemplo recalentamientos, debe examinarse el alineamiento del equipo. Ver: Anexo C. Suplemento.

El hecho de que un equipo venga completamente armado y montado sobre una bancada, y aun cuando su fabricante garantice haber efectuado su alineamiento en la fábrica, no excluye alinearlo después de montado sobre su fundación ya que puede presentar distorsiones debido a las condiciones de manejo sufridas durante su transporte, además de que el solo apriete de los pernos de anclaje de la fundación de concreto ocasiona distorsiones de la bancada que son transmitidas al equipo afectando su alineamiento. No obstante lo anterior, cuando el equipo haya sido alineado en la fábrica, durante su montaje en la obra, generalmente se puede omitir todo lo referente al alineamiento preliminar, pero sí será necesario efectuar su alineamiento final en frío como se describe en la sección Alineación final en frío del Capítulo 2. Aquí cabe recordar que ningún cuidado es excesivo cuando se trata del montaje de un equipo, especialmente en lo que se refiere a la nivelación de la bancada, el apriete de sus pernos de anclaje a la fundación, la lubricación y refrigeración de sus cojinetes y la alineación final de los ejes del equipo.

Ver: Sección Actividades y Controles del Capítulo 2.

PREPARACIÓN PARA EL ARRANQUE

Al prepararse para arrancar el motor por primera vez, el supervisor deberá tener en cuenta cada uno de los siguientes puntos:

Que el interruptor eléctrico esté en la posición de apagado.

Que el circuito eléctrico esté protegido con fusibles y relés térmicos.

Que la carcasa del motor esté debidamente conectada a tierra.

Que el voltaje de la línea a la que se conectará el motor, sea el correcto, y a la inversa, que las conexiones en la caja de bornes del motor estén de acuerdo con el voltaje que se le suministrará.

Que los conductores de conexión eléctrica del motor, sean del tipo adecuado, del calibre requerido y su tendido esté hecho en la forma apropiada.

Que todos los tornillos de la caja de bornes, de las cajas de terminales y de las demás conexiones propias del circuito eléctrico del motor, estén apretados.

Que la superficie de la carcasa del motor se encuentre libre de polvo, escorias y colillas de soldadura. El descuido en verificar que la carcasa esté completamente limpia y libre de contaminantes, puede ocasionar daños dentro del motor como consecuencia de la introducción de cuerpos extraños al ser empujados por el aire de enfriamiento.

Que el aire de enfriamiento pueda fluir libremente alrededor y por los pasajes de ventilación del motor.

Que cada uno de los pernos de anclaje estén apretados y con todas sus arandelas y contratuercas. Esto incluye los anclajes de la bancada a la fundación y los del motor a los pedestales de la bancada. A su vez, las patas del motor deben asentar bien y sin forzarlas, sobre sus respectivos pedestales.

Que el motor esté debidamente protegido de acuerdo con la clase de contaminantes que se encuentren en la atmósfera circundante al sitio en donde se va a utilizar, tales como: polvo, humedad, gases corrosivos y riesgos de gases explosivos.

Que al momento de su arranque no haya peligros inminentes, como son una atmósfera explosiva o un estado de alerta.

Que en las zonas en donde hay peligros de gases explosivos, las protecciones que lo hacen a prueba de explosión se encuentren en perfecto estado.

Que la ventaviola se encuentre en perfectas condiciones de trabajo, lo mismo que el sistema de ventilación en aquellos motores dotados con ventilación forzada.

Que los cojinetes tienen el lubricante requerido y en la cantidad necesaria, según las instrucciones del fabricante del motor.

Que el motor esté desconectado o desacoplado del equipo que acciona.

Que los semiacoples y otras partes que van a entrar en movimiento al arrancar el motor, tengan sus cubiertas de protección. Asimismo, se verificará que no tengan tornillos ni piezas que puedan soltarse durante la prueba.

Que el eje y su semiacople no tengan piezas sueltas o flojas y que en sus cercanías no haya objetos que puedan llegar a rozarlos o a enredarse en ellos.

Que si está provisto de calefacción, termostato, termocupla u otros accesorios cuya conexión eléctrica tiene un circuito distinto al de los embobinados del motor, sus correspondientes conductores eléctricos se encuentran debidamente identificados, separados, aislados y protegidos de sobrecargas.

Que el sistema de calefacción o refrigeración, cuando de alguno de ellos esté provisto el motor, funcione en forma adecuada. Cuando el equipo esté dotado con cojinetes refrigerados por agua, se verificará que ésta circule libremente.

Que el motor gira en el sentido correcto. Cuando se quiera cambiar el sentido de rotación de un motor trifásico, basta con intercambiar la conexión de dos cualesquiera de sus conductores eléctricos, pero si el motor es de dos fases, se intercambian los dos conductores de una de sus fases.

ARRANQUE

Al arrancar el motor por primera vez, tener en cuenta las siguientes precauciones:

Cerrar el circuito eléctrico de conexión del motor.

Asegurarse que gira en el sentido correcto.

Verificar que su ventilación interna funciona. Basta con poner una mano frente a su rejilla y sentir el aire que sale

Revisar el funcionamiento de su sistema de calefacción, cuando lo lleva.

Dejarlo rodar por seis horas continuas.

Revisar periódicamente: ruidos, resonancias, vibraciones, calentamiento de carcasa y cojinetes, voltaje y amperaje.

Verificar el número de revoluciones por minuto.

Hacer las pruebas del motor según lo indicado en este capítulo.

Obtener la aceptación del motor por el cliente. Es de recalcar que generalmente el cliente no recibe los motores eléctricos como una unidad, sino como parte del equipo al cual accionan.

OBSERVACIONES

Cuando un motor eléctrico continúa vibrando después de haberlo alineado de manera adecuada, puede ser que su acople o su polea –o ambos estén desbalanceados, de aquí puede colegirse la importancia que tiene exigir que estas partes del equipo estén perfectamente balanceadas antes de montarlas en sus respectivos ejes, puesto que su desmonte y reinstalación hacen perder todo el tiempo y cuidados que se han tenido hasta el momento de hacer el arranque del motor, ya que implica repetir la mayoría de las operaciones.

Los desperfectos en los embobinados o en otras partes del circuito eléctrico interno de los motores, también pueden ser causa de vibraciones, por ejemplo, un cortocircuito en el embobinado de un motor de corriente continua o en el colector de un motor sincrónico.

SUPLEMENTOS AL CAPÍTULO 4TO.

1. Tabla para estimar los amperios en motores eléctricos.
2. Tabla para localizar fallas eléctricas en motores de jaula de ardilla.
3. Tabla para localizar fallas eléctricas en motores con rotor embobinado.
4. Tabla para localizar problemas mecánicos en motores eléctricos con rodamientos.
5. Tabla para localizar problemas mecánicos en motores eléctricos con cojinetes de casquillos.
6. Tabla para localizar problemas mecánicos en motores eléctricos con cojinetes de casquillos.
7. Registro de las pruebas hechas al motor y su circuito.

SUPLEMENTO 1

TABLA PARA ESTIMAR LOS AMPERIOS EN MOTORES ELÉCTRICOS

A pesar de las fórmulas anteriores, una estimación más aproximada de la carga en un motor eléctrico, se puede establecer utilizando la tabla siguiente:

ESTIMACIÓN DE LOS AMPERIOS EN MOTORES ELÉCTRICOS[1]							
En Motores de Corriente Continua[2]				En Motores de Inducción Trifásicos[3]			
HP	110V	220V	550V	HP	110V	220V	550V
½	4.5	2.2	1	1	6.0	3.0	1.2
¼	6.8	3.4	1.5	2	12.0	6.0	2.4
1	9.0	4.5	2.0	3	18.0	9.0	4.0
1-½	13.6	6.8	3.0	4	24.0	12.0	5.0
2	16.9	8.5	3.8	5	28.0	14.0	6.0
3	23.4	12.7	5.6	10	56.0	28.0	11.0
4	33.8	16.9	7.5	15	85.0	42.0	17.0
5	42.3	21.1	9.3	20	112.0	56.0	22.0
7-½	56.5	32.2	12.4	30	167.0	83.0	33.0
10	75.3	37.6	16.6	40	222.0	110.0	44.0
15	113.0	56.5	24.9	50	278.0	140.0	55.0
20	150.0	75.3	33.1	60	330.0	165.0	66.0
25	188.0	94.1	41.6	70	385.0	192.0	77.0
30	226.0	113.0	49.7	80	440.0	220.0	88.0
40	301.0	150.5	66.3	90	490.0	245.0	98.0
50	376.0	188.0	82.8	100	550.0	275.0	110.0
60	452.0	226.0	99.4	150	790.0	395.0	158.0
70	527.0	263.0	116.0	200	1050.0	525.0	210.0
80	602.0	302.0	132.0	250	1320.0	660.0	264.0
90	678.0	339.0	149.0	300	1580.0	790.0	316.0

Notas:

1. Cuando el consumo de corriente no se indica en la placa del motor, se puede estimar en forma aproximada a partir de esta tabla.
2. Para motores monofásicos, dividir la cifra respectiva entre su factor de potencia.
3. Esta es la corriente por cada línea, con factor de potencia del 80 %. El voltaje indicado (110, 220, 550) es entre las líneas vivas, entre éstas y la línea neutra será: 63.5, 127 Y 318 V respectivamente.

OBSERVACIONES

Una regla para estimar rápidamente y de manera general el amperaje que requiere un motor eléctrico conectado a un circuito trifásico de 440 V y el que habrán de soportar sus conductores, está dada por las siguientes fórmulas:

Para estimar el amperaje del motor:

I = HP + HP/4

Donde:

I = Intensidad.

HP = Caballos nominales del motor.

La base de consideración es 440 V. Así pues que cuando el voltaje sea diferente, se hará el ajuste correspondiente aumentando el valor en amperes tantas veces como veces el voltaje al que esté conectado el motor sea menor que 440, o se disminuirá tantas veces como fuere mayor.

Así, por ejemplo: Aproximadamente, cuántos amperios corresponden a un motor de 20 HP conectado a un circuito de:

¿440 V? Corresponden: 20 + 20/4 = 25A

¿220 V? Corresponden: 440/220 = 2, de donde: 2 x 25 = 50A

Para estimar el amperaje que deberán soportar los cables:

Al amperaje encontrado para los motores según las fórmulas anteriores, se le agrega el 20%, lo cual para los casos de esos ejemplos, corresponderá a:

Para el de 440 V: 25 x 1,20 = 30A

Para el de 220 V: 50 x 1.20 = 60A

Ver: Suplemento 1

SUPLEMENTO 2

TABLA PARA LOCALIZAR FALLAS ELÉCTRICAS EN MOTORES DE JAULA DE ARDILLA

PROBLEMA	POSIBLE CAUSA DE FALLA ELÉCTRICA EN MOTOR DE JAULA DE ARDILLA											
	Mal contacto en las conexiones	Fase con circuito abierto	Conductores con insuficiente sección	Sobrecarga de la máquina accionada	Agarrotamiento de la máquina accionada	Cortocircuito en el embobinado del estator	Tensión baja	Espacio desigual entre rotor y estator	Rozamiento del rotor	Bobina con contacto a tierra	Rotor defectuoso	Caja de bornes conectada para tensión más alta
Un interruptor se salta al arrancar		X		X	X	X			X			
El motor no arranca	X	X		X	X		X		X			X
El motor gira lento	X	X		X	X		X		X			X
El motor tarda acelerar	X		X	X	X		X					
La velocidad se reduce al cargar el motor	X	X	X	X	X							
El deslizamiento eléctrico aumenta al cargar el motor	X	X	X	X	X							
El motor zumba		X				X		X				
Una fase no funciona		X									X	
Fases diferentes Amps	X					X						
Se calienta parte del estator						X		X				
Se calienta todo el estator				X	X		X				X	

SUPLEMENTO 3

TABLA PARA LOCALIZAR FALLAS ELÉCTRICAS EN MOTORES CON ROTOR EMBOBINADO

PROBLEMA	POSIBLE CAUSA DE FALLA ELÉCTRICA EN MOTOR CON ROTOR EMBOBINADO																
	Bajo voltaje	Fusible fundido o mal contacto de las escobillas	Escobillas mal colocadas	Motor sobrecargado	Resistencia para el control del rotor es inapropiada	Resistencia para el control del rotor está en mal estado	Rotor defectuoso	Colector defectuoso	Motor sin electricidad	Hay una bobina haciendo contacto a tierra	Circuito eléctrico inadecuado	Circuito eléctrico defectuoso	Motor sincrónico con par de rotación débil	Bobina del estator está en cortocircuito	Voltaje alto	Ventaviola en malas condiciones	Orificios de ventilación obstruidos
Motor no arranca	X	X	X	X	X	X	X	X	X		X	X		X	X		
Motor se detiene	X	X		X	X	X	X	X	X		X	X					
Motor no alcanza su velocidad	X	X		X	X	X		X			X	X		X		X	
Motor tarda en acelerar	X			X			X	X			X	X	X				
Motor se recalienta con carga	X	X		X			X				X	X	X	X	X	X	X
Conductores con distinta corriente		X	X		X	X					X	X		X			

SUPLEMENTO 4

TABLA PARA LOCALIZAR PROBLEMAS MECÁNICOS EN MOTORES ELÉCTRICOS CON RODAMIENTOS

PROBLEMA	POSIBLE CAUSA DE PROBLEMA MECÁNICO EN MOTOR CON RODAMIENTOS								
	Hay un cuerpo extraño en el rodamiento	Hay mucha tolerancia en el rodamiento	Hay irregularidades en las pistas o en las bolas	Rodamiento está mal montado	Sello del rodamiento es inapropiado	Sello de rodamiento defectuoso	El motor está sobrecargado	Empuje axial excesivo	Rotor y estator rozan por causa de rodamiento defectuoso
Vibración		X	X						X
Recalentamiento	X				X	X	X	X	X
Golpeteo	X	X	X	X					X
Desgaste rápido	X		X	X	X	X	X		
Pérdida de lubricante				X	X	X			
Chirridos	X		X	X		X			

Ver: Anexo C. Suplemento.

SUPLEMENTO 5

TABLA PARA LOCALIZAR PROBLEMAS MECÁNICOS EN MOTO-RES ELÉCTRICOS CON COJINETES DE CASQUILLOS

PROBLEMA	POSIBLE CAUSA DE PROBLEMA MECÁNICO EN MOTOR ELÉCTRICO CON COJINETES DE CASQUILLOS							
	Hay demasiado movimiento axial	Las superficies de contacto tienen imperfecciones o mugre	Hay mucha tolerancia en el cojinete	Ranuras de lubricación obstruidas	Cojinete en mal estado	Cojinete mal ventilado	Sello de cojinete inapropiado	Sello de cojinete en malas condiciones
Vibración		X	X		X			
Recalentamiento	X			X	X	X	X	X
Golpeteo	X		X		X			
Desgaste rápido		X	X	X			X	X
Pérdida de lubricante		X	X		X		X	X
Chirridos	X	X		X	X		X	X

SUPLEMENTO 6

TABLA PARA LOCALIZAR PROBLEMAS MECÁNICOS EN MOTORES ELÉCTRICOS CON RODAMIENTOS O CON COJINETES DE CASQUILLOS.

POSIBLES CAUSAS	PROBLEMAS MECÁNICOS EN MOTOR CON RODAMIENTOS O CASQUILLOS					
	Ruido magnético	Vibración	Chirrido o rozamiento	Cojinete recalentado	Desgaste rápido de cojinete	Cascabeleo
Retenedor presiona al eje			X	X		
Cojinete con poca tolerancia			X	X	X	
Lubricación insuficiente			X	X	X	
Lubricante inadecuado			X	X	X	
Lubricante contaminado			X	X	X	
Demasiado lubricante				X	X	
Lubricante con viscosidad alta				X	X	
Motor mal alineado		X		X	X	
Correas muy tensionadas		X		X		
Eje torcido	X	X	X	X	X	
Diámetro de la polea muy pequeño		X	X	X	X	
Polea está muy lejos del cojinete		X	X	X	X	
Acople, polea o rotor desbalanceados		X			X	
Anclajes del motor están flojos		X				
Ventaviola está suelta			X	X		
Ventaviola roza partes internas			X			
Cuerpo extraño roza guarda del acople			X			
Hay tuercas o pernos flojos			X			X
Hay variaciones en el entrehierro	X	X				
El rotor tiene excentricidad	X	X			X	

Ver: Anexo C. Suplemento

SUPLEMENTO 7

REGISTRO DE LAS PRUEBAS HECHAS AL MOTOR Y SU CIRCUITO

REGISTRO DE LAS PRUEBAS HECHAS AL MOTOR Y SU CIRCUITO		
Unidad/Área/Sistema	Fecha	
REGISTRAR LOS DATOS DE PLACA DEL MOTOR		
Ítem/Tag	Marca:	
No. de Serie		
Potencia	HP CV	
Tensión	Volts	
I.N.	A	
RPM		
REGISTRAR LOS DATOS DEL ARRANCADOR		
Fusibles I.N.	A:	
Capacidad del contactor	V:	A:
Calibración de los relés del guarda motor	A:	Segundos
Calibración de los relés del guarda motor	A:	Segundos
Calibración de los relés del guarda motor	A:	Segundos
El TI para protección de sobre intensidad está graduado para:	A:	
Todas las conexiones están apretadas	Sí	No
RESULTADOS DE PRUEBAS HECHAS CON EL MOTOR DESENERGIZADO		
Devanado del motor: Resistencia a tierra con cable incluido, es:	Megohms. Mínimo:	
Calefacción del motor. Resistencia a tierra con cable incluido, es:	Megohms. Mínimo:	
Pulsador del motor. Resistencia a tierra con cable incluido, es:	Megohms. Mínimo:	
RESULTADOS DE PRUEBAS HECHAS A LOS CIRCUITOS DE CONTROL SIN INCLUIR MOTOR		
Controles manuales, conectividad: Arranque	Sí	No
Parada local	Sí	No
Parada a distancia	Sí	No
Controles automáticos, conectividad: Presión	Sí	No
Nivel	Sí	No
Vibración	Sí	No
Temperatura	Sí	No
Otros (Indicar)	Sí	No
RESULTADOS DE PRUEBAS HECHAS CON EL MOTOR EN MARCHA		
El sentido de giro del motor es correcto, de acuerdo con el de la máquina accionada:	Sí	No

El funcionamiento del motor durante 6 h (Bombas sin acoplar, ventiladores acoplados) es aceptable:	Sí	No
La calefacción se conecta y desconecta al parar y arrancar el motor:	Sí	No
Temperatura de la carcasa del motor		Grados Centígrados
La temperatura de la carcasa del motor es normal:	Sí	No
Temperatura de los cojinetes del motor		Grados Centígrados
La temperatura de los cojinetes del motor es normal:	Sí	No
Vibración:		Mils pico a pico
La vibración: Mils pico a pico, es normal:	Sí	No
La lectura del amperímetro en el centro de controles:		A
La relación del amperímetro del transformador de corriente es:		%
La relación del amperímetro del TI es:		%
El circuito ha quedado sin tensión después de las pruebas:	Sí	No
OBSERVACIONES		
Nombre del Supervisor por parte del Contratista:		
Firma del Supervisor por parte del Contratista:		
Nombre del Supervisor por parte del Cliente:		
Firma del Supervisor por parte del Cliente:		
ABREVIATURAS		
I.N. = Intensidad nominal		
TI = Termóstato interruptor		
RPM. = Revoluciones por minuto		
V = Voltios		
A = Amperios		
s = Segundos		
NOTA		
Adjuntar descripción de los controles automáticos	Cantidad de Anexos:	

CAPÍTULO 5

MONTAJE DE TURBINAS DE VAPOR

CONSIDERACIONES GENERALES

Teniendo en cuenta que con frecuencia el accionamiento de las bombas se hace utilizando turbinas de vapor en lugar de motores eléctricos, se ha redactado este capítulo que tiene por objeto dar al supervisor mecánico la información general básica que le es necesaria para efectuar el montaje de dichas turbinas y, aun cuando más adelante se ha dedicado una Sección al arranque de estas máquinas, en ningún momento se han querido considerar las actividades propias de las pruebas de comportamiento de las turbinas, que cuando se hacen, se llevan a cabo después de su prueba de arranque, la cual a su vez es la comprobación final de que su montaje ha sido hecho correctamente.

Fig. Cap. 5-1

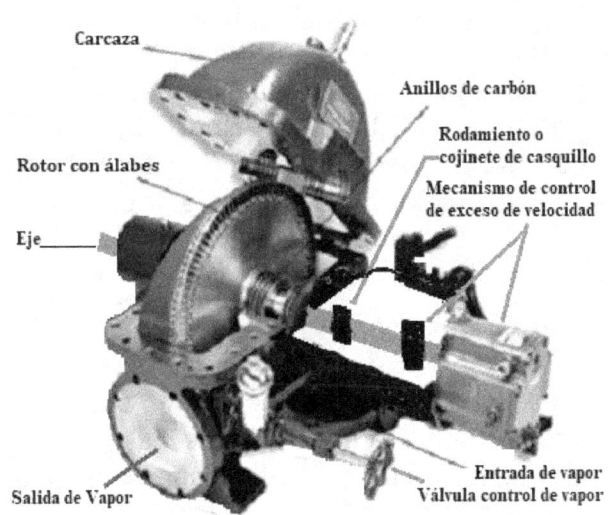

Carcaza

Anillos de carbón

Rotor con álabes

Rodamiento o cojinete de casquillo

Mecanismo de control de exceso de velocidad

Eje

Salida de Vapor

Entrada de vapor
Válvula control de vapor

Turbina de Vapor

De acuerdo con el API, las turbinas para servicio en refinerías de petróleo se agrupan en dos categorías: Las de propósitos generales y las de propósitos especiales.

Las primeras son turbinas horizontales o verticales usadas para conducir equipo dedicado a "StandBy", son relativamente pequeñas en potencia o no son de servicio crítico. Se usan generalmente donde las condiciones de vapor no excederán las 700 psig (48 bar efectivos) y 750 °F (400 °C) o donde la velocidad no excederá de 6.000 rpm.

Las de propósitos especiales son turbinas horizontales usadas en equipo que no es "StandBy", es relativamente grande en potencia o está en servicio crítico. Esta categoría no está limitada por las condiciones de vapor ni por la velocidad de la turbina.

Dentro de la denominación general de "turbinas de vapor" se incluyen cuatro tipos básicos que son:

De condensación, que trabajan con una cantidad mínima de vapor de alta presión, condensándolo con la utilización de aire o agua.

De contrapresión, que trabajan con vapor de diferentes niveles de presión, aprovechando la expansión del vapor a su paso de una presión alta a otra más baja. Se usan en donde el agua para condensación es difícil de obtener o de utilizar.

De extracción, que trabajan con vapor de presiones muy altas y lo entregan a presiones intermedias para usarlo posteriormente como vapor de proceso en otras áreas de la planta.

De inducción, que trabajan en donde hay exceso de vapor a niveles intermedios de presión.

Téngase en cuenta que, en términos generales, para efectuar el montaje de una turbina de vapor se siguen procedimientos muy similares a los utilizados para el montaje de una bomba centrífuga, de aquí que las indicaciones dadas a lo largo de este capítulo sean tan escuetas como se ha estimado es conveniente para evitar repeticiones innecesarias, puesto que el lector puede por su propia iniciativa y parecer recurrir al Capítulo 3 para ampliar su información en la medida en que lo estime conveniente. Además, por tratarse de una guía general, se requiere que en todo momento del montaje también se tengan en cuenta las instrucciones del fabricante de acuerdo con cada marca y tipo de turbina que se esté utilizando en el sitio de la obra.

Para facilitar la consulta de este capítulo, su redacción se ha hecho en forma abreviada y teniendo en cuenta la secuencia de las operaciones que se requieren para el montaje de las turbinas de vapor en las plantas industriales.

De todas maneras, en el caso de que surjan dudas al valerse de estas instrucciones y no pudiendo aclararlas satisfactoriamente por sí mismo, el supervisor deberá comentarlas ya sea con el superintendente del área en donde se adelanta el montaje, o bien con el ingeniero de proyecto asignado a la obra.

DOCUMENTOS DE REFERENCIA

A continuación se enumeran los principales documentos de un proyecto y de cuyo contenido deberá informarse a su llegada a la planta el supervisor mecánico responsable del montaje de las turbinas de vapor.

Sin que la lista sea necesariamente restrictiva, sin perjuicio de que también se tenga en cuenta lo indicado en la Sección Documentos de referencia del Capítulo 3 y además que no necesariamente cada uno de ellos se elabora para cada obra en particular, esos documentos e información son:

Especificaciones para bombas centrífugas.

Especificaciones para turbinas de vapor para servicios generales.

Especificaciones para turbinas de vapor para servicios especiales.

Especificaciones para compresores centrífugos.

Especificaciones para compresores alternativos.

Instrucciones y catálogos generales de los fabricantes para cada uno de los equipos anteriores.

Planos dimensionales de las turbinas.

Tabla de aceites y grasas requeridos por los fabricantes de las turbinas, con sus equivalentes de acuerdo con el mercado local o con los productos del cliente.

Requisiciones y órdenes de compra para cada una de las turbinas.

OBSERVACIONES

Toda la documentación anterior debe estar en su última revisión y todos los planos deben llevar el sello que indica que están aprobados para construcción

Las especificaciones, instrucciones y catálogos para las bombas y compresores, deben ser verificadas para cerciorarse de que no contienen restricciones o condiciones particulares que requieran una atención especial durante su montaje

PREPARACIÓN PARA EL MONTAJE

Hay que postergar hasta el máximo posible la instalación de la turbina en su fundación, es decir, esperar a que se terminen los trabajos de pavimentación o, al menos, los de movimiento de tierra alrededor de ésta, pues la experiencia muestra que por mucho que se pretenda proteger la turbina, una vez que ha sido montada en su fundación, siempre corre el riesgo de que sea dañada por la tierra suelta, excavadoras u operarios dedicados a estos trabajos. Ver: Sección Preparación para el montaje del Capítulo 3.

La preparación para el montaje de una turbina se inicia limpiando totalmente el interior de las camisas de los pernos de anclaje utilizando las herramientas adecuadas, y mejor aún si se utiliza aire a presión, teniendo cuidado de extraer todo el polvo y mugre que pueda haber en su interior. Después de que se haya terminado esta limpieza, se tapa con papel la boca de las camisas para evitar que se vuelvan a ensuciar mientras que llega el momento de montar el equipo y hacer el relleno con mortero de su bancada; adicionalmente, se limpian y engrasan las roscas de los pernos de anclaje.

El supervisor encargado del montaje de la turbina, deberá asegurarse de que los trabajos que habrán de efectuarse en las instalaciones colocadas por encima del sitio de montaje del equipo, no le causarán daños ni destrozos; por ejemplo, no conviene iniciar el montaje de las turbinas situadas bajo el puente de tuberías mientras éstas no hayan sido instaladas allí, excepto que haya protección suficiente contra partes y materiales que puedan caer sobre el equipo.

También debe postergarse el montaje de aquellas turbinas alrededor de cuyas fundaciones se ha de montar estructuras de acero, torres u otros equipos pesados, puesto que todos ellos por su gran peso y volumen son difíciles de controlar durante su montaje y cualquier golpe que den, por pequeño que parezca, lleva en sí una gran inercia capaz de destruir una turbina.

Asimismo, debe tenerse en cuenta que durante el manejo de los equipos pesados es necesario servirse de sitios fijos para ayudarse en el dominio de la carga y por extraño que parezca, no es raro que a uno de los operarios se le ocurra utilizar una turbina como anclaje para controlar la pieza.

MONTAJE

Después de que se ha determinado el área en donde se efectuará el montaje de las turbinas, se sacarán éstas del almacén de la obra y se llevarán al sitio de trabajo, incluyendo con ellas los equipos a los cuales van conectadas. Antes de proceder a retirar las turbinas del almacén de la obra, se revisará detalladamente el estado aparente de cada uno de ellas y en el caso de encontrar algo anormal, se dará aviso inmediato al superintendente del área y se procederá a su corrección.

Previo al traslado de las turbinas, en el patio del almacén –o patio de materiales se tomarán todas las precauciones necesarias de forma que se manipulen de manera adecuada, tanto al levantarlas como al descargarlas sobre el camión. Todo esfuerzo distorsionador ocasiona daños en el eje, los rodamientos y en especial en los anillos de carbón.

La turbina debe ser levantada con el tenedor de un cargador; o en su defecto con un par de estrobos que pasen por debajo de la tarima dejada al desbaratar la caja de su embalaje. Siempre se tendrá cuidado de que todo quede bien equilibrado al izarlo y de que descanse bien apoyada en la plataforma del camión.

Nunca se levantará la turbina por el ojo que trae en la parte superior de su carcasa ya que este esfuerzo puede romperla. Este ojo está previsto sólo para levantar la tapa de la carcasa cuando se quiere tener acceso a su interior.

Mucho antes de tener listas las fundaciones para el montaje de los equipos se puede iniciar el montaje de los cubos de los acoples (semiacoples) a los ejes de las turbinas, así como la perforación de los pedestales en donde irán montadas. Para proceder a lo anterior, se requiere disponer de un sitio protegido de los elementos atmosféricos y con suficientes seguridades para que no haya pérdidas de materiales ni se le puedan ocasionar daños a las máquinas. Cuando se tiene un lugar como éste, se procede entonces como se indica en las operaciones que siguen:

Formar grupos de equipos, determinándolos en conformidad con las zonas de prioridad establecidas para el montaje dentro del área en donde se adelantará el montaje de las turbinas.

Identificar y marcar visiblemente cada equipo y su turbina con su correspondiente número de ítem o "Tag".

Seleccionar a su vez los equipos de mayor prioridad y empezando por ellos, proceder uno a uno para montarle el semiacople de acuerdo con la secuencia indicada en el apartado Montaje del Anexo E.

Después de que se han montado los semiacoples, se procede a hacer la perforación y roscado de los pedestales para el anclaje de las turbinas empezando por los equipos de mayor prioridad y teniendo en cuenta que aun cuando la localización de esas perforaciones requiere el uso de carátulas y galgas para efectuar el alineamiento del eje de la turbina con el del equipo que acciona, no es necesario hacer una alineación con tolerancias tan restringidas como son las requeridas para la alineación final en frío del equipo, la cual sólo se realizará cuando toda la tubería, soportes, accesorios incluidos todos los instrumentos empaques y todos los filtros, estén definitivamente montados. En los

Comentarios al final de esta sección, se enumera la secuencia de las actividades necesarias para perforar dichos pedestales.

Una vez terminadas las actividades anteriores, se procederá a tapar por sus lados inferiores los cárteres (depósitos) de las turbinas y a quitarles su burbuja de nivel, así como la del mecanismo de control; además, y si no lo estuvieran ya, se llenarán totalmente los cárteres (depósitos) con aceite anticorrosivo al mismo tiempo que el eje se hace girar con la mano para que se empape completamente

Después, se retirarán las protecciones de madera o plástico puestas por el fabricante y en su lugar se instalarán tapas de hojalata con tres patas situadas triangularmente, para permitir asegurarlas por entre las perforaciones de las bridas previstas para los espárragos, a fin de que no interfieran con el montaje de la tubería pero que eviten la caída de cuerpos extraños como escoria, colillas de soldadura, tuercas. Etc. dentro de la turbina. En cuanto esta operación esté hecha, se enviará un reporte a los contratistas de tubería exponiéndole el fin de esas protecciones y la necesidad de cuidar que no las quiten sus operarios aun cuando allí se monten bridas ciegas, advirtiéndoles que si las retiran, dichos contratistas serán responsables de los trabajos adicionales necesarios para limpiar y destapar el interior de tales turbinas. Ver: Sección Preparación para el montaje del Capítulo 3.

Además de proteger las bridas, se cubrirá la turbina con una tela de polietileno o similar, para resguardarla en forma adecuada del polvo, materias extrañas y lluvias, cuidando que dicha tela se mantenga lo suficientemente asegurada para evitar que el viento la rompa o retire.

En cuanto a las burbujas indicadoras del nivel del aceite en los cárteres, retirarlas de la turbina consuntamente con su niple, tapando el orificio que queda con un tapón metálico o plástico. El niple se retira para evitar que sea doblado o partido en el transcurso de la obra. Se guardan en un lugar seguro del almacén de la obra, junto con otras partes de la misma turbina, ya guardadas allí. Antes de depositarlas en la bodega, se marcarán para su identificación con el mismo "Tag" que lleva la turbina a la cual pertenecen.

Volviendo a la turbina que se ha montado en su fundación, debe dejarse lista para hacer el relleno con "grouting" de su bancada o base y para que se le conecten las tuberías; por lo tanto, se deberán verificar tanto la nivelación como la elevación final del equipo.

La elevación final requiere dos verificaciones: La primera es la del equipo como tal, que se mide sobre la línea del centro de su eje y se mantiene dentro de una tolerancia de ± 2 mm, teniendo en cuenta además las correspondientes tolerancias requeridas por la dilatación propia de la turbina.

La segunda es la elevación final de una de las bridas de la turbina con respecto a la elevación indicada en el isométrico para la brida correspondiente a la línea que irá conectada a esa brida. En este caso, si se encontrare alguna diferencia atribuible a esa línea, debe avisarse de inmediato al departamento de tuberías para que se hagan las correcciones a que haya lugar. En los Comentarios al final de esta sección, se enumera la secuencia de las actividades para tener en cuenta con respecto a la nivelación de la turbina.

Mientras las turbinas están sobre su fundación esperando a que lleguen los procedimientos del "precommissioning,", se debe mantener una vigilancia constante sobre ellas y sobre las siguientes actividades:

Supervisar las labores de relleno con mortero o "grouting" para controlar que se utiliza la mezcla adecuada de acuerdo con las especificaciones del proyecto, que se rellena completamente la cavidad formada por la bancada del equipo, que si las especificaciones o las instrucciones del fabricante de la turbina y su equipo asociado así lo solicitan, las camisas de los pernos de anclaje se rellenan con mortero, que los albañiles no ocasionan daños a la turbina ni al equipo conectado a ellas y, que una vez terminada su labor, los albañiles dejan completamente limpio el sitio.

Girar una vez por semana el eje de la turbina para evitar que se agarrote. Este giro se hace manualmente y debe tenerse la precaución de efectuar al menos dos vueltas completas.

Evitar que a las bridas de la turbina se aseguren tuberías que no tengan los soportes suficientes, aun cuando es aceptable la utilización de soportes provisionales que en realidad sostengan la tubería evitando que ésta transmita esfuerzos a la turbina.

Cerciorarse de que los soportes de las tuberías conectadas a las turbinas e instalados en su inmediata vecindad, son ajustables y compatibles con los requerimientos de la alineación bomba-turbina.

Hay que tener en cuenta además que por ninguna circunstancia se pueden permitir puntos fijos en la tubería que se conecta a la turbina, la existencia de los cuales obliga a que las fuerzas de dilatación generadas en la tubería se transmitan a la turbina ocasionando tensión en sus bridas y desalineamiento del equipo, con los consecuentes perjuicios. Ver: Capítulo 5.

Verificar que para evitar la propagación de vibraciones, las tuberías de admisión y escape de vapor se soportan en forma independiente de otras tuberías.

Verificar que en el caso de una turbina de condensación cuyo condensador vaya unido directamente a ella sin tener una junta elástica entre los dos, las tuberías que se le conecten deben ir montadas de tal forma que permitan absorber las dilataciones térmicas del sistema.

Controlar que las tuberías conectadas a las turbinas o instaladas en su inmediata vecindad, se montan de forma que permitan el fácil manejo de todos sus accesorios y que no dificulten el mantenimiento y desmontaje de la máquina.

Cuando se trate de una turbina de condensación, las tuberías de entrada y salida del agua de refrigeración al condensador se instalarán previniendo que permitan la fácil apertura de la tapa.

Controlar que el conjunto turbina-bomba, todas sus tuberías y demás accesorios conectados a él, se preparan adecuadamente para las actividades del "precommissioning". Ver: Capítulo 7.

COMENTARIOS

Para el montaje de los semiacoples. Ver: El apartado Montaje en el Anexo E.

Para la perforación de los pedestales se procederá como se indica a continuación:

Verificar que la superficie inferior de las patas de la turbina esté completamente libre de materias extrañas, pintura y rebabas.

Verificar las perforaciones que para el anclaje tienen las patas de la turbina, buscándoles rebabas para pulirlas con una lima redonda, así como fisuras y fracturas que deban ser reparadas.

Montar la turbina sobre sus pedestales, disponerla a la distancia pedida entre su semiacople y el de la bomba.

Verificar que la turbina no tiene pata coja. Ver: Apartado Pata coja Capítulo 2.

Montar la base del calibrador de carátula en el eje de la turbina y proceder al alineamiento tanta radial como axial, con una tolerancia máxima de.± 0.050 mm medidos entre el origen de la primera lectura y la de su diametral opuesta. Al mismo tiempo, se revisa que la turbina esté entre 2 y 3 mm más baja que el equipo accionado con el fin de que permita la correcta nivelación en la alineación final del conjunto, de no estarlo así, se procederá a rebajar los apoyos de la turbina hasta lograrlo y antes de proseguir con las operaciones subsiguientes. Al hacer esta revisión, debe considerarse la dilatación térmica que se espera del equipo según se expone en la *Sección Alineamiento en frío* del *Capítulo 2* y en *Comentarios de la Sección Alineación final en frío* del *Capítulo 3*.

Marcar en los pedestales los contornos de las perforaciones de anclaje de las patas de la turbina.

Bajar la turbina, localizar el centro de los contornos marcados en los pedestales. Marcar con punzón esos centros, perforar y roscar teniendo en cuenta que el diámetro de los tornillos de anclaje sea 2 mm menos que el menor diámetro de las perforaciones en las patas de la turbina y que las perforaciones en los pedestales tengan una profundidad mínima de 40 mm; y en todo caso, que estén de acuerdo con lo requerido por el diámetro de los tornillos de anclaje correspondientes.

Se dedicará el máximo cuidado al localizar en los pedestales los centros de los taladros para los tornillos de anclaje, pues el huelgo entre éstos y sus correspondientes perforaciones en las patas de la turbina (2 mm) apenas es suficiente para los desplazamientos de la turbina exigidos por la alineación final del equipo.

Montar de nuevo la turbina, atornillarla a sus pedestales incluyendo las correspondientes arandelas y apretarla un poco, lo suficiente para evitar que los tornillos sean retirados con la mano. Sin embargo, cuando las operaciones de perforación se hayan efectuado sobre un equipo que no está montado sobre su fundación, la turbina se dejará almacenada, es decir, en un lugar resguardado, y sólo se montará cuando el equipo que acciona ya esté en su fundación o lugar de montaje correspondiente.

Con respecto a la nivelación de la turbina, para hacerla se tendrá en cuenta lo siguiente:

Emplear el menor número posible de suplementos en los calzos utilizados para la nivelación del equipo, teniendo en cuenta que sean de un material inoxidable, o si son de acero al carbono, que no tengan ninguna traza de óxido ni de calamina, que el más grueso quede debajo de los demás y que el sitio de apoyo en la fundación esté completamente *limpio, libre de sustancias extrañas y tan parejo como sea posible logrado.*

Apretar, requintando, las tuercas y manteniendo siempre el nivel del equipo, para lo cual se utilizarán laminillas calibradas o calzos de nivelación que deben ser de un metal inoxidable tal como el latón, cobre o acero inoxidable, seleccionando aquel que no sea afectado por los fluidos que se manipulan en la planta en donde se está instalando el equipo.

Instalar y requintar las correspondientes contratuercas, después de que se haya terminado la nivelación y se hayan dejado requintadas todas y cada una de las tuercas de los pernos de anclaje. Ver: Sección Montaje del Capítulo 3.

PRUEBAS HIDRÁULICAS

Antes de que se inicien las pruebas hidráulicas de las tuberías, hay que aislar las turbinas de los circuitos de prueba hidráulica, que es un procedimiento normal dentro del avance del montaje, para no someterlas de nuevo a esta prueba puesto que ya deben haberla pasado durante la inspección hecha en las instalaciones del fabricante; aparte de ello, excluyéndolas de dichos circuitos se facilita que el interior de la turbina no se llene de lodo y otros contaminantes que por el gran poder abrasivo que tienen y por su facilidad para penetrar aun en los lugares más estrechos, pueden causar grave deterioro al equipo, y esto, sin tener en cuenta todo el trabajo extra que ha de requerir la necesaria limpieza del interior de la carcasa, así como de cada una de las piezas de la máquina.

Después de que se hayan terminado las pruebas hidráulicas de las tuberías, se debe desarmar una turbina escogida al azar y revisar cada una de sus partes internas en busca de contaminación, en especial en aquellos sitios a los que el agua puede entrar fácilmente como es la cámara en donde está localizado el eje del control mecánico, la cual, si llega a humedecerse ocasiona óxido en los rodamientos allí contenidos, inutilizándolos y llegando incluso a causar la rotura de ese eje.

Cuando después de abierta la turbina se encuentra que está seca interiormente, sin óxido ni cuerpos extraños, y si se tiene la seguridad de que las otras han sido protegidas con las mismas precauciones, se podrá suponer que todas se encuentran en el mismo estado de limpieza que la que se ha examinado y por tanto, ésta se cierra y las demás no se tocan hasta cuando llegue el momento de su arranque. La decisión de no revisar el interior de las otras turbinas debe considerarse detenidamente puesto que el agua de la prueba y los contaminantes contenidos en ella penetran con suma facilidad y pueden causar daños en los álabes, laberintos y sellos.

Cuando se decide abrir la turbina y se encuentra contaminación, entonces se procede como se indica en seguida:

Efectuar una meticulosa limpieza y lubricación de las superficies internas y de sus partes móviles. Cuando las turbinas aún están bajo garantía del fabricante, este trabajo será hecho por uno de sus representantes, o en su defecto y mediante autorización escrita, por una persona distinta. Ver: "Recibo en obra" de este capítulo.

Establecer la responsabilidad del subcontratista causante de esta contaminación. Ver: A comienzos de este capítulo y la Sección Preparación para el montaje del Capítulo 3, teniendo en cuenta que es responsabilidad del tubero cuidar que no caiga nada dentro de la turbina mientras que está efectuando los trabajos necesarios para el montaje de la tubería.

PREPARACIÓN PARA EL ARRANQUE

En las turbinas de vapor hay que hacer un primer arranque y como el lector podrá observar, mientras que en el montaje de las bombas se efectúa la alineación final en frío antes de hacer la preparación para el arranque, en el montaje de las turbinas de vapor se procede al contrario, es decir, la alineación final en frío se hace después de haberlas arrancado, y dicho arranque se hace con la turbina desconectada del equipo que accionará, para lo cual, evidentemente, no se requiere ningún alineamiento.

En cuanto a la necesidad de hacer el arranque antes de acoplarla al equipo, estriba en que siendo la turbina una máquina de funcionamiento autónomo (motor) todo el trabajo dedicado al alineamiento podría desperdiciarse en el caso de que para corregir problemas de su operación se hiciera necesario desalinearla, por ejemplo, si hubiera que desarmada. En cambio, en el caso de las bombas esta eventualidad hay que correrla puesto que ellas sólo funcionan estando conectadas a una máquina motriz, condición, que como ya se dijo, es precisamente la que hace necesaria la alineación.

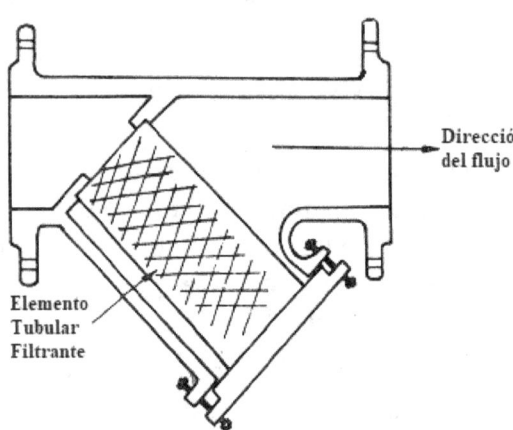

Fig. Cap. 5-2

Dirección del flujo

Elemento
Tubular
Filtrante

Antes de proceder al arranque de las turbinas, el supervisor debe tener en cuenta las siguientes precauciones:

Cerciorarse de que el interior de las líneas del circuito de vapor está lavada.

Verificar que la tubería de vapor de alta está construida de manera que no permita la formación de condensado. Esta tubería debe soplarse concienzudamente antes de arrancar la turbina, puesto que las partículas contaminantes y las gotitas de agua actúan como abrasivos que erosionan y destruyen el interior de la turbina.

Cerciorarse de que la línea de vapor de alta esté provista de su filtro y revisar además el estado de su elemento filtrante. Este filtro estará tan cerca como sea posible de la brida de la turbina. Ver: Fig. Cap. 5-2

Cerciorarse de que siguiendo la dirección del flujo de vapor y antes de llegar a la válvula de regulación de la admisión del vapor, se ha instalado un purgador de condensado que para mejorar su función puede estar conectado a un tramo de tubo ciego en donde se recoge el condensado, escoria, óxido, etc. contenidos en la tubería, evitando así su entrada a la turbina. En el fondo de este tubo debe haber una válvula de drenaje que permita la extracción de estas impurezas.

En cuanto a la conexión para el purgador de condensado, debe estar por un lado del tubo y un poco más arriba de su fondo para evitar que al purgador le lleguen las escorias y otros contaminantes duros que pueden dañado.

Verificar los isométricos de las tuberías conectadas a la turbina, y cuando así se indique en ellos, constatar:

Que en la tubería de descarga se ha instalado una válvula de seguridad fácilmente accesible y con su salida a la atmósfera localizada de forma que no ofrezca peligro.

Que en la tubería de admisión de vapor y lo más cerca posible del colector general, se ha instalado una válvula que permita dejar fuera de servicio todo el ramal cuando la turbina permanezca parada durante algún tiempo.

Que la conexión del ramal al colector general debe estar hecha por su parte superior para evitar en lo posible la entrada de condensado a la turbina.

Que tanto en la tubería de admisión como en la de escape, se han colocado juntas de dilatación que absorban los cambios de longitud en esas tuberías, así como las vibraciones de la máquina. Estas juntas irán provistas de tirantes, para impedir que la presión del vapor las desarme.

Que cuando la turbina está provista de juntas de dilatación, se han instalado soportes que compensen las dilataciones producidas en la tubería y a la vez permitan el montaje y desmontaje de dichas juntas.

Remover la grasa, aceite, laca de protección y desecantes puestos para el almacenamiento de la turbina.

Quitar las cubiertas de los anillos de sello, limpiar muy bien todo su interior revisando su pulimento y el buen estado de las conexiones de entrada y salida del vapor de sello.

Limpiar por completo los anillos de carbón y montarlos, si es que hubieran sido retirados para el transpone de la turbina.

Revisar que el sistema de refrigeración de los cojinetes está conectado de manera correcta y sin obstrucciones, asegurándose de que el agua fluye libremente.

Asegurarse de que el interior de la turbina, depósito de aceite y cojinetes se encuentran completamente limpios.

Asegurarse de que los puntos que requieren lubricación están llenos del aceite adecuado y hasta sus niveles correspondientes. Se prestará atención especial a la viscosidad del aceite. Cuando esta viscosidad es mayor que la recomendada por el fabricante de la turbina, el aceite ejerce una acción de frenado impidiendo que el equipo alcance su velocidad de trabajo.

Asegurarse de que no hay ninguna pérdida de aceite.

Cerciorarse de que cuando la turbina y sus equipos auxiliares tienen controles automáticos, todo funciona correctamente.

Revisar el sistema de lubricación, para lo cual se tendrá en cuenta que:

La lubricación de las turbinas de vapor puede efectuarse por cualquiera de los siguientes métodos:

Rodamientos lubricados por salpicadura de aceite.

Rodamientos lubricados por inmersión en cárter de aceite.

Cojinetes lubricados por inyección a presión del aceite.

Cojinetes bañados por chorro constante de aceite

Cuando se utilizan los dos últimos métodos, la turbina por lo general viene equipada con una consola de lubricación, en cuyo caso puede estar provista de dos bombas para el aceite, siendo una de ellas eléctrica, montada en la consola y dotada de un elemento temporizador que la hace funcionar por un lapso definido al querer arrancar la turbina y también cuando ésta se dispara. Y, la otra bomba es accionada por el eje de la turbina, bien sea por conexión directa o bien por medio de un engranaje con tornillo sin fin y en consecuencia, es la que mantiene el flujo y la presión de lubricación que requiere el equipo mientras está funcionando. En cuanto a más información sobre la consola de lubricación. Ver: Observaciones de la Sección Montaje del Capítulo 3.

Verificar cuidadosamente que el depósito de aceite que puede ser tanto el cárter de la turbina como el de la consola está limpio.

Este depósito debe mantenerse completamente limpio, libre de materias sólidas, agua y otras impurezas, además de que en todo momento debe estar protegido de posibles contaminaciones, por lo tanto, al llenarlo, debe utilizarse un filtro de tela cuidando que se encuentre limpio por completo y que no desprenda flecos ni lanillas.

En todo momento debe usarse aceite del mismo tipo, marca y calidad. A este propósito, se tendrá en cuenta que si al estar llenando el depósito de aceite la cantidad disponible no ha sido suficiente, no se debe terminar de llenar con otro de marca diferente aun cuando sus características anunciadas sean iguales a las del primero. No vale la pena correr el riesgo de una incompatibilidad entre ambos aceites, la cual puede ser tal que mutuamente se anulen sus cualidades lubricantes o el efecto de alguno de sus aditivos.

Verificar que funciona el sistema de enfriamiento de los cojinetes. Este enfriamiento puede lograrse por el recorrido que hace un líquido enfriador a través de uno de los siguientes sistemas:

Laberintos a través de los soportes de los cojinetes.

Serpentín que recorre el interior del cárter del aceite y que puede ser o no aleteado.

Intercambiador de calor situado al lado del tanque de depósito de la consola de lubricación.

ARRANQUE

Para el objeto de esta Sección, por arranque de la turbina se entiende el conjunto de actividades necesarias para hacer el "primer arranque" de la turbina después de que haya sido montada sobre su fundación.

Estas actividades son consecutivas y para un mejor entendimiento de ellas, el autor las ha reunido en los siguientes cuatro grupos: *El primero*, se refiere a las verificaciones que deben hacerse para constar que la turbina está preparada para arrancarla de manera segura. *El segundo*, reúne las operaciones relacionadas con la admisión del flujo de vapor a la turbina. *El tercer* grupo consiste en poner a funcionar la turbina y en la serie de verificaciones y pruebas que se debe hacer cuando ya está funcionando y *el cuarto* grupo trata sobre las actividades y verificaciones relacionadas con la parada de la turbina.

Cada grupo y las actividades que lo componen, deben desarrollarse en la secuencia indicada, lenta y cuidadosamente mientras se constata que no se presenten irregularidades y no debe pasarse al siguiente mientras no se agote lo relacionado con cada grupo o actividad.

Dentro del primer grupo de verificaciones que debe hacerse al arrancar por primera vez una turbina, están las siguientes:

Revisar el correcto montaje de los instrumentos, es decir: manómetros, termómetros, presóstatos, termostatos, etc.

Comprobar que la turbina puede ser girada a mano (cuando esto sea posible) para estar seguro de que no se ha agarrotado.

Revisar que la carcasa de la turbina tenga sus válvulas de drenaje, seguridad y ventilación con las conexiones correspondientes, según lo indicado en el diagrama aplicable.

Si tuviere consola de lubricación, verificar:

Que el interior del depósito del aceite se encuentra libre de óxido, polvo, arena, agua u otras sustancias extrañas.

Que tiene todos los filtros requeridos.

Que se llena con el aceite adecuado hasta su nivel correspondiente.

Que la motobomba de lubricación trabaja en forma correcta.

Que el aceite fluye libremente.

Que el aceite fluye a la presión requerida.

Que todos los instrumentos de la consola funcionan de acuerdo con lo que se espera de ellos.

Que los presóstatos funcionarán adecuadamente en el caso de un descenso en la presión del aceite.

En el segundo grupo se reúnen las siguientes operaciones relacionadas con el ingreso del vapor a la turbina:

Esperar hasta que salga todo el condensado que pueda haber en la línea de vapor de baja.

Abrir todas las válvulas de drenaje que estén instaladas en la carcasa de la turbina, filtros y tuberías conectadas a ella.

Permitir que salga todo el condensado que pueda haber en estos equipos.

Abrir todas las válvulas del agua de refrigeración.

Abrir un poco la válvula ecualizadora de la tubería de entrada de vapor a la turbina (vapor de alta). Si esta válvula no existiera, abrir un poco la válvula principal.

Esperar hasta cuando salga todo el condensado que pueda haber en la línea de vapor de alta y dejar que la turbina se caliente.

Abrir al máximo las dos válvulas ecualizadoras (baja y alta) y un tercio la válvula de vapor de baja.

Abrir poco a poco y hasta dos vueltas la válvula principal de la tubería de entrada de vapor.

Asegurarse de que haya salido todo el condensado del sistema.

Asegurarse de que todas las trampas de vapor están funcionando.

Cerrar las válvulas ecualizadoras.

Ajustar a su mínima velocidad el regulador de la turbina.

El tercer grupo consiste en las actividades relacionadas con la puesta en funcionamiento de la turbina y en las verificaciones y pruebas que se le hacen cuando ya está funcionando. Estas actividades toman su tiempo y deben hacerse cuidadosamente, ellas son:

Abrir completamente todas las válvulas manuales de control de velocidad localizadas en la carcasa. Para proceder a esto, se deben consultar las instrucciones del fabricante de la turbina.

Montar la palanca de arranque de la turbina.

Hacer una nueva revisión del funcionamiento de los sistemas de enfriamiento y lubricación.

Dejar que la turbina ruede a su mínima velocidad por unos minutos, mientras que se observa cuidadosamente su funcionamiento.

Terminar de abrir, haciéndolo muy lenta y cuidadosamente, la válvula principal de entrada del vapor, así como la de salida. Durante esta operación se observa cuidadosamente el comportamiento de todo el sistema y además, debe ser simultánea con las indicadas en los dos puntos siguientes.

Cerrar las válvulas de drenaje de condensado sin ajustarlas, para que permitan goteo. La válvula del filtro de entrada de vapor debe quedar un poco más abierta y la de la carcasa se debe dejar cerrada.

Hacer girar poco a poco el regulador de velocidad para que la turbina acelere progresivamente hasta llegar a su velocidad requerida. La aceleración debe ser paulatina –muy lenta para permitir que los sellos de carbón se asienten bien.

Asegurar el volante del regulador de velocidad, utilizando para ello sus correspondientes tuerca y contratuerca, cuando la turbina se haya estabilizado en su velocidad requerida.

Aun cuando aquí se habla de un volante regulador, hay que tener en cuenta que el sistema de control de velocidad de las turbinas puede ser de funcionamiento mecánico, hidráulico o eléctrico.

Subir artificialmente la velocidad para comprobar que el primer disparo se efectúa a la velocidad de diseño establecida para ello, de no ser así, corregirlo, y en seguida hacer la misma prueba para la segunda velocidad de disparo.

Dejar la turbina en funcionamiento continuo por una hora, revisando: Estabilidad de su velocidad, calentamiento de sus cojinetes en ambos apoyos, presión de lubricación, espuma en el aceite, ruidos, escapes de aceite y de vapor y vibraciones, para las cuales se tendrá en cuenta lo dictado por el API 612 Section II que dice:

"La amplitud de las vibraciones (incluida la excentricidad total del diámetro del eje) en mils, es igual a la raíz del cociente de 12 000 dividido por las rpm; pero de todas maneras no debe exceder de 2.0 mils."

Para medir dichas vibraciones, se tendrá en cuenta lo dictado por el NEMA SM 224.08, que dice:

"La vibración debe ser medida en la extensión del eje adyacente al soporte del rodamiento y no excederá de 2.0 mils para 4000 o menos rpm ni de 1.5 mils para 4001 o más rpm, entendiendo la vibración como de doble amplitud. Donde no sea posible medir la vibración en el eje, la amplitud total de la vibración será medida en ambas cajas de rodamientos y no excederá del 50 % del valor anterior."

"La vibración de una turbina puede verse afectada adversamente por muchos factores, tales como cargas de la tubería, alineamiento, estructuras soportantes, manejo durante el embarque y manejo y ensamble en la obra."

OBSERVACIÓN

Verificar contra la última edición de las mencionadas normas y/o contra las instrucciones del fabricante y las especificaciones del proyecto.

El cuarto grupo dentro de las operaciones de arranque de la turbina, trata sobre las actividades y verificaciones relacionadas con su parada, como sigue:

Antes de detener la turbina, cerciorarse que se han hecho todas las verificaciones requeridas no solamente por las especificaciones del proyecto, sino también por las instrucciones del fabricante de la turbina. Debe haberse provocado o simulado situaciones que hagan funcionar los sistemas automáticos de alarma y control de que esté provista.

Antes de detener la turbina, verificar el aceite en busca de espuma, agua e impurezas.

No debe haber espuma en el aceite de lubricación mientras la máquina está funcionando. A pesar de esta exigencia, debe tenerse en cuenta que en algunas turbinas no es recomendable el uso de antiespumantes con base en siliconas, por tanto, antes de usar un aceite de este tipo es prudente consultar las indicaciones que para la lubricación de esa turbina en particular contenga el catálogo del fabricante. Ver: Sección Lubricación con grasa y aceite del Anexo I.

Cuando se encuentra agua en el aceite, es imperioso buscar la causa de esta contaminación y arreglar el desperfecto. Hay ocasiones en que por la construcción propia de la turbina se tiene que recurrir a un separador de agua que se adiciona al sistema de lubricación.

Si hubiere impurezas en el aceite, hay que determinarlas y solucionar su causa.

Detener la turbina accionando la palanca de disparo.

Cerrar todas las válvulas de vapor.

Desmontar el filtro de la línea de alta para revisar su estado y la cantidad y clase de residuos contenidos en él.

Dentro de estos residuos sólo debe encontrarse plaquetas de óxido, muestras de escoria y otros sedimentos que son comunes en una tubería de acero limpia en su interior, que desaparecerán con el uso de esa tubería. Es decir, no tiene por qué hallarse trozos de hierro ni colillas de soldadura ya que antes de la prueba de la turbina, la tubería tuvo que haber sido barrida por completo con vapor; consecuentemente, si los depósitos en el filtro son excesivos, ello puede ser señal de que hay tramos contaminados por trabajos posteriores hechos en la tubería después de su limpieza o que ésta fue insuficiente.

Terminadas las pruebas de arranque de la turbina de vapor, se harán todos los trabajos necesarios para corregir las inconsistencias e inconformidades encontradas y se preparará la turbina para conectarla al equipo que acciona o para un período de espera hasta cuando pueda continuarse con la conexión y alineación final con ese equipo, atendiendo a lo siguiente:

Considerar la necesidad de intercalar bridas ciegas entre las bridas de la turbina y las de las tuberías conectadas a ella. Esto es sólo para aquellas turbinas que estarán sin utilización por un periodo relativamente largo y por lo tanto sujeto a que el condensado que pase a la carcasa las afecte en su interior. Sin embargo, se debe tener en cuenta que la instalación de bridas ciegas afecta el alineamiento de la turbina, por lo cual, en caso de usarlas, deberá postergarse su acoplamiento con la máquina que acciona.

Acoplar la turbina al equipo que accionará. Aun cuando está por demás indicarlo, debe quedar claro que el acoplamiento sólo se efectuará si está preparada para ello la máquina que será movida por la turbina.

Ante esa eventualidad y la cantidad de equipos movidos por turbinas de vapor que puede haber en una planta industrial, conviene al supervisor elaborar una lista de ellos para llevar el registro de aquellas turbinas que han pasado su prueba de funcionamiento y pueden ser o no conectadas a la máquina que mueven, con el fin de que le permita agilizar la preparación del equipo como un conjunto, y si así se pudiere, efectuarle su prueba de funcionamiento y entregarlo al cliente dentro del menor tiempo posible.

Proceder a la alineación en frío. Ver: Sección Alineamiento en frío del Capítulo 2.

ALINEACIÓN FINAL EN FRIO

Seguidamente se describen instrucciones particulares relacionadas con la alineación en frío, aplicables a las turbinas de vapor.

Antes de iniciar la alineación final en frío de una turbina de vapor, lo primero que hay que hacer es comprobar que las tuberías pertenecientes al circuito del equipo (Turbina-bomba) tienen todos sus accesorios, filtros, conexiones para instrumentos, empaques, espárragos, tuercas, soportes, soldaduras terminadas y además que estén completamente probadas y lavadas. Aun cuando esta verificación ya se hubiera hecho antes del arranque de la turbina, es obvio que si la alineación final en frío se lleva a cabo inmediatamente después de haber realizado su prueba de arranque, se omitirá esta segunda verificación; siempre y cuando no hubiera habido faltantes, objeciones o inconformidades durante la revisión que se hizo al efectuar la prueba de arranque.

De todas maneras debe tenerse la seguridad de que alrededor de ese equipo no vendrán trabajos adicionales que impliquen nuevos esfuerzos, que puedan manifestarse contra sus bridas o que puedan alterar el alineamiento o estado de limpieza interior de la tubería.

Para hacer la alineación final en frío de una turbina, se procederá como se indica a continuación:

Desabrochar completamente las bridas de la tubería de sus correspondientes del equipo.

Cerciorarse de que las bridas de la turbina para la entrada y salida del vapor estén separadas por bridas ciegas de sus correspondientes de la tubería, si no fuera así, habrá que efectuar una meticulosa limpieza interna del equipo. Sin embargo, como se dijo en el primer párrafo de este capítulo, este punto sólo es aplicable cuando ha pasado mucho tiempo desde la realización de la prueba de arranque.

Destapar la turbina y revisar: limpieza, lubricación de rodamientos y otras partes internas, estado de sellos, asientos, álabes, ductos y presentación interna en general. Esta revisión tuvo que haberse efectuado durante la preparación para el arranque de la turbina; por tanto, se enuncia aquí sólo para tenerla en cuenta en el caso de que hubiera transcurrido mucho tiempo desde esa prueba de arranque o si después de ella se hubiera efectuado trabajos en las tuberías conectadas a la turbina; consecuentemente, esta misma observación es válida para los puntos siguientes.

Recubrir con bisulfuro de molibdeno (del cual una marca comercial muy conocida es el "Molikote") o con otro lubricante adecuado, todas las partes de la turbina expuestas a oxidación.

Tapar de nuevo.

Asegurarse de que la máquina a la cual se acoplará la turbina, también se encuentra limpia, lubricada y en óptimas condiciones.

Revisar el apriete de los pernos de anclaje a los pedestales, del equipo impulsado.

Lubricar de acuerdo con las respectivas indicaciones contenidas en el catálogo del vendedor, o con las especificaciones para la lubricación de los equipos del proyecto.

Revisar las tuberías de lubricación, refrigeración y sello de la turbina y de la máquina accionada, asegurándose de que tienen todos los accesorios, empaques, espárragos, tuercas, soportes, etc.

Aflojar todas las tuberías y accesorios de lubricación, refrigeración y sello.

Ajustar la altura de los soportes de tubería para que no ejerzan ninguna presión ni tiro sobre las bridas de la turbina.

Hacer las mismas revisiones anteriores para las tuberías auxiliares conectadas al equipo.

Hacer una marca visible en la parte superior de la rodadura del acople de la bomba (o equipo conectado a la turbina).

Terminado el alineamiento final en frío, hacer la prueba final de funcionamiento del equipo como un todo (bomba–turbina) de acuerdo con las especificaciones de la obra.

Obtener la aceptación y recibo del equipo por el cliente.

COMENTARIOS

Por norma general, las turbinas se dejan más bajas que las bombas de acuerdo con el siguiente producto: 0.001" multiplicado por la altura en pulgadas entre el apoyo de sus patas y el centro de su eje.

El producto así obtenido se toma como la diferencia medida entre el centro del eje de la bomba y el centro del eje de la turbina, por tanto, no es afectado por la diferencia que puede haber entre los diámetros de los dos ejes.

Sin embargo, debe tenerse el cuidado de proceder según las instrucciones del fabricante de la turbina ya que para cada tipo de metal y de configuración del equipo existe un diferente coeficiente de dilatación, además de que la dilatación de la máquina en el lado del acople puede ser diferente a la del lado opuesto. De las consideraciones anteriores puede deducirse la importancia que tiene efectuar la alineación en caliente aun cuando la alineación final en frío se haya hecho con las mejores consideraciones.

Cuando durante la alineación de las bridas conectadas al equipo no puedan volverse a cero los relojes con que se está llevando el control, se tendrán que soltar todos los espárragos que las conectan y calentarse el tubo correspondiente, y, usando galgas entre la brida del tubo y su correspondiente del equipo, se trabajará sobre aquélla calibrando constantemente hasta lograr que ambas queden paralelas entre sí y en todo sentido; una vez que esto se ha obtenido, se efectúa de nuevo todo el procedimiento de alineación y apriete de bridas descrito en Observaciones de la Sección Alineación final en frío del Capítulo 3.

Ver: Sección Alineamiento en frío del Capítulo 2.

BIBLIOGRAFÍA

ANSI/API Std 611: General-Purpose Steam Turbines for Petroleum, Chemical, and Gas Industry Services, Fifth Edition/01-Mar-2008. 5th Edition, March 2008

ANSI/API Std 612: Petroleum, Petrochemical, and Natural Gas Industries -Steam Turbines- Special Purpose Applications. 7th Edition, August 2014

ASME PTC 6 2011: Performance Test Code for Steam Turbines. Aun cuando este código no es de aplicación frecuente en el montaje de tur-

binas en la obra, el autor lo ha consultado para la redacción de este ca-pítulo y lo incluye en esta bibliografía por considerar que también puede ser de interés para el lector.

NEMA Standards Publication NEMA SM 23. 91st Edition, 1997. Steam Turbines for Mechanical Drive Service. (Covers single stage and multi-stage mechanical drive steam turbines intended to drive pumps.)

SUPLEMENTOS AL CAPÍTULO 5TO.

1. Control de lecturas en la alineación final en frío de turbinas.
2. Control de pruebas de funcionamiento de turbinas de vapor.
3. Tabla de localización de fallas en las turbinas de vapor.

SUPLEMENTO 1

CONTROL DE LECTURAS EN LA ALINEACIÓN FINAL EN FRIO DE TURBINAS DE VAPOR

Fecha: DD-MM-AAAA   Tag del Equipo.

Alineación Radial   Alineación Axial

Tensión de los Tornillos de Anclaje de la Turbina:

Placa de características de la turbina, correcta	Sí	No
Bridas de la turbina protegidas con bridas ciegas	Sí	No
Tubería de entrada de vapor provista de filtro	Sí	No
Nivelación de la brida de entrada de vapor, bien	Sí	No
Nivelación de la brida de salida de vapor, bien	Sí	No
Alineación de las bridas, correcto	Sí	No
Lecturas de alineación y tensión tomadas con bridas apretadas	Sí	No
Soportes de tuberías adecuados	Sí	No
Tuberías terminadas y con todos sus accesorios	Sí	No
Tuberías provistas de juntas de expansión	Sí	No
Sistemas de lubricación, refrigeración y sello, bien	Sí	No
Turbina limpia interiormente	Sí	No
Turbina lubricada correctamente	Sí	No
Turbina provista de válvula centinela en la carcasa	Sí	No

Tag del Equipo.   Localizado en la Planta:

Fecha: DD-MM-AAAA

Anexos a este informe: Cantidad: Títulos:

COMENTARIOS:

OBSERVACIONES

a) Tachar lo que no corresponda.

b) En cada renglón tachar el adverbio que no corresponda y encerrar con un círculo el aplicable.

c) Anexar las gráficas y otra información que se estime necesaria, teniendo el cuidado de identificarlas y numerarlas convenientemente.

Nombres y firmas de:

Supervisor:

Representante del cliente:

SUPLEMENTO 2

CONTROL DE PRUEBAS DE FUNCIONAMIENTO DE TURBINAS DE VAPOR

Alineación radial en frío: Alineación radial en caliente:

Filtros de la tubería:	Provisionales	Sí	No
	Definitivos	Sí	No
	Limpios	Sí	No
Sistema de Lubricación:	Lubricante adecuado	Sí	No
	Nivel correcto	Sí	No
	Presión correcta	Sí	No
	Presóstatos funcionando	Sí	No
	Sistema enfriamiento, bien	Sí	No
	Filtros, bien	Sí	No
	Venteos, bien	Sí	No

Empaquetaduras de las bridas, correctas	Sí	No
Anillos de carbón, en buen estado	Sí	No
Cojinetes, en buen estado	Sí	No
Acople completo	Sí	No
Lubricante del acople, correcto	Sí	No
Tubería de refrigeración, conectada	Sí	No
Circuitos de refrigeración, en buen estado	Sí	No
Tubería de sello, conectada	Sí	No
Tubería de sello, en buen estado	Sí	No
Sentido de giro, correcto	Sí	No
Desplazamiento del eje dentro de tolerancias (Indicarlo)	Sí	No
Vibraciones dentro de tolerancias (Indicarlas)	Sí	No
Temperatura de cojinetes, normal (Indicarla)	Sí	No
Temperatura del líquido de sello, normal (Indicarla)	Sí	No
Válvula centinela, funciona bien	Sí	No
Control de baja presión de lubricación, funciona bien (Indicar)	Sí	No
Alarma de baja presión de lubricación, funciona bien (Indicar)	Sí	No
Trampas de vapor, funcionan	Sí	No
Drenajes, bien	Sí	No
Rpm de trabajo, bien (Indicarlas)	Sí	No
Rpm para el primer disparo, bien (Indicarlas)	Sí	No
Rpm para el segundo disparo, bien (Indicarlas)	Sí	No

Presión del vapor de entrada, bien (Indicada)	Sí	No
Presión del vapor de salida, bien (Indicada)	Sí	No
Temperatura del vapor de entrada, bien (Indicada)	Sí	No
Temperatura del vapor de salida, bien (Indicada)	Sí	No

Duración de la prueba de funcionamiento en horas:

Tag del Equipo.   Localizado en la Planta:

Fecha: DDMMAAAA

Anexos a este informe: Cantidad: Títulos:

COMENTARIOS:

OBSERVACIONES

a) Tachar lo que no corresponda.
b) En cada renglón tachar el adverbio que no corresponda y encerrar con un círculo el aplicable.
c) Donde dice [Indicarla(s)] anotar la correspondiente lectura obtenida durante la prueba.
d) Anexar las gráficas y la información que se estime necesaria, teniendo el cuidado de identificadas y numerarias convenientemente.

Nombres y firmas de:

Supervisor:

Representante del cliente:

SUPLEMENTO 3

TABLA DE LOCALIZACIÓN DE FALLAS EN LAS TURBINAS DE VAPOR

La turbina vibra, sus causas pueden ser:

La turbina está desalineada con el equipo que acciona.

Los cojinetes de la turbina están desgastados o en mal estado.

Alguna de las tuberías conectadas a la turbina está desalineada o ejerce tirantez en la brida de la máquina.

Vapor contaminado con agua.

Mal funcionamiento de la válvula de control

El acople está desbalanceado.

El rotor de álabes está desbalanceado.

Hay un álabe en mal estado

El eje de la turbina está torcido.

Hay una pérdida excesiva de vapor por los sellos del eje, sus causas pueden ser:

Los anillos de carbón no ajustan bien o están rotos.

Hay mugre entre los anillos de carbón.

Si tiene anillos de sello metálicos, éstos están mal ajustados.

Hay una obstrucción en la salida del condensado.

Hay asperezas en el eje, en el lugar correspondiente a los sellos.

Hay pérdidas de aceite por los sellos, sus causas pueden ser:

El nivel del aceite está muy alto.

Hay asperezas en el eje, en el lugar correspondiente a los sellos.

Los sellos están mal instalados.

Los sellos están desgastados o en mal estado.

Los sellos se recalientan por estar muy apretados.

La turbina arranca lentamente, sus causas pueden ser:

El control de velocidad está graduado para velocidad baja.

Las válvulas de la carcasa están parcialmente abiertas

Las toberas están obstruidas.

El equipo al cual está conectada, tiene un torque de arranque superior al especificado para la turbina.

El filtro de entrada de vapor está obstruido.

Vapor contaminado con agua.

La turbina no alcanza su velocidad de régimen, sus causas pueden ser:

El control de velocidad está graduado para velocidad baja.

El control de velocidad está agarrotado.

La válvula de control de la turbina no permite el libre paso del vapor de alta.

Las válvulas de la carcasa están cerradas.

Las toberas están obstruidas.

La presión del vapor de entrada está baja.

La presión del vapor de salida está alta.

Vapor contaminado con agua.

El equipo al cual está conectada tiene una carga superior a la capacidad especificada para la turbina.

El filtro de entrada de vapor está obstruido.

Hay un excesivo aumento de la velocidad al disminuir la carga impuesta a la turbina, sus causas pueden ser:

La válvula de control está agarrotada.

Los asientos de la válvula de control están en mal estado.

La turbina se acelera y desacelera descontroladamente, sus causas pueden ser:

Hay alta presión del vapor de entrada con una reducción de la carga impuesta a la turbina.

Vapor contaminado con agua.

La turbina está sometida a cambios súbitos de la carga.

El control de velocidad está agarrotado o defectuoso.

CAPÍTULO 6

PRUEBAS DE PRESIÓN A EQUIPOS Y TUBERÍAS

CONSIDERACIONES GENERALES

Para el montaje y construcción de centros de producción de crudo, refinerías de petróleo y plantas petroquímicas, que es el área a la cual está dirigido este libro, la instalación de las bombas centrífugas de eje horizontal y las pruebas de presión a equipos y tuberías son dos actividades distintas y manejadas por grupos asignados específicamente a cada una de ellas. Sin embargo, se incluye este capítulo en el libro porque el ingeniero encargado de la instalación de las bombas centrífugas y sus equipos relacionados, debe participar en las pruebas de presión, por lo tanto le conviene estar enterado de las labores conexas con estas pruebas.

Durante las pruebas de presión, es importante que el supervisor de montaje mecánico trabaje en estrecho contacto con el personal de planeación, el superintendente o el jefe del área en donde se efectúan las pruebas y con el supervisor de tuberías.

Con el fin de asegurarse de la calidad y el buen funcionamiento de la planta, es necesario someter a diferentes pruebas los equipos y tuberías instalados durante su montaje y una de estas pruebas consiste en llenarlos con agua (Algunas veces se usa aire, el cual exige precauciones estrictas) la cual se bombea hasta subir la presión interna del equipo o del sistema de tuberías hasta una y media veces su presión de diseño, aun cuando en ocasiones, como puede suceder con los reactores, puede ser un poco superior.

Para llevar a cabo las actividades relacionadas con la realización de las pruebas, se forma un grupo integrado con personal de oficina y de campo que está específicamente encargado de todas las operaciones que requiere este trabajo. Este grupo está dotado de la suficiente información, papelería y herramientas y tiene además claras instrucciones sobre sus responsabilidades, de manera que puede adelantar adecuadamente sus funciones.

Una de las primeras actividades al hacer los preparativos para las pruebas de presión, es dividir las áreas de la planta en circuitos según sus correspondientes presiones de prueba, para lo cual se utilizará como guía las indicaciones contenidas en los planos de P & I (Abreviatura de las palabras inglesas "Piping and Instruments", es decir, Tubería e Instrumentos) y en las listas de clasificación de líneas.

Al hacer esta división, se busca que los circuitos de prueba sean tan extensos como lo permitan las condiciones propias de la prueba y de la obra; pudiéndose incluir en ellos aquellos equipos cuyas condiciones y presiones de prueba sean las mismas que las de las tuberías que tienen conectadas. Ver la Sección Realización de las pruebas en este capítulo.

Se entiende entonces que el circuito de prueba es un conjunto de líneas de tubería y equipos que al estar interconectados pueden ser sometidos a la misma presión con el uso del mismo fluido, aun cuando los diámetros de las tuberías varíen en las diferentes partes del circuito.

Por cuanto las pruebas de presión deben efectuarse con todas las uniones libres de pintura y aislamiento, se necesita que para poder iniciar lo más pronto posible estas últimas actividades en los equipos y tuberías, con el consiguiente avance en el progreso de la obra, se hagan las pruebas de presión al mismo tiempo que se adelanta el montaje, por lo tanto, la división en circuitos deberá estar prevista desde antes de montar las tuberías y en esta forma poder proceder a su prueba inmediatamente después de terminado el montaje de cada circuito.

Antes de iniciar la prueba, también se comprueba que los soldadores asignados para que efectúen los trabajos de soldadura en cada circuito en particular, fueron sometidos a prueba y calificación y aprobados según los procedimientos de soldadura aceptados para la obra; además, también se verifica que a cada soldador se le asignó un número (O una letra) que estampó al lado de cada cordón de soldadura hecho por él. También se verifica que se hayan hecho todos los tratamientos térmicos correspondientes, que se hayan tomado todas las radiografías necesarias y que tanto aquellos como éstas se encuentran debidamente aceptados. No obstante que esta verificación resultare afirmativa, se confirmará que no haya pendiente ningún trabajo de reparación o modificación.

Además, se revisa que el circuito y los equipos que con él entrarán en la prueba, tengan en su lugar y definitivamente montados todos sus niveles, conexiones, válvulas de instrumentos, válvulas en general y los demás accesorios que le sean propios, incluyendo los soportes de tuberías, escaleras y plataformas; estas últimas son muy importantes, no solo por el obvio servicio que prestan facilitando el trabajo del personal y contribuyendo a su seguridad, sino también porque es la mejor manera de comprobar que sus correspondientes soportes estén instalados a los equipos, ya que pasada la prueba no es conveniente soldar sobre ellos, especialmente cuando estarán sometidos a condiciones rigurosas de trabajo como son altas temperatura o presión.

Así mismo, se efectúa una revisión minuciosa de los requerimientos que pueda haber en cuanto a los soportes provisionales previstos para hacer las pruebas de presión de las tuberías, así como lo referente a tapones, bridas ciegas, empaquetaduras, venteos o purgas de aire, conexiones para los manómetros con que se controlará la prueba, drenajes y tomas de agua o del fluido con que se hará la prueba; asegurándose que antes de iniciarla todo esté debidamente instalado y preparado.

En cuanto a las válvulas e indicadores de nivel, se tendrá en cuenta lo siguiente:

Las válvulas de control de diámetro menor que 2", se desmontan de los circuitos de tuberías y se reemplazan por carretes. En cuanto a las de 4" de diámetro y mayores, se prueban completamente abiertas y cuando no fuere posible abrirlas, se montará un puente o "Bypass" dotado con una válvula que se dejará completamente abierta.

En los equipos que llevan válvulas distintas a las de control, se montan con todos sus empaques y se mantienen completamente cerradas mientras que se hace la prueba; y cuando la válvula deba permanecer cerrada, si por la presión de prueba se requiere garantizar su estanqueidad, se considerará la necesidad de montarle una brida ciega en el lado opuesto al que tiene conectado con el equipo que se va a probar; cosa que también se hará, pero entre la válvula y el equipo, cuando la presión de prueba pueda estar por encima de aquella correspondiente a la que permita la resistencia propia de la válvula.

Excepto en aquellos equipos que no permiten ninguna fuga dadas las características corrosivas o inflamables del fluido que contendrán, el objeto de montar las válvulas para efectuar las pruebas de presión es más que todo para comprobar la estanqueidad de la unión entre la válvula y el equipo, aun cuando, y por supuesto, no se excluye el de tener la oportunidad de probar la válvula en sí valiéndose de la prueba para hacer las correcciones que sean necesarias en el prensaestopas o para evidenciar problemas existentes en su capacidad de cierre.

Las válvulas distintas a las de los equipos que al estar montadas en un circuito de prueba no se utilizan para lograr la estanqueidad de este circuito, deben mantenerse completamente abiertas mientras dura la prueba; y también después mientras que se vacía el circuito.

Con respecto a los indicadores de nivel y demás accesorios que debe llevar el circuito y cuando estuvieren montados en él al hacer la prueba, se tendrá en cuenta que:

Pueden ser sometidos a la presión a que se hará la prueba.

Pueden soportar el tipo de fluido con que se hará la prueba.

Se excluyen de los circuitos de prueba, bien sea aislándolas completamente o desmontándolas, tanto las juntas de expansión como las placas de orificio y las boquillas mezcladoras, además de los manómetros y otros instrumentos que vayan instalados en las líneas de tubería y en los equipos.

También se excluyen las válvulas de alivio, las cuales deben ser probadas y calibradas individualmente de acuerdo con sus condiciones particulares de trabajo.

Como las pruebas de presión pueden ser hidrostáticas, neumáticas o combinaciones de ambas, antes de proceder a ellas el supervisor se debe enterar de las características que debe reunir el medio de prueba, las condiciones requeridas para efectuar la prueba y las restricciones existentes para llevarla a cabo; todas las cuales debe tener solucionadas antes de iniciar esta actividad.

En lo que se refiere a las pruebas hidrostáticas, debe tener especial cuidado con la calidad del agua que se utilizará, pues aparte de que no puede contener lodo, para el caso particular de aquellos equipos construidos con determinadas aleaciones como las que incluyen el cromo, hay restricciones en cuanto al contenido de cloruros en el agua utilizada para hacer las pruebas. Así por ejemplo, los materiales inoxidables austeníticos deben ser probados con agua que contenga menos de 500 ppm (500 mg/Kg.) de cloruros.

Al preparar las herramientas y equipos necesarios para llevar a cabo las pruebas, se debe tener la certeza de que la bomba, su toma eléctrica, mangueras, conexiones, manómetros, registradores, pernos, espárragos, tuercas, empaques, bridas ciegas y demás equipos y materiales necesarios para realizar las pruebas de presión, se encuentren en buen estado y en las condiciones requeridas.

Puesto que para hacer la prueba es necesario tapar los extremos del circuito y conectar a él una entrada del fluido, estos tapones se dejan para quitarlos después de hecha la unión con el circuito siguiente, cuya prueba se hace incluyendo una parte del anterior y entonces poder probar la unión entre ambos.

DOCUMENTOS E INFORMACIÓN

Antes de iniciar las pruebas de presión, el supervisor deberá proveerse de la siguiente información relacionada con el proyecto en particular para el cual esté trabajando:

Especificación para pruebas hidrostáticas.

Especificación para pruebas hidrostáticas de equipos especiales.

ASME Boiler and Pressure Vessel Code. Section VIII. Division 1: Norma UG99 Standard Hydrostatic Test. UG100 Pneumatic Test y UG102 Test Gauges.

ANSI B31.3: Cap. VI Inspection and Test. Párrafo 337 Pressure Tests.

Planos de Tuberías e instrumentos (P & I Drawings).

Listas de clasificación de líneas.

Diagramas de proceso.

Diagramas de servicios.

Planos de tubería.

Tablas de las presiones de prueba de los equipos y de las tuberías.

Minuta del contrato existente para el montaje de las tuberías, o en su defecto, del contrato para efectuar las pruebas de presión cuando en la obra hay un contratista empleado exclusivamente para efectuar esas pruebas.

Tablas adecuadas para llevar el control y hacer el reporte de las pruebas efectuadas, en donde se consignará la información requerida según las condiciones del contrato.

Se debe tener en cuenta que el párrafo 337.6 del ANSI B31.3, dice que estas tablas deben incluir:

Fecha de la prueba.

Identificación del circuito probado.

Fluido de prueba.

Presión de prueba.

Aprobación del inspector.

COMENTARIOS

Los diagramas de tuberías e instrumentos (P&I Diagrams) contienen esquemáticamente toda la información necesaria para conocer las características de las tuberías y los instrumentos de la planta, además de que tienen representados todos los equipos, incluyendo los de reserva, con sus tuberías de interconexión que a su vez llevan indicados sus correspondientes diámetros, área a la que pertenecen, siglas de identificación del fluido que corre por ellas, tipo de aislamiento y traceado, válvulas, líneas derivadas, ventilaciones y drenajes de proceso, principales accesorios de las tuberías, componentes de instrumentación indicando si son de montaje en el campo o en la casa de control, elevaciones críticas de los equipos y número de cada línea de tubería.

Los diagramas de proceso indican esquemáticamente los equipos de la planta con sus características principales, como son el diámetro y longitud de torres y recipientes horizontales, el calor transferido en hornos e intercambiadores de calor, el caudal y la presión diferencial de las bombas y todas las demás características operativas tanto normales como máximas o mínimas que pueden condicionar el diseño de un equipo. Por lo general, de estos diagramas se excluyen los equipos de reserva.

También indican las líneas de tubería que son normales para la operación y las requeridas para la puesta en marcha y la parada de la planta, así como las entradas y salidas de las corrientes de proceso de los límites de la batería, dentro de las cuales se incluyen las conexiones con otras unidades. En cuanto a válvulas e instrumentos, se indican allí aquellos que ayudan a comprender la marcha y regulación del proceso.

Los diagramas de servicios son diagramas de tuberías e instrumentos que muestran un determinado servicio, o grupos de servicios del mismo tipo; como por ejemplo:

Redes de vapor de alta, media, baja y condensados.

Redes de agua de refrigeración, de planta y potable.

Redes de aire de instrumentos y de planta.

Redes de drenajes.

Redes del sistema contra incendio.

En estos diagramas se indica esquemáticamente lo referente a cada servicio, como son los colectores, conexiones a los equipos que suministran el servicio, válvulas de bloqueo, líneas derivadas, conexiones para mangueras y números de las líneas.

PREPARACIÓN PARA LAS PRUEBAS

Antes de iniciar la prueba de presión de un circuito, el supervisor debe cerciorarse de que todo el circuito se encuentra adecuada y suficientemente soportado. En las líneas de vapor o de gas soportadas con resortes, éstos deben bloquearse mientras que se hace la prueba hidrostática.

Seguidamente se procede a instalar las bridas ciegas con sus empaquetaduras y espárragos, teniendo en cuenta que para efectuar las pruebas hidráulicas se utilizarán empaquetaduras del mismo material que el requerido para el servicio del equipo o tubería. Cuando esto no fuere posible por no tenerlo disponible en la obra o por ser un material o un elemento costoso, como por ejemplo, las juntas espiro metálicas; se utilizará cartón grafitado y reforzado, pero en todo caso, se evitará el uso de empaquetaduras de caucho por cuanto ellas no permiten juzgar el estado de las caras de las bridas ya que llenan cualquier irregularidad o compensan el desalineamiento que pueda haber entre ellas, impidiendo detectarlo.

Colocar en la parte superior de torres y demás recipientes similares, el manómetro de lectura utilizado para la prueba, o en su defecto, tener en cuenta la presión hidrostática correspondiente ejercida por la columna del líquido que haya por encima de la conexión del manómetro.

Además de lo anterior, se usará como testigo un segundo manómetro de marca y graduación iguales al primero y se montará en una "Tee" conectada por una de sus vías al equipo que se probará y por la otra a la manguera de salida de la bomba con que se efectuará la prueba.

Instalar una válvula de alivio adecuadamente tarada en aquellos circuitos en donde se prevea que habrá una expansión térmica del medio utilizado para la prueba de presión.

En cuanto a las torres, hacer la prueba de paso de agua a través de sus bandejas (Tray Leakage test) antes de proceder con su prueba hidrostática.

Estando todo hermético, excepto que las válvulas de venteo estarán abiertas, se llena el circuito con el fluido de prueba, el cual estará a la temperatura ambiente y que por definición, cuando se trata de una prueba hidrostática, será agua. Una vez lleno y antes de aplicar presión, se vacía completamente el aire contenido en el circuito.

REALIZACIÓN DE LAS PRUEBAS

Un circuito de prueba se considera que comienza en una válvula o en una brida ciega y que termina en forma similar; y puede incluir torres, intercambiadores, recipientes horizontales, etc. pero excluye bombas, compresores, filtros de parafina, turbinas, equipos recubiertos internamente con refractario y los demás que según las especificaciones de la obra o las propias especificaciones técnicas del equipo no requieran prueba en el campo.

Cuando por alguna razón sea necesario comprobar la estanqueidad de la unión entre las bridas de una bomba y las de la tuberías conectadas a ellas y por lo tanto se precisa incluir la bomba en el circuito de prueba, como podría ser cuando por las condiciones de trabajo el circuito va a estar sometido a muy altas presiones o acarreará un fluido muy corrosivo; entonces se procede así:

Desmontar los sellos mecánicos del eje de la bomba.

Reemplazarlos por empaquetadura de cordón de asbestos grafitado o similar

Montar el prensaestopas y ajustar hasta cuando la empaquetadura se sienta bien ajustada.

Lavar el interior de la bomba y de las tuberías del circuito hasta sacar de allí todo el material abrasivo que pueda haber. La tubería se lava aparte de la bomba.

Llenar el circuito con agua e iniciar la prueba hidrostática. De acuerdo con el "Hydraulic Institute Standard" las bombas centrífugas deben ser capaces de soportar una presión hidrostática igual a 1,5 veces la presión que podrá ocurrir en esa parte cuando la bomba es operada a sus condiciones de diseño y de utilización. Esta presión debe mantenerse cuando menos por cinco minutos. Apretar el prensaestopas hasta evitar toda fuga a través de él.

Terminada la prueba y cuando se hacen los preparativos para efectuar el alineamiento final de la bomba, proceder como sigue:

Retirar la empaquetadura provisional.

Limpiar meticulosamente el estopero, el eje y el interior de la bomba.

Hacer una completa inspección visual al eje en busca de ralladuras por abrasivos pasados a través de la empaquetadura provisional utilizada para hacer la prueba hidrostática.

Pulir las ralladuras que pueda haber en el eje y montar el sello mecánico o la empaquetadura definitiva, si este último es el caso.

OBSERVACIONES

No debe hacerse girar su eje mientras que la bomba permanezca con la empaquetadura después de hecha la prueba hidrostática, porque se raya el eje y se daña la empaquetadura.

Todos los equipos que no entrarán en los circuitos de prueba deben ser aislados completamente de la tubería conectada a ellos utilizando una chapa metálica interpuesta entre la brida del equipo y la brida ciega con que se cierra el circuito, evitando así que el agua y el lodo pasen al interior del equipo.

Además de lo anterior, se tendrá en cuenta las siguientes consideraciones:

Las bombas y otros equipos se exceptúan de las pruebas hidrostáticas hechas durante el montaje, de acuerdo con lo ya indicado en este capítulo.

Todos los equipos con presión de prueba inferior a 7,5 Kg/cm2 (106,68 psi) se probarán independientemente. Los equipos cuya presión de prueba sea de 7,5 Kg/cm2 (106,68 psi) o superior, se prueban al mismo tiempo que las líneas de tubería conectadas a ellos.

La presión de prueba de un circuito que incluye un equipo, no puede sobrepasar la máxima presión de prueba de ese equipo.

Cuando sea necesario incluir un intercambiador dentro de un circuito, debe tenerse en cuenta que es posible que la presión de prueba del lado de la carcasa puede diferir de la del lado de los tubos.

Cuando se va a utilizar una válvula cerrada como límite de un circuito, la presión de prueba no debe exceder a la presión de prueba propia de la válvula, que normalmente es un 10% más alta que la presión de servicio especificada para la temperatura ambiente.

Se tendrá en cuenta que algunos equipos rotatorios que han sido probados en la planta del fabricante, requieren una prueba de presión en el campo una vez han sido erigidos e instalados en su posición definitiva y cuando ya tienen instaladas todas las tuberías que necesitan para su adecuado desempeño. Para saber cuáles son estos equipos, se consultarán las especificaciones del proyecto.

La presión de prueba hidrostática estará limitada por la máxima presión de prueba del punto más débil del circuito, como ya se dijo, pero no deberá ser inferior a 1,5 Kg/cm2 (15 psi) y será 1.5 veces la presión de operación según diseño.

En cuanto a la presión de prueba neumática, no deberá exceder de 1,25 veces la presión de diseño y el equipo o zona del equipo que se esté sometiendo a esa prueba, debe estar protegido de cambios que se presenten en la temperatura ambiental.

COMENTARIOS

El espesor de la pared de los tubos usados en los procesos petroquímicos está dado por un número llamado "Schedule", el cual, cuanto mayor sea, más gruesa será la pared del tubo en detrimento de su diámetro interno al mismo tiempo que se mantienen iguales sus diámetros nominal y externo.

El número de "Schedule" es una aproximación de la expresión:

Ns = 1.000P/S de donde: P = SNs/1000

La cual a su vez está basada en la fórmula que se usa para calcular el espesor requerido para la pared del tubo, que es:

t = (PD/2S) + C de donde: P = [2S (tc)]/D

Donde:

Ns = Número de "Schedule"
P = Presión interna, en psig.
S = Tensión de trabajo permitida, en psig.
D = Diámetro exterior del tubo, en pulgadas.
t = Espesor de la pared del tubo, en pulgadas.
C = Incremento para corrosión, en pulgadas.

Estas dos fórmulas han sido tomadas de la página 398 del libro "Project Engineering of Process Plants" escrito por Howard F. Rase y M.H. Barrow. Editorial John Wiley & Sons, Inc. New York 1957. El despeje de P ha sido hecho por el autor.

PRUEBAS HIDROSTÁTICAS DE RECIPIENTES Y OTROS COMPONENTES

Desde el punto de vista de las pruebas hidrostáticas, en las plantas de procesos petroquímicos, los recipientes se clasifican por su uso y por su forma. Por su uso son de almacenamiento y de proceso. Por su forma son cilíndricos y esféricos. Los cilíndricos pueden ser horizontales o verticales.

Una vez terminada su construcción, todos los recipientes deben ser sometidos a una prueba hidrostática que debe estar condicionada por los requerimientos de diseño particulares de cada uno. En el caso de las torres de destilación, la prueba hidrostática se hará antes de que el separador de rocío, desnebulizador o "Demister" sea montado en ellas. "Demister" es el nombre de fábrica con el que se conoce un filtro especial hecho de lana metálica y que va montado en la parte superior de las torres para separar las partículas de líquido del gas de cabeza.

Para la realización de las pruebas de presión se tiene presente las siguientes particularidades:

Las líneas de instrumentos se prueban con aire o con nitrógeno.

Las líneas de vacío se prueban neumáticamente (con aire solamente) a 1,05 Kg/cm2 (15 psi).

Las alcantarillas y drenajes enterrados que funcionarán sin presión, se prueban llenándolos con agua hasta el nivel del piso sin otra presión diferente a la estática ejercida por el propio peso del agua.

El líquido usado para la prueba hidrostática debe estar a la temperatura ambiente, excepto cuando ésta se encuentre a 4 °C (39,2 °F) o menos, en cuyo caso, el líquido deberá insertarse con una temperatura de 15,5 °C (60 °F). El recipiente que es probado y el fluido de prueba deben estar a la misma temperatura.

Durante la prueba de presión y mientras el metal está bajo tensión, no se debe permitir que su temperatura caiga por debajo de 1,7 °C (35 °F).

En ambientes con temperaturas de congelación, las líneas de tubería y los equipos en general deben ser drenados completamente después de la prueba hidrostática, para evitar daños causados por la dilatación del hielo.

Cuando se quiera detectar escapes, se usa agua jabonosa con buena capacidad para producir burbujas, en los siguientes casos:

Por las uniones tanto soldadas como roscadas de aquellos sistemas cuya prueba de presión sea neumática.

Por las soldaduras de unión de los sobresanos o refuerzos de los accesorios de tubería soldados a los equipos, los cuales se prueban con aire a 15 psi siempre y cuando las especificaciones del proyecto no indiquen otras condiciones.

Por las uniones bridadas de aquellos sistemas cuya prueba de presión sea neumática, para lo cual se recubrirá su circunferencia o rodadura con cinta de enmascarar y haciendo una perforación en ella se aplicará allí el agua jabonosa.

La presión hidrostática se sube lenta y constantemente hasta el valor requerido por la prueba y se mantiene en él hasta tanto se haya revisado todos los puntos que requieren inspección.

La duración de la prueba no debe ser menor de una hora, o de una hora por pulgada de espesor del material, dependiendo para ello de la que sea mayor. El tiempo se cuenta a partir del momento en que el circuito, o el equipo, se ha estabilizado a la presión de prueba requerida.

En cuanto a las pruebas neumáticas, la presión se deberá subir por etapas hasta llegar a la presión final de prueba, así, por ejemplo, si la presión de la prueba excede de 1,41 Kg/cm2 (20 psi) una vez que se ha alcanzado este punto se mantendrá allí hasta cuando todas las juntas hayan sido inspeccionadas con solución jabonosa; de no haber fugas, se elevará la presión en incrementos de 1,05 Kg/cm2 (15 psi) hasta llegar a la presión final de prueba y teniendo en cuenta que al terminar cada incremento debe hacerse la inspección con el agua jabonosa.

Cuando sea necesario hacer de nuevo una soldadura para reparar un escape, habrá que volver a probar la parte del circuito que incluye el sitio en donde se ha hecho tal reparación.

Según el parágrafo 337.4.1 "Hydrostatic Testing of Internal Pressure Piping" del ANSI B31.3 "Para una temperatura de diseño superior a los 650 °F (343,3 °C) la presión mínima de prueba será calculada según la ecuación: PT = (1,5 PST)/S

En donde:

PT = Presión hidrostática mínima en psig.

P = Presión interna de diseño en psig.

ST = Tensión permitida del material a 343,3 °C, dada en psig.

S = Tensión permitida del material a la temperatura de diseño, (°C) dada en psi

Y aclara que: "Bajo estas condiciones de diseño, la tensión resultante de la prueba requerida según la fórmula, puede exceder del 90% de la tensión de elongación mínima especificada a la temperatura de prueba. Por lo tanto, debe hacerse una prueba para determinar si existe esta condición. En tales casos, la presión de prueba se reducirá hasta que la tensión no exceda ese 90%".

Ahora bien, si por sección de una torre, reactor o equipo similar se entiende el área interna del equipo en donde su presión de diseño o la relación t/(tc) varía de la que corresponde a otra área del mismo equipo; entonces, bajo las condiciones de diseño utilizadas en la industria petroquímica, debe tenerse en cuenta que la presión hidrostática de prueba en la cima de cada sección de una torre no debe ser inferior a la presión resultante de utilizar la siguiente fórmula: PT = [CP(SRT/S)][t/(tc)]

Donde:

PT = Presión hidrostática mínima en psig.

C = 1,5 para torres y similares, diseñadas de acuerdo con el ASME Section VIII. Div. 1.

P = Presión interna de diseño en psig.

SRT = Tensión permitida del material a la temperatura ambiente, dada en psig.

S = Tensión permitida del material a la temperatura de diseño, (°C) dada en psi.

t = Espesor de la pared del equipo, en pulgadas, incluyendo el previsto para corrosión.

c = Sobre espesor para corrosión.

La relación SRT/S debe ser lo más baja posible

La relación t/ (tc) no debe ser mayor que 1,20.

Después de que se ha terminado la prueba hidrostática se abren todos los venteos y a continuación se permite la salida del agua hasta que el circuito se vacíe completamente. Los equipos cuyas partes construidas con materiales de alta aleación o con acero inoxidable austenítico entren en contacto con el agua de prueba, aun cuando sea potable, deben ser vaciados inmediatamente pase la prueba hidrostática.

Después de haberse hecho las pruebas de presión, se hace un lavado completo de todas las tuberías y equipos con el fin de sacar el cieno y la arena que puedan haberse depositado. En el caso de aquellos equipos que contengan materiales de alta aleación o inoxidables austeníticos, deben ser secados con chorro de aire.

Para probar la estanqueidad de los tanques cilíndricos de almacenamiento atmosférico y de techo cónico o flotante, en términos generales se procede como sigue:

Los "manholes" (Pasos de hombre) y venteos del techo del tanque se mantienen abiertos desde el comienzo del llenado hasta cuando se termina la prueba, se desocupa y se limpia internamente. La prueba se hace a presión atmosférica

No conectar las tuberías que llegan o salen de los tanques mientras no se hayan terminado completamente las pruebas hidrostáticas de esos tanques. En general, durante este proceso no debe haber nada conectado al tanque.

Montar válvulas provisionales con sus respectivas mangueras en la parte inferior del tanque, que permitan desocuparlo rápidamente en caso de presentarse una emergencia; por ejemplo, el inicio de un volcamiento del tanque.

Llenarlos lentamente y según los límites y lapsos de llenado determinados para cada tanque. Ver: Comentarios siguientes.

Controlar exactamente el asentamiento del tanque llevando un registro de ello.

Cuando se presenten asentamientos que superen lo permitido, se detiene el llenado y se espera hasta cuando el suelo se estabilice. Si el asentamiento continúa, se procede a descargar parte de su agua y se da aviso inmediato al superintendente del área para que haga las consideraciones necesarias

Los refuerzos de las conexiones y aperturas del tanque se probarán neumáticamente con agua jabonosa.

Después de efectuada la prueba hidrostática y una vez que se haya extraído el agua, se debe secar y a continuación barrer el interior del tanque para retirar el polvo resultante.

Todas las uniones entre las láminas del piso se prueban al vacío y con agua jabonosa.

COMENTARIOS

Cuando el tanque cilíndrico de techo cónico o flotante ha sido diseñado para almacenar productos con peso específico inferior al del agua, la prueba hidrostática sirve para comprobar la estanqueidad del tanque y la capacidad portante de la cimentación.

El llenado y la prueba hidrostática se adelantan únicamente en horas diurnas y bajo estricta supervigilancia.

Cuando la prueba se aprovecha para precomprimir la cimentación, en el tanque deben instalarse medidores de asentamientos, inclinómetros y piezómetros que permitan controlar el llenado, que como ya se dijo, debe hacerse cuidadosamente para permitir que tenga lugar la consolidación del suelo y evitar volcamiento del tanque.

Mientras más grandes sean la base del tanque y el peso del agua, mayor será la compresión del terreno bajo el tanque, por lo cual es de esperarse un rebote elástico del suelo cuando se vacíe el tanque; no obstante, la consolidación se mantendrá.

El asentamiento del tanque se debe controlar teniendo como referencia diferentes puntos claramente marcados en su pared exterior. Este control debe hacerse en la siguiente forma:

Diariamente durante 15 días después de terminado su montaje y antes de iniciar su prueba hidrostática.

Una vez diaria a la misma hora, mientras que se está llenando el tanque.

El asentamiento del fondo del tanque se debe controlar así:

Verificar el fondo antes de iniciar el llenado para la prueba hidrostática. En caso de que se encuentren depresiones o abombamientos, se indica su localización y altura sobre un plano del fondo del tanque.

Verificar el fondo después de vaciar el agua. Para ello, se trazan varios diámetros sobre el fondo y sobre ellos, a intervalos de tres (3) metros, se toman las medidas de los asentamientos. Los resultados se marcan sobre un diagrama elaborado para este propósito.

La cantidad de estos diámetros que se trazan sobre el fondo del tanque, depende del diámetro del mismo tanque, así:

Para tanques con diámetro menor que 46 m se trazarán 4 líneas.

Si el diámetro está entre 46 y 69 m, se trazarán 6 líneas.

Si está entre 69 y 99 m, se trazarán 8 líneas.

Si es mayor que 99 m, se trazarán 10 líneas.

De acuerdo con el espesor de la lámina del primer anillo del tanque, se recomienda que las velocidades de llenado sean inferiores a las siguientes:

Para lámina con espesor inferior a 7/8":

Llenar a una velocidad de 450 mm/h (18"/h) y hasta la unión entre el penúltimo y el último anillo. De allí en adelante, es decir, el último anillo, llenarlo a una velocidad de 300 mm/h (12"/h).

Para lámina de 7/8" o mayor, llenar así:

El Primer tercio de la altura del tanque, llenarlo a una velocidad de 450 mm/h (18"/h).

El segundo tercio, llenarlo a 300 mm/h (12"/h).

El último tercio, es decir, la parte superior, llenarlo a 225 mm/h (9"/h).

El API 620 en su parágrafo 5.20.7 dice que la rata a la cual el agua es introducida en el tanque para una prueba hidrostática, no debe exceder de la máxima rata de llenado a la cual se espera que el tanque esté sujeto durante su servicio, o 3 pies (914,4 mm) de llenado por hora, cualquiera que sea menor.

Los tanques esféricos se prueban en conformidad con el ASME, Section VIII, Div. 1, Pressure Vessels

Si se usa agua salada de mar para hacer la prueba hidrostática del tanque, éste deberá desocuparse antes de 25 días, de lo contrario deberá agregarse un inhibidor de corrosión al agua.

Para hacer la prueba de vacío al tanque, se procede así:

Después de haber terminado la prueba hidrostática, se desocupa hasta cuando el nivel del agua llegue a un (1) metro por encima del fondo del tanque. Entonces, se cierran herméticamente todas las aperturas y se deja que el agua salga lentamente hasta alcanzar un vacío de 0,053 psi (1,47 pulgadas Columna de Agua)

BIBLIOGRAFÍA

ASME Boiler and Pressure Vessel Code. Section VIII. Division 1 (BPVC-VIII-1 2019) UG-99 Standard Hydrostatic Test. UG-100 Pneumatic Test y UG-102 Test Gauges.

ANSI B31.3: Cap. VI Inspection and Test. Paragraph 337 Pressure Tests.

API Standard 620 Design and Construction of Large, Welded, Low-Pressure Storage Tanks

Covers the design and construction of large field-assembled, welded, low-pressure carbon steel above ground storage tanks (including flat-bottom tanks) designed for metal temperatures not greater than 250 °F and with pressures in their gas or vapor spaces not more than 15 pounds per square inch gauge.

API Standard 650 Welded tanks for oil storage. Twelve edition. March 2013

Establishes minimum requirements for material, design, fabrication, erection, and testing for vertical, cylindrical, aboveground, closed and open top, welded carbon, or stainless steel storage tanks in various sizes and capacities for internal pressures approximating atmospheric pressure (internal pressures not exceeding the weight of the roof plates)

Libro "*Project Engineering of Process Plants*" Authors, Howard F. Rase y M.H. Barrow. Editorial John Wiley & Sons, Inc. New York 1957.

Libro "*Applied Project Engineering and Management*" Second Edition. Author Ernest E. Ludwig. Editorial Gulf Publishing Company Book Division. Houston, Tx. 1988.

CAPÍTULO 7

ETAPAS FINALES DEL MONTAJE DE LAS BOMBAS CENTRIFU-GAS DE EJE HORIZONTAL

CONSIDERACIONES GENERALES

Las etapas finales del montaje de las bombas centrífugas de eje horizontal se definen como:

Completamiento Mecánico (En inglés y en la terminología usada en las plantas petroquímicas, se conoce como "Mechanical Completion")

Prearranque o Precomisionamiento ("Precommissioning")

Listo para el arranque o Comisionamiento ("Commissioning")

Puesta en marcha o arranque ("Startup") y

Entrega de la bomba ("Hand Over")

Todas están comprendidas dentro de un programa de actividades llamado Plan de Comisionamiento ("Commissioning Plan") en el cual participa activamente el cliente.

Desde el punto de vista del contratista, es al iniciar el "precommissioning" cuando la construcción de la planta comienza a terminarse.

A partir de la ingeniería y en el sitio de la obra, durante la construcción y puesta en marcha de una planta petroquímica o industrial, se pueden distinguir las siguientes etapas:

Levantamientos topográficos, cerramientos, preparación del terreno y obras civiles.

Recibo de materiales y equipos en el sitio de la obra.

Almacenamiento en la bodega o en el patio de materiales de la obra.

Preparación y prefabricación de equipos y materiales para el montaje

Construcción, montaje, instalación, interconexión y aplicación de recubrimientos superficiales.

"Plan de Comisionamiento" o de "Commissioning".

Levantamiento del campamento, demolición de obras temporales, limpieza general y retiro de la obra por parte del contratista

Entrega al Cliente. Traspaso de la planta al Cliente y recibo oficial por éste.

COMENTARIOS

El "Plan de Comisionamiento" está bajo la dirección y responsabilidad de un grupo específicamente formado para este fin y conocido como el "Grupo de Comisionamiento"; que no solo se encarga de efectuar las verificaciones, controles, pruebas y ajustes necesarios para cerciorarse de que los equipos, sus componentes, instrumentos y controles están limpios, en buen estado, en un todo de acuerdo con los planos y especificaciones del proyecto, sus normas y códigos regulatorios e instrucciones particulares de sus fabricantes, y que funcionan perfectamente; sino también de elaborar el "Dossier" o "Catálogo Mecánico de la Planta" y entregarlo al Cliente junto con los equipos

Dichas etapas, que sucintamente se describen en este capítulo, son vigiladas estrechamente por el Cliente, puesto que es cuando atestigua uno por uno los diferentes equipos de la planta que ha comprado; y en el caso particular de los sistemas de bombeo, deben ser inspeccionados cuidadosamente para evitar futuras fallas prematuras, pérdida de eficiencia e incremento en los costos operativos.

COMPLETAMIENTO MECÁNICO

Antes de iniciar el precomisionamiento y después de que los trabajos del proyecto se hayan terminado tanto mecánica como estructuralmente, el contratista realiza el Completamiento Mecánico, etapa que comprende una serie de actividades cuya meta es verificar, corregir cuando así sea necesario y documentar que todos los equipos, tuberías, soportes especiales, instrumentos, servicios y sistemas han sido construidos e instalados en completo acuerdo con las especificaciones, planos, estándares y normatividad aplicables al proyecto.

En lo que respecta a las bombas centrífugas de eje horizontal, en la etapa de Completamiento Mecánico se hace la aceptación mecánica del equipo como un todo (Bomba, motor o turbina y centralita de lubricación). La aceptación quedará satisfecha cuando el equipo haya sido acondicionado completamente y esté listo para ponerlo en operación.

Este acondicionamiento es de total responsabilidad del contratista de montaje y se hace bajo la dirección y supervisión del "Grupo de Comisionamiento".

Mediante los trabajos adelantados en esta etapa, el contratista busca garantizar el correcto y pleno funcionamiento de las bombas de eje horizontal y sus equipos conexos, en ella se incluyen actividades que se desarrollan en la oficina del sitio de la obra y actividades que se hacen directamente en el campo.

Las actividades que se hacen en oficina son:

Identificar marcas, placas de identificación, números ("Tags") y características de las bombas centrífugas de eje horizontal, sus motores o turbinas cuando es el caso.

Verificar que los planos, diagramas y dibujos estén en su última revisión de "Emitidos para Construcción" y que todos los documentos estén firmados por las personas autorizadas para ello; incluyendo toda la documentación que haya sido suministrada por el fabricante

Verificar datos de diseño y operación de la bomba ("Pump data sheet") y de su accionador (Motor o turbina)

Verificar el catálogo de instalación, operación y mantenimiento

Verificar la lista de repuestos para el arranque y puesta en marcha, tanto de la bomba como de su accionador, recomendada por sus respectivos fabricantes

Compilar ordenadamente toda la documentación que ha utilizado el contratista y los certificados y registros levantados en el campo

Las actividades que se hacen en el campo son:

Identificar marcas, placas de identificación, números ("Tags") y características tanto de las bombas centrífugas de eje horizontal como de sus accionadores (Se hace tanto en el campo como en la oficina)

Verificar el apriete de los pernos de anclaje

Verificar el "grouting" y la terminación de la fundación alrededor de la bancada del equipo

Verificar el apriete de las tuercas y tornillos de los acoples flexibles

Verificar que la bomba se puede girar libremente con la mano y que no hay señales de residuos dentro de su carcasa. El accionador –sea motor o turbina– también debe girar libremente.

Verificar que las tuberías conectadas a la bomba y a la turbina (Cuando corresponde) tienen sus respectivos soportes definitivos y que cuando son de resorte, están debidamente calibrados.

Verificar que las tuberías conectadas a la bomba y a la turbina (Cuando corresponde) tienen sus respectivas juntas de dilatación

Verificar que las conexiones entre las bridas de la bomba y la turbina (Cuando corresponde) y las de las tuberías conectadas a ella no tengan nada diferente a los empaques y filtros que aplican a la respectiva conexión

Verificar que el motor eléctrico es el adecuado para la clasificación del área en donde esté instalado

Verificar las conexiones a tierra y a las cajas de empalme de los motores eléctricos

Verificar, cuando la haya, que la turbina de vapor está correctamente instalada: "Tag" corresponde con el plano, pernos de anclaje a la fundación, tuberías, soportes de tuberías definitivos, juntas de expansión, manómetros, filtros, trampas de vapor y totalmente diligenciados, aceptados y firmados los registros de las pruebas que se le hayan efectuado.

Verificar los procedimientos de instalación y los registros del alineamiento de las bombas centrífugas de eje horizontal. Corregir de acuerdo con lo necesario

Verificar los resultados de las pruebas (Hidrostáticas, de funcionamiento y operación) hechas en el sitio de la obra y relacionadas con las bombas centrífugas de eje horizontal. Corregir lo que fuere necesario

Verificar la lubricación niveles y especificaciones y corregir en lo necesario. Si tiene sistema de lubricación, verificar que tiene el aceite adecuado, hasta su nivel requerido y con todos sus filtros y que funciona correctamente

Verificar, cuando la tiene, que la bomba de drenaje está instalada por encima del drenaje

Verificar, cuando lo requiere, que el sistema de enfriamiento está correctamente instalado y que funciona adecuadamente

Verificar, si la tiene, que la tubería de calefacción está instalada correctamente y que funciona apropiadamente

Verificar la limpieza interna, externa y el estado de la pintura o del aislamiento, tanto de la bomba como de sus equipos conexos.

Instalar los filtros temporales que requiera para las pruebas de arranque

Instalar las "Figuras 8" temporales que se requiera para las pruebas de arranque

Verificar que el cheque está instalado en el sentido del flujo

Verificar que tiene correctamente instalados todos sus tapones tanto en la bomba como en los venteos

Verificar, cuando lo requiere, que en la descarga están instalados los "Dampers" (Amortiguadores) de reflujo y que están llenos con nitrógeno

Verificar que tiene instalados todos los instrumentos y válvulas de seguridad que corresponden al equipo, así como su correcta instalación, y calibración

Verificar que en la descarga de la bomba se han instalado manómetros y que se pueden ver mientras se operan las válvulas que controlan el flujo a través de la bomba

Verificar el correcto funcionamiento de los "relays" y temporizadores de protección eléctrica, así como de las alarmas

Verificar que la bomba y la turbina (Cuando corresponde) rota en el sentido correcto

Hacer la corrida de la bomba en reciclo y verificar su funcionamiento y el de los equipos conexos.

Por reciclo se entiende reciclar el fluido que trasiega la bomba haciendo que la descarga vaya a un tanque al cual se ha conectado la succión.

Verificar que todos los instrumentos y válvulas de seguridad funcionan correctamente, incluyendo la llegada de las señales a los tableros de control y el funcionando adecuado de éstos

Verificar que la bomba y la turbina (Cuando corresponde) no tiene escapes por entre sus empaquetaduras

Verificar que los equipos eléctricos y contactores conectados a la bomba, operan correctamente y con los voltajes especificados para cada equipo

Verificar el alineamiento en caliente

Hacer los ajustes necesarios tanto a la bomba como a sus equipos, instrumentos, controles y alarmas conexos

Verificar que tiene instalada la guarda del acople

Proteger el equipo de las contingencias ambientales, de la corrosión o de daños por otras causas

PRECOMISIONAMIENTO

En el caso de las bombas centrífugas de eje horizontal, por Precomisionamiento ("Precommissioning") se entienden los ajustes que debe hacer el contratista para alcanzar la terminación del montaje de dichas bombas, y las verificaciones tanto físicas como documentales de las limpiezas, cargas iniciales de lubricantes, pruebas e inspecciones que debieron haber sido hechos a cada una de las bombas durante la etapa del completamiento mecánico, con el fin de asegurarse que cumplen con todas las especificaciones, normas y requerimientos del proyecto y que se encuentran en condiciones seguras para operar y en una condición tal que se pueden cargar con líquidos de proceso sin que se presenten escapes ni interferencias.

También incluye la obtención, acopio, control, verificación, clasificación y organización de toda la documentación final suministrada por los diferentes proveedores e inspectores para cada uno de los equipos del proyecto, con el fin de permitir la trazabilidad de la información, así como el ensamble del "Dossier" o "Catálogo Mecánico" del proyecto para entregarlo al personal de Producción de La Planta.

El "Dossier" es la recopilación cuidadosa y clasificada de todos y cada uno de los documentos que componen esa documentación final.

Desde el punto de vista del contratista, la construcción de la planta comienza a terminarse a la iniciación del 'Precommissioning'; por lo tanto, el objetivo general de esta actividad consiste en iniciar la transición final de los equipos, tanto física como documental, lo que incluye la transferencia del título de propiedad de manos del contratista de montaje a las del Cliente, destacándose los siguientes aspectos que excepto por sus cinco últimos ítems, se realizan en las oficinas del sitio de la obra:

Identificar marcas, placas de identificación, números ("Tags") y características de las bombas centrífugas de eje horizontal

Acopiar la respectiva orden de compra con sus documentos anexos

Verificar la documentación de recibo en la obra de las bombas centrífugas de eje horizontal y sus equipos auxiliares

Verificar que los planos y dibujos estén en su última revisión de "Emitidos para Construcción" y que todos los documentos estén firmados por las personas autorizadas para ello; incluyendo toda la documentación que haya sido suministrada por el fabricante y por el contratista de montaje

Verificar datos de diseño y operación de la bomba ("Pump data sheet")

Verificar el plano dimensional certificado de la bomba

Verificar el plano de vistas en cortes de la bomba

Verificar procesos de fabricación y procedimientos de control de calidad aplicables, confrontando las respectivas requisiciones técnicas contra la información técnica recibida de los correspondientes fabricantes

Verificar los certificados de materiales ("Material Certificate") y los certificados de pruebas de materiales ("Material Test Certificate") utilizados en las bombas centrífugas de eje horizontal

Verificar los reportes de inspección, la documentación que los acompañe y los certificados de las pruebas de comportamiento y control de calidad de los equipos ("Inspection and Test Records") que fueron elaborados en las instalaciones de sus fabricantes, tanto de cada equipo en particular como de los sistemas de equipos en el caso de los "equipos paquete". Por ejemplo: Prueba de dureza, prueba con líquidos penetrantes, prueba con partículas magnéticas, pruebas con ultrasonido, radiografías, tratamiento con calor después de soldaduras ("stress relief") prueba hidrostática.

Verificar la lista de partes y materiales de cada bomba

Verificar el catálogo de instalación, operación y mantenimiento

Verificar las listas de repuestos para el arranque y dos años de funcionamiento, recomendadas por el vendedor de la bomba

Verificar la lista de repuestos recomendada por el vendedor

Verificar los registros de conformidad relacionados con cada equipo, con el fin de detectar faltantes

Reportar los faltantes y no conformidades y actuar para corregir esas situaciones

Verificar la documentación que soporta la trazabilidad de los equipos y de cada uno de sus componentes

Verificar los reportes de las pruebas hidrostáticas y neumáticas relacionados con los equipos y sus tuberías, adelantadas en el sitio de la obra

Verificar los procedimientos de instalación y los registros del alineamiento de las bombas centrífugas de eje horizontal

Verificar los procedimientos de instalación y los registros de ajuste de los soportes de resorte que sostienen las tuberías conectadas a la bomba

Verificar los procedimientos y los registros de las pruebas de arranque de las bombas centrífugas de eje horizontal, de sus accionadores y de los demás equipos conexos

Verificar, comentar y reportar el contenido y calidad de la documentación técnica final suministrada por los diferentes proveedores de las bombas centrífugas de eje horizontal del proyecto y de sus accionadores y demás equipos conexos

Verificar y organizar la información técnica, los permisos y licencias, las pólizas de garantía y de seguros de las bombas centrífugas de eje horizontal y de cada equipo relacionado, incluyendo el control de los documentos obsoletos

Sistematizar la información, teniendo en cuenta que posteriormente deberá servir para la administración de activos

Elaborar los manuales de operación, mantenimiento y listas de repuestos de cada uno de las bombas centrífugas de eje horizontal

Entregar al Cliente los "dossiers" con la documentación final correspondiente a las bombas centrífugas de eje horizontal. Cada "Dossier" debe tener su respectivo índice

Atender a los representantes de Construcción del Cliente en sus consultas con respecto a la documentación final

Elaborar el registro de conformidad de asimilación de tecnología

En el campo se hacen las siguientes actividades:

Verificar que, cuando lo lleva, la bomba tiene el colador o filtro correcto

Verificar, cuando la bomba las tenga, que tiene instaladas las platinas de orificio en el material y con la calibración que les aplica

Verificar, cuando los tenga, que las tuberías conectadas a la bomba tienen correctamente instalados los soportes de resorte

Verificar, cuando los tenga, que las tuberías conectadas a la bomba tienen correctamente instaladas sus juntas de dilatación o juntas de expansión

Iniciar el entrenamiento del personal de Operación y Mantenimiento, cuando ello fuere responsabilidad del contratista de montaje de las bombas centrífugas de eje horizontal

COMISIONAMIENTO

Con respecto a las bombas centrífugas de eje horizontal, por Comisionamiento se entiende el ajuste y puesta a punto de las interconexiones entre los equipos y entre ellos y todas las demás actividades conducentes al arranque y operación de la planta para garantizar que su desempeño, confiabilidad y seguridad se encuentran en conformidad con las condiciones contractuales.

Entre otras actividades, en el comisionamiento se incluyen: La energización del sistema de interconexión eléctrico, las pruebas de rodaje y funcionamiento de los equipos y la verificación del funcionamiento pleno y confiable de todos los instrumentos, lazos de control, enclavamientos, sistemas de alarmas y sistemas de paro por emergencias que tienen que ver con las bombas., así como las pruebas de funcionamiento entre éstas y sus respectivos tableros de control.

Se hace de acuerdo con un Plan General de Comisionamiento ("General Commissioning Plan") en donde se define la actuación ordenada y metódica dirigida a la entrega al Cliente de los equipos instalados en la planta, teniendo en cuenta la ingeniería previamente desarrollada, las especificaciones de cada equipo, las determinantes del proyecto y las condiciones contractuales para la transferencia al Cliente de la tecnología, procesos y licencias adquiridas.

Dentro de las condiciones contractuales hay la posibilidad de que estén incluidas actividades de entrenamiento para los operadores de la planta, para las cuales hay que hacer las correspondientes previsiones.

Como resultado de las actividades de Comisionamiento, puede resultar un listado de pendientes que debe incluir todos los temas aplazados, así como las inconformidades y los faltantes encontrados tanto en la planta como en la documentación al hacer la verificación final del "Dossier".

El Grupo de Comisionamiento es responsable de hacer el seguimiento de todos los pendientes, hasta su completa resolución y cierre. Ni en la planta ni en el "Dossier" puede haber pendientes.

PUESTA EN MARCHA Y SINCRONIZACIÓN

La puesta en marcha de las bombas centrífugas de eje horizontal se hace en dos etapas: La primera consiste en la ejecución de las pruebas de comportamiento y de los consecuentes ajustes de las bombas y se hace a cada bomba en particular, y la segunda se realiza en conjunto con la planta a la cual pertenece, manejando el conjunto como un todo, con el fin de hacerle las sincronizaciones y ajustes necesarios para su correcta operación.

En esta etapa y en presencia del operador de la respectiva planta, se hacen pruebas y verificaciones orientadas a demostrar que los equipos funcionan correctamente y a enseñar su correcto manejo. Su objeto es asegurar una transferencia ordenada y segura de parte del contratista hacia el Cliente, certificando que la operabilidad de las bombas está de acuerdo con los parámetros convenidos en el contrato.

Estas pruebas, que se realizan con los equipos funcionando, consisten en lo siguiente:

Verificar las secuencias de arranque y parada

Verificar la correcta instalación, conexión y funcionamiento de termóstatos, presóstatos, alarmas y controles de nivel, presión y flujo; tanto en el sitio como en los respectivos tableros de control.

Verificar que la amplitud de la vibración esté entre límites permitidos

Verificar que el ruido esté entre los límites de decibeles permitidos

Verificar que el procedimiento para el arranque en frío y en caliente sea correcto

Verificar que la parada de emergencia funciona

Verificar que el funcionamiento manual y automático en el sitio es operativo

Verificar que el funcionamiento remoto es operativo

Como la puesta en marcha de las bombas centrífugas de eje horizontal está ligada a la iniciación del funcionamiento y producción del área o de la planta a la cual pertenecen, en ella participa personal de operaciones del Cliente, técnicos enviados por suministradores de ciertas bombas y de equipos relacionados con ellas, técnicos enviados por los licenciantes de los procesos utilizados en la planta y personal del contratista de montaje.

Finalmente y no menos importante, es efectuar una limpieza general tanto del equipo como de su área circundante y hacer los retoques de aislamientos y pinturas que fueren necesarios.

ENTREGA FINAL DE LAS BOMBAS

La entrega final (Actividad conocida en inglés como "Hand Over") es el recibo por parte del Cliente de las bombas de eje horizontal y sus equipos conexos, como parte de la planta a la cual pertenecen.

Además de las cuestiones técnicas, la entrega final incluye un gran proceso administrativo, por cuanto no solamente se reciben una a una las bombas y la respectiva planta como tales en su conformación física y operacional, sino también todo el "Dossier" de la Planta que recopila toda la documentación relacionada con ella y con sus respectivos equipos, como: Planos y documentos con el sello de *"Versión Final"* o de *"Emitido para Construcción"* Hojas de datos o requisiciones y especificaciones de materiales, certificados de pruebas de calidad de los materiales, reportes de inspección, reportes de pruebas de comportamiento de los equipos, curvas de comportamiento de las bombas, planos o dibujos de detalle de los equipos, manuales de operación y mantenimiento, listas de repuestos recomendados por el fabricante, etc. así como las pólizas y fianzas que cubren las garantías contractuales.

Finalmente, el contratista se retira de la obra, para lo cual levanta el campamento, demuele las construcciones temporales y hace limpieza general.

La entrega final de las bombas y el recibo de los trabajos contratados. ("Hand Over") se protocoliza con la firma entre El Cliente y el Contratista del documento conocido como "Acta de entrega"

ANEXO A

EMPAQUETADURAS

CONSIDERACIONES GENERALES

Para controlar las fugas por el eje de las bombas y como se ha dicho en otros sitios de este libro, puede usarse tanto empaquetaduras como sellos mecánicos, dependiendo para ello de las características de servicio de la bomba, las que a su vez determinan el tipo y los materiales constitutivos aplicables en cada caso. Con respecto a los sellos mecánicos, son objeto del Anexo B de este libro.

Hay dos tipos principales de empaquetaduras: Las trenzadas y las metálicas. Las primeras son un cordón trenzado cuya forma o sección puede ser cuadrada, rectangular o redonda (Ver: Fig. Ane. A-1) y su composición puede ser de diferentes materiales diseñados para usos específicos, como por ejemplo:

PTFE o Teflón. Tiene bajo coeficiente de rozamiento por lo que es auto lubricante. Resiste hasta los 260 °C. El Teflón es un polímero similar al polietileno, cuyos átomos de hidrógeno han sido sustituidos por átomos de flúor y por ser prácticamente inerte es de calidad alimenticia.

PTFE y grafito. Teflón impregnado con grafito para uso hasta 285 °C

Aramida. Poliamida impregnada con un lubricante inerte. Tiene gran aguante aun cuando es sensible a la radiación ultravioleta. Resiste la abrasión y el calor hasta los 260 °C

Lino, lubricado con cebo y cera o parafina. Resiste la salmuera y el uso hasta los 105 °C. El lino es una fibra orgánica obtenida del tallo de la planta de lino

Kevlar. Poliamida de gran resistencia y ligereza, que se usa impregnada con un lubricante de alta calidad. Resiste los productos químicos y la abrasión hasta los 280 °C

Hay diversos materiales en uso que reemplazan al asbesto, el cual por regulaciones internacionales se espera que ya haya sido retirado como componente principal que por mucho tiempo lo fue de las empaquetaduras

En cuanto a las metálicas, son fabricadas con hilos de productos tales como Babbit, cobre, latón, plomo y en circunstancias de temperatura muy alta se usa aleaciones de inconel. Estos hilos metálicos se entretejen con el cordón elaborado como se acaba de indicar, o envueltos alrededor de un núcleo elástico y en ambos casos la empaquetadura está impregnada con un lubricante adecuado para la presión, temperatura y propiedades químicas del medio para las cuales está diseñada.

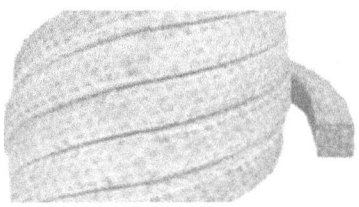

**Empaquetadura Trenzada
Sección Cuadrada**

Fig. Ane. A-1

COMENTARIOS

La empaquetadura se monta alrededor del eje y dentro de un receptáculo con una tapa externa que permite ajustar su apriete para evitar la fuga del líquido bombeado. Ese receptáculo se llama prensaestopas o estopero y en inglés se conoce como "Gland Sealing"

El metal babbit, llamado así por el apellido de quien por primera vez lo fabricó, es una aleación blanda, antifricción, resultante de la mezcla de 89% de estaño + 7% de antimonio + 4% de cobre, entre otras desarrolladas posteriormente, y se utiliza tanto en empaquetaduras como en cojinetes de casquillo.

Inconel. Se denomina así a una variedad de aleaciones inoxidables de níquel desarrollada en Inglaterra en 1940, en donde el cromo entra en un alto porcentaje y es complementada con porcentajes importantes de hierro, molibdeno y niobio, que dan a cada aleación características particulares de resistencia y estabilidad a temperaturas que van desde los 1.250 hasta los 1.400 °C

Para evitar su desgaste prematuro por resequedad y rozamiento, las empaquetaduras, incluyendo las que tienen hilos metálicos, deben mantenerse impregnadas con el lubricante adecuado para el uso al que están destinadas.

Como se dijo, las empaquetaduras van montadas alrededor del eje de la bomba y dentro de un compartimiento llamado estopero o caja prensaestopas, el cual a su vez está provisto de un buje y un par de tuercas que permiten regular la presión de ajuste de la empaquetadura y con ello controlar la fuga permitida por ese extremo del eje, pues se permite una pequeña fuga para hacer que el líquido que se escapa sirva de lubricante a la empaquetadura en la superficie que hace contacto con el eje de la bomba, de lo contrario, no solo se reduce la duración de ésta, sino que también se aumenta el consumo de energía de la bomba. En el caso del bombeo de líquidos inflamables usando empaquetadura, la estanqueidad por el eje de la bomba debe ser controlada cuidadosamente debido al riesgo de explosión que conllevan dichos líquidos y a que la empaquetadura no puede estar completamente comprimida, para ello se usa un anillo linterna, como se explica más adelante. Ver: Fig. Cap. 3-3

Las tuercas del buje del prensaestopas deben apretarse paulatinamente y cuidando que se mantenga perfectamente alineado con el eje para que la presión sobre la empaquetadura sea uniforme en toda su circunferencia. Después de arrancar la bomba, es necesario verificar el escape por el eje y ajustar de acuerdo con lo necesario.

Aun cuando las empaquetaduras representan un costo relativamente bajo y son fáciles de ajustar y sustituir, pueden necesitar enfriamiento y requieren ajustes y sustituciones frecuentes.

En ocasiones, cuando el líquido bombeado es de temperatura muy elevada, o de insuficientes condiciones lubricantes, o cuando la succión de la bomba forza la entrada de aire a la carcasa a través de la empaquetadura, o cuando la bomba maneja fluidos con propiedades abrasivas o químicos riesgosos, o, en fin, cuando se considera que la empaquetadura puede sufrir perjuicios durante la normal operación de la bomba, se complementa con un anillo de un material duro cuya rodadura o periferia tiene un perfil o sección en forma de "H" y en ella lleva perforaciones distribuidas a lo largo de su separación central. Dicho elemento se conoce como anillo de cierre, o más comúnmente como anillo linterna

El anillo linterna se localiza en el estopero y equidistante de sus extremos, por tanto, a lado y lado de él quedan distribuidos equitativamente los anillos de la empaquetadura. Cuando una bomba lleva anillo linterna, su estopero es perforado exactamente encima de la localización de dicho anillo para conectarle un tubo que va desde la línea de descarga de la bomba u otra fuente de suministro externo. Dicho tubo conforma la tubería de cierre y el líquido que lo recorre se llama líquido de cierre o de sello. En ocasiones, en lugar de inyectar líquido, se usa para crear vacío dentro del estopero mediante el efecto Venturi, con el fin de extraer el líquido bombeado que pasa desde la voluta de la bomba y evitar que salga por entre el eje y la carcasa.

PREPARACIÓN PARA LA INSTALACIÓN DE EMPAQUETADURAS

La empaquetadura debe ser mantenida cerrada en su empaque original, hasta cuando llegue el momento de usarla. Una vez abierto el empaque protector, es necesario evitar que se reseque y que se contamine por el polvo y los materiales abrasivos.

Antes de proceder a la instalación de la empaquetadura en el eje de la bomba, se tendrá la certeza de que:

Los cojinetes del equipo se encuentran en buenas condiciones.

El eje de la bomba se encuentra completamente limpio y no está torcido, oxidado ni rayado.

La caja prensaestopas de la bomba se encuentra en buen estado e internamente libre de ralladuras, humedad, sustancias extrañas y óxido.

El prensaestopas, sus tornillos, tuercas y arandelas se encuentran en buen estado

No hay un espacio excesivo entre la pared del fondo de la caja prensaestopas y el eje, lo cual evitaría que la empaquetadura se asentara de manera adecuada y permitiría que eventualmente se escurriera por entre ese espacio.

La bomba y el circuito al cual está conectada, ya han pasado su prueba hidrostática.

Las dimensiones, material y tejido de la empaquetadura están de acuerdo con los requerimientos del fabricante de la bomba o las especificaciones de diseño aplicables al proyecto y que está impregnada del lubricante correspondiente. No puede usarse si está seca.

Cuando el montaje de la empaquetadura requiere anillo linterna, comprobar:

Si el anillo se ha montado para succionar o para inyectar. En el primer caso, no habrá escape por entre el eje y el prensaestopas de la bomba.

Que está en buen estado.

Que sus dimensiones estén de acuerdo con las requeridas por la bomba.

Que su material constitutivo esté de acuerdo con lo especificado para la bomba.

Que al montarlo quede en su sitio exacto tanto en sentido radial como con la conexión que hay en la carcasa para la succión o para la entrada del líquido de sello a la caja prensaestopas.

Que tanto sus orificios como el de entrada del líquido de sello al prensaestopas, estén libres de obstrucciones.

INSTALACIÓN DE EMPAQUETADURAS

La instalación de la empaquetadura debe hacerse sin afanes y cuidadosamente. Se empieza enrollándola en el extremo del eje para utilizarlo como guía, siempre y cuando dicho extremo sea del mismo diámetro que el de la parte correspondiente al estopero y seguidamente se corta cuidadosamente siguiendo la dirección axial, convirtiendo el cordón en anillos. Se obtiene un mejor cierre y compensación de la dilatación producida por el calor que se genera dentro del estopero, si el corte se hace en un bisel de 45° y con absoluta precisión. Pero, desafortunadamente tiende a soltar hebras que se inician en el extremo biselado que se forma con este corte. Tanto si el corte es a 90° con respecto al sentido del eje de la bomba como en bisel, debe alternarse entre los anillos para lograr la estanqueidad deseada.

Seguidamente se instalan los anillos de uno en uno, teniendo en cuenta incluir el anillo linterna a su debido tiempo y presionándolos con cuidado contra el fondo del estopero a medida que se van introduciendo mientras que se evita que se giren, retuerzan y se separen sus extremos y manteniendo esos extremos o cortes de los anillos a 90° entre sí. Para ayudarse en esta operación, conviene utilizar un tubo para empujar cada anillo hasta su posición y periódicamente girar a mano el eje para favorecer el asentamiento de la empaquetadura. El tubo debe ser completamente liso y limpio, sin rebordes, estrías, polvo ni restos de arena.

Montar el prensaestopas y cuidadosamente apretarlo con la mano sin utilizar herramientas hasta lograr el máximo ajuste. Seguidamente, cebar la bomba y esperar hasta que salga algo de líquido por entre el eje y la carcasa. Apretar ligeramente con una llave hasta dejar solo un pequeñísimo goteo. Si tiene anillo linterna que reciba líquido, ese será el que salga. Si no recibe pero está sometido a succión, no saldrá líquido pero entrará aire al sistema que conecta el anillo linterna, por lo cual habrá que atenerse estrictamente a las instrucciones particulares aplicables a esa bomba.

Arrancar la bomba y al principio, permitir que el líquido se fugue a través del prensaestopas. Apretar lentamente el prensaestopas, girando sus tuercas 30° cada vez a intervalos de quince minutos y evitando cualquier signo de calentamiento, lo cual podría ser señal de excesivo apriete o que se han causado ralladuras en el eje. En el primer caso, se afloja hasta rebajar la fuga a aproximadamente 10 gotas por minuto. La cantidad de gotas por minuto depende del diámetro del eje y del material que constituye la empaquetadura, por tanto, se recomienda estar enterado de las indicaciones que al respecto haya suministrado el fabricante de la empaquetadura. Si hay ralladuras, hay que desmontar la empaquetadura, pulir el eje y reiniciar la operación de montaje de los anillos de la empaquetadura.

DESINSTALACIÓN

Antes de desinstalar la empaquetadura de una bomba, es recomendable hacer un análisis de la apariencia del prensaestopas y una vez que éste se haya destapado, se revisará minuciosamente el eje y el interior del estopero, así como el estado de cada anillo a medida que se va sacando, con el fin de formarse una idea de los esfuerzos y desgastes de la bomba. La recopilación metódica y cuidadosa de estos datos permite añadir elementos de juicio para conocer mejor los posibles problemas de funcionamiento de la bomba, o si éstos no se han presentado aún, permitirá prevenirlos. Ver más adelante la tabla de Localización de fallas en las empaquetaduras, de este capítulo.

A medida que se desmontan los anillos de la empaquetadura, se marcará claramente la posición relativa en que cada uno de ellos está con respecto a la parte superior de la bomba, pero cuando se trata de una bomba en posición vertical, se marcará la parte del anillo que ha estado orientada hacia el norte.

Al desinstalar una empaquetadura se tendrá cuidado de no rayar el eje, en especial cuando por circunstancias de operación la empaquetadura se ha convertido en una masa difícil de extraer; en este caso, el operario puede ayudarse de un extractor hecho con una varilla de soldadura y que consiste en hacer una muesca de cinco milímetros en uno de los extremos de la varilla dejándola como un tenedor para aceitunas y después se le hacen pequeñas muescas a los dientes del "tenedor" para que semejen arponcitos. Para sacar la empaquetadura, basta con enterrar en ella el "tenedor" y mientras suavemente se intenta que éste gire dentro de la empaquetadura se tira de él para sacarlo del estopero con lo cual la arrastrará consigo.

Siempre que se haya desmontado una empaquetadura, se reemplazará por otra completamente nueva.

COMPARACIÓN ENTRE PRENSAESTOPAS Y SELLO MECÁNICO

En un principio surgió el uso del prensaestopas para controlar el escape del líquido bombeado por la periferia del eje, o para evitar el ingreso de aire succionado por la bomba y ha persistido a pesar del inconveniente que significa el desgaste progresivo de la empaquetadura a medida que la bomba está funcionando, no solo por la necesidad de estar ajustando el apriete del prensaestopas, sino también cuando el líquido bombeado es altamente corrosivo o explosivo, cuya fuga debe controlarse meticulosamente.

Sin embargo, las empaquetaduras son generalmente la opción más económica, son fáciles de instalar pues no requieren que se desacople la bomba y su motor y se acomodan a los desplazamientos radiales del eje cuando hay vibración o desalineamiento entre la bomba y su motor; además, su estanqueidad, lubricación, enfriamiento y durabilidad se pueden mejorar mediante el uso de un anillo linterna.

No obstante, la empaquetadura no es aceptable cuando el equipo opera bajo condiciones estrictas de seguridad, de protección del medio ambiente o de confiabilidad en su funcionamiento, que no toleran escapes del líquido bombeado o paradas frecuentes para cambiarla. Se recurre entonces al sello mecánico, que aun cuando es más costoso y dispendioso para instalarlo, garantiza hermeticidad junto con ahorro a largo plazo de tiempo y dinero, al no necesitar reparaciones ni reemplazos frecuentes.

SUPLEMENTO AL ANEXO A

1. Tabla de localización de fallas en las empaquetaduras

SUPLEMENTO

TABLA DE LOCALIZACIÓN DE FALLAS EN LAS EMPAQUETADU-RAS

Con la bomba en funcionamiento:

No hay fuga a través del prensaestopas, sus causas pueden ser:

Prensaestopas muy apretado.

Empaquetadura con sección mayor que la recomendada

Hay succión a través de la empaquetadura.

El líquido de sello que llega al anillo linterna tiene presión o caudal insuficiente. O ambos

La tubería del líquido de sello está obstruida

La tubería del líquido de sello es para succionar, no para inyectar.

Hay una fuga excesiva a través del prensaestopas, sus causas pueden ser:

El prensaestopas no está suficientemente apretado

La empaquetadura tiene una sección menor que la requerida.

Hay anillos cortos y por lo tanto espacio entre sus extremos

Los anillos de la empaquetadura están mal montados dentro del estopero.

El eje de la bomba está rayado en la parte correspondiente al estopero.

El eje de la bomba está torcido.

Los cojinetes de la bomba están en mal estado.

La bomba está mal alineada con su motor, o turbina.

Los anillos de la empaquetadura se salen por entre el eje y los extremos del estopero, sus causas pueden ser:

Hay mucha holgura entre los anillos de la empaquetadura y la circunferencia interna del prensaestopas o entre la rodadura del eje y el orificio del extremo opuesto del estopero.

Hay excesiva presión del prensaestopas.

Hay anillos de la empaquetadura cortos.

La empaquetadura tiene una sección menor que la requerida.

Hay necesidad de instalar un anillo suplementario entre los que ya hay en el prensaestopas.

Después de haber estado funcionando correctamente, la empaquetadura se quema al arrancar de nuevo la bomba, sus causas pueden ser:

El líquido que entra al estopero se cristaliza o se aglutina.

El tubo del líquido de sello se ha obstruido.

La bomba no tiene anillo linterna y lo requiere.

El estopero requiere calentamiento o enfriamiento adicional.

El líquido de sello está introduciendo material abrasivo al estopero.

El prensaestopas fue apretado más de lo debido.

Con la bomba parada o inactiva, si al revisar la empaquetadura se encuentra que:

La empaquetadura tiene anillos faltantes, sus causas pueden ser:

No se pusieron todos los anillos requeridos.

Hay holgura excesiva entre la circunferencia interna del fondo del estopero y el eje de la bomba.

Hay necesidad de instalar un anillo suplementario que reduzca la longitud de la cámara del prensaestopas.

Se han salido algunos anillos por holgura excesiva entre la circunferencia por donde pasa el eje a través de la prensa del prensaestopas.

La sección de los anillos de la empaquetadura ha sufrido cambios, sus causas pueden ser:

El eje tiene excesiva vibración.

Hay anillos cortos y por lo tanto se han aplastado para llenar el espacio dejado entre sus extremos.

Los anillos de la empaquetadura fueron mal montados dentro del estopero.

Los cojinetes están gastados. Especialmente si se observa aplastamiento en la sección de los anillos que está por debajo del eje.

La bomba y su motor o turbina están mal alineados, Especialmente si se observa aplastamiento en la sección de los anillos que está encima del eje o a uno de sus lados.

El eje está descentrado con respecto al estopero.

El eje está rayado en la parte correspondiente al estopero.

Hay material abrasivo entre los anillos de la empaquetadura y el eje.

No llega líquido al anillo linterna

Algunos anillos de la empaquetadura tienen salientes en sus caras, sus causas pueden ser:

El anillo está muy corto y su vecino entra en la separación resultante entre sus extremos.

En el estopero se han montado anillos usados con anillos nuevos.

Hay defectos en la superficie interna de la pared del fondo del estopero o en la pared interna del prensaestopas.

Los anillos del fondo del estopero están en buen estado, pero los del lado del prensaestopas están defectuosos, sus causas pueden ser:

La empaquetadura tiene anillos mal instalados.

El prensaestopas está muy apretado.

El flujo del líquido de sello es insuficiente y además es absorbido desde el anillo linterna hacia la carcasa de la bomba.

Hay defectos en la superficie de la pared interna de la cámara del prensaestopas.

Puede ser que el diámetro interno en el fondo de la cámara del estopero es mayor que en el resto.

Los anillos muestran desgaste y brillo en sus caras, sus causas pueden ser:

Los anillos han estado flojos y han girado con el eje.

Los anillos tienen menor sección que la requerida y han girado con el eje.

Algunos anillos están cortos y giran con el eje.

Hay anillos quemados, sus causas pueden ser:

La empaquetadura es de tamaño incorrecto.

El prensaestopas fue apretado más de lo debido.

El material de la empaquetadura no es el adecuado para esa temperatura de funcionamiento de la bomba.

El enfriamiento del estopero es insuficiente.

El flujo del líquido de sello es insuficiente

El líquido de sello no es el adecuado para las características de funcionamiento de la bomba.

El eje de la bomba está rayado en la parte que corresponde al estopero.

Hay abrasivos entre los anillos de la empaquetadura, bien porque al cortarlos e introducirlos se manipularon descuidadamente o porque el líquido de sello está contaminado.

La velocidad periférica del eje es mayor que la máxima permitida para la empaquetadura que se utiliza.

ANEXO B

SELLOS MECÁNICOS

CONSIDERACIONES GENERALES

Para impedir que el fluido bombeado se escape por el eje de la bomba, la empaquetadura se reemplaza por un sello mecánico, el cual es un accesorio que efectúa el estancamiento del líquido mediante el enfrentamiento de dos superficies, que siendo independientes entre sí lo logran al entrar en un contacto tan perfecto como lo permite su pulimento y alineamiento.

No obstante, en ciertos sellos utilizados en algunos tipos de turbinas de vapor y en algunos compresores de gas o aire, puede suceder que no exista contacto entre las caras de los dos anillos de sello, sin embargo, mantienen entre ellas una separación microscópica cuando el sello está sometido a las condiciones dinámicas propias de su operación, como sucede con los sellos tipo laberinto, que son un componente de alta precisión, construido para lograr una holgura muy reducida entre los bordes del laberinto y la superficie sobre la que se desliza, sin generar fricción, condición que es altamente ventajosa cuando el eje rota a velocidad elevada, como es el caso de las turbinas de vapor.

El sello mecánico puede ser sencillo o doble y debe permitir que sea retirado de la bomba sin que el motor o la turbina interfieran con ello.

Uno de los anillos de sello gira solidario con el eje de la bomba al cual se ajusta mediante una junta tórica hecha de un material elástico. El otro anillo es estacionario, se ajusta generalmente por dentro y contra la carcasa y también mediante una junta tórica hecha de un material elástico; este sello está hecho de un material apropiado para el uso en inmersión en el líquido que se ha de bombear. Ambos anillos se mantienen en estrecho contacto mediante el empuje de resortes. Un sello mecánico en buen estado, debe poder efectuar un completo estancamiento durante su vida útil tanto si el equipo en donde está montado se encuentra en operación o no.

El anillo estacionario de sello se apoya axialmente contra el anillo rotatorio de sello y bajo ciertas circunstancias de diseño, entre ellos puede ir intercalado un anillo de grafito. El anillo estacionario de sello tiene una ranura en su circunferencia exterior para montar y retener su empaquetadura, la cual a su vez evita la rotación del anillo y proporciona estancamiento entre éste y la carcasa de la bomba.

En cuanto al anillo rotatorio de sello, lleva en su circunferencia interior una ranura en donde va montada su empaquetadura, la cual también, además de proporcionarle agarre al eje, ayuda al estancamiento entre éste y el anillo.

El resorte que mantiene en contacto ambos anillos, se apoya entre dos resaltes, uno construido a propósito en el eje o directamente en el impulsor de la bomba y el otro en el anillo rotatorio de sello.

Los materiales usados en la fabricación de las partes de un sello pueden ser tan variados como lo requieran las condiciones de trabajo, por ejemplo, para los anillos rotatorios generalmente se usan grafito o teflón que actúan como lubricantes y ofrecen gran resistencia al calor, los materiales químicos y al rozamiento.

Para los anillos estacionarios de sello se utilizan resinas fenólicas, hierro fundido, aceros inoxidables de distintas aleaciones, cerámica y carburo de tungsteno. Para los retenedores, resortes y otras partes que deben ser metálicas, se usan entre otros el acero al carbono, aceros inoxidables, latón y titanio.

En cuanto a las empaquetaduras de los anillos de sello, suelen ser de caucho, elastómeros o teflón. Así pues que el uso de los sellos mecánicos está condicionado por las características, temperatura y presión del fluido que ha de ser transferido.

En principio, la superficie que logra el sello está en un plano perpendicular al eje del árbol de la bomba, a excepción de condiciones de trabajo especiales, tales como serían, entre otras, las requeridas para el trasiego de ácidos de alto poder corrosivo que requieren un estricto control de fugas, o las de un sistema de bombeo sometido a condiciones extremas de temperatura o presión.

Aun cuando son mucho más caros y más difíciles de instalar que las empaquetaduras, los sellos mecánicos duran más con menor mantenimiento y uso confiable que éstas, además, por ser más baja su fricción causan menor pérdida de potencia a la bomba

El sello mecánico que se monta en el eje de las bombas, debe cumplir cuando menos con los siguientes requisitos:

Máxima capacidad de sello, esto implica ofrecer la seguridad de que el líquido impulsado por la bomba no se perderá ni se contaminará a través de su eje. Esta condición exige que el sello tenga la posibilidad de ajustarse a medida que sus superficies de sello se vayan desgastando.

Mínimas necesidades de mantenimiento, lo cual implica que el sello ofrece un máximo de servicio con un mínimo de fallas o interrupciones y sólo con los cuidados normales que requiere su utilización.

Facilidad para montarlo y desmontarlo del eje, lo cual se logra siendo una pieza compacta.

PRINCIPIOS DE FUNCIONAMIENTO

Fig. Ane. B-1

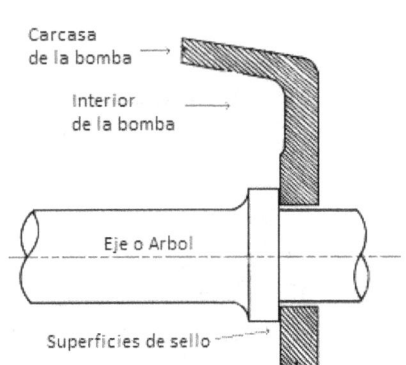

Como ya se ha dicho, el sello mecánico se utiliza para evitar que el fluido contenido en la carcasa de la bomba se escape o contamine a través del eje que la atraviesa. En principio, este mismo estancamiento puede lograrse prescindiendo del sello y de la empaquetadura, pero dando al eje una configuración semejante a la mostrada esquemáticamente en la Fig. Ane. B-1

No obstante que con la configuración indicada en el punto anterior se puede dar a la bomba una estanqueidad aun en condiciones dinámicas, esto no es lo suficientemente práctico ni funcional pues con el trabajo del árbol, fricción, vibración y juego axial que se producen, va apareciendo un desgaste progresivo entre las superficies en contacto que termina por invalidar el estancamiento obtenido inicialmente y obliga además a una reparación costosa del eje y carcasa de la bomba.

Es entonces que, ante la necesidad de suplir las anteriores contingencias, se hace necesario utilizar dos piezas que siendo complementarias a la carcasa y al eje, logren las condiciones de estancamiento requeridas y además compensen el desgaste que se produce en el sistema sin necesidad de requerir condiciones especiales de mantenimiento ni ofrecer dificultades para el montaje o desmontaje de dichas piezas.

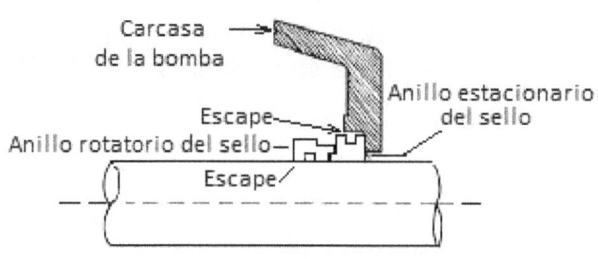

Carcasa de la bomba
Anillo estacionario del sello
Escape
Anillo rotatorio del sello
Escape

Fig. Ane. B-2

Así pues, entre las superficies de contacto del eje con la carcasa se intercalan dos anillos, siendo el primero asegurado al eje conocido como anillo rotatorio de sello y el segundo a la carcasa, conocido como anillo estacionario de sello.

Sin embargo, aun cuando dichos anillos estén en contacto entre sí gracias a una superficie altamente pulida, todavía permiten escapes del líquido de proceso; no obstante, ese es el concepto básico del sello mecánico. Ver: Fig. Ane. B-2.

Para lograr la hermeticidad entre los anillos de sello, carcasa y árbol de la bomba, se utilizan juntas de material elástico que se montan llenando el espacio circunferencial existente entre esas piezas, conformando respectivamente las empaquetaduras del anillo rotatorio y del estacionario de sello. Ver: Fig. Ane. B-3.

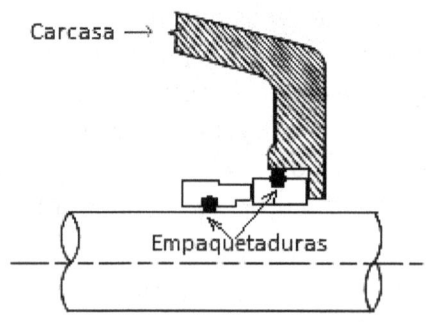

Carcasa
Empaquetaduras

Fig. Ane. B-3

Estas empaquetaduras pueden ser de formas y materiales tan sofisticados como lo requiera el servicio para el cual se haya construido ese sello.

Para mantener el asentamiento requerido por las superficies de contacto entre los anillos rotatorio y estacionario de sello, a pesar del desgaste axial a que están sometidos durante el normal funcionamiento de la bomba, se instala un resorte para que compense esa perturbación y mantenga estanco el sistema. Ver: Fig. Ane. B-4.

Fig. Ane. B-4

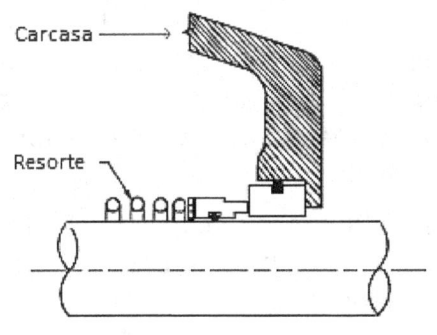

Puede usarse uno o varios resortes, dependiendo de la necesidad específica del equipo y del tamaño del sello.

Sin embargo, el tipo de sello mostrado en esa figura es el más sencillo posible, como corresponde al objeto de este anexo, porque y tal como allí se presenta, el sello puede ir por dentro de la carcasa, presionado por un extremo del resorte, que por su opuesto apoya contra el impulsor de la bomba.

Fig. Ane. B-5

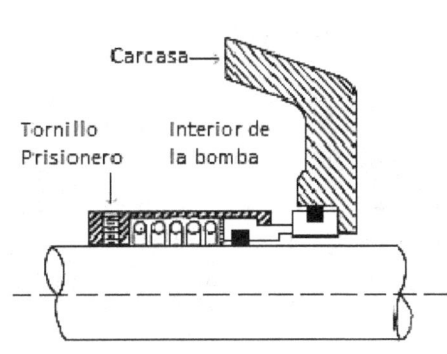

En otros casos irá por fuera y entonces el resorte irá apoyado contra la tapa del estopero, que en esta ocasión se llamará caja del sello, construcción que permite ajustar el sello con la bomba en funcionamiento.

Generalmente, para mantener el sello fijo al eje, se utiliza un tornillo prisionero.

Fig. Ane. B-6

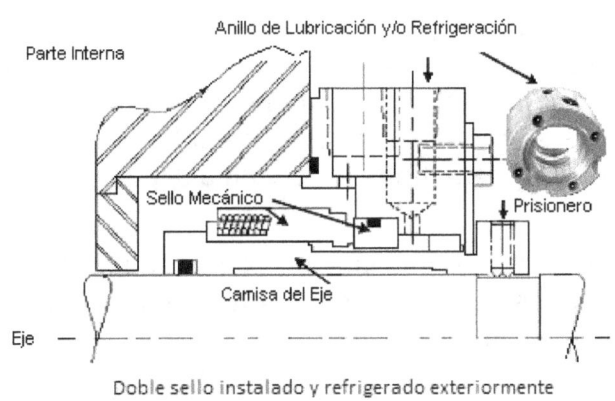

Doble sello instalado y refrigerado exteriormente

Por último, considerando que no es nuestra intensión extendernos en la gran variedad existente de sellos mecánicos, diremos que bajo determinadas condiciones de trabajo se hace necesario la utilización de un doble sello y un anillo linterna para lubricar y refrigerar el conjunto.

PREPARACIÓN PARA LA INSTALACIÓN DEL SELLO MECÁNICO

Durante las actividades de montaje de una planta industrial, muy raras veces es necesario instalar un sello mecánico a una bomba centrífuga por cuanto es usual que ellas vengan con él desde la fábrica; sin embargo, para conocimiento del supervisor mecánico, a continuación se exponen las operaciones necesarias para ello.

La preparación para la instalación del sello mecánico inicia con la obtención del catálogo y del diagrama con las instrucciones que el fabricante del sello haya suministrado para montarlo y para instalar su correspondiente tubería del líquido de lubricación y/o refrigeración. Seguidamente, se instruye al operario experto en esta labor que realizará el trabajo y se prepara el sitio y las herramientas. El sitio debe ser un lugar tranquilo y absolutamente limpio.

A continuación se prepara la bomba a la que se le instalará el sello, para lo cual se siguen las siguientes actividades, que han sido tomadas de un catálogo de BW/IP International, Inc. Seal Division, de Temecula, California La traducción es del Autor:

Limpiar totalmente el eje, la superficie interna y externa de la caja del sello y su perforación por donde pasa el eje de la bomba.

Verificar que el empaque de la caja de la bomba en donde se alojará el sello esté completamente liso, sin rebabas y libre de fisuras y raspones, con una rugosidad superficial máxima de 63 µin -micro pulgadas- (0,0016002 mm).

Retirar o redondear todos los bordes agudos que haya en cualquier parte del extremo del eje por donde se debe deslizar la camisa del sello para instalarlo.

Verificar que los rodamientos del eje estén en óptimas condiciones. El juego u oscilación del eje en sentido radial no debe exceder de 0.002" (0.0508 mm) máximo movimiento del indicador (Full Indicator Movement FIM) cuando se trate de un rodamiento radial de bolas o de 0,015" (0,381mm) cuando sea un cojinete tipo almohadilla ("pad") o tipo "Kingsbury".

Verificar que el eje es concéntrico en relación con la superficie interna del cilindro de la caja del sello dentro de un máximo movimiento del indicador de 0,001" (0,0254 mm).

Verificar que la tapa de la caja del sello sea completamente perpendicular al eje de la bomba dentro de un máximo movimiento del indicador de 0.001" por pulgada (0,0254 mm) del diámetro de la perforación de dicha tapa.

Lubricar ligeramente los sellos de caucho, para facilitar la instalación del sello. No lubricar las superficies de las partes del sello que se contactan entre sí. El lubricante debe ser compatible con los empaques y con el líquido que se bombeará.

Observar absoluta limpieza y cuidado para no rayar ninguna de las superficies, tanto las que entran en contacto con el sello, como del sello mismo. Usar un tejido que no deje pelusas ni residuos.

El eje de la bomba debe estar completamente alineado con el de su motor, dentro de una tolerancia de 0.002" (0.0508 mm) máximo movimiento del indicador; o la que indique el fabricante del sello.

COMENTARIOS

Máximo Movimiento del Indicador (Full Indicator Movement FIM) es la diferencia absoluta entre la lectura mínima y máxima obtenida al girar el eje 360° Ver en el capítulo de Definiciones de Términos.

INSTALACIÓN DEL SELLO MECÁNICO

En lo que respecta con la instalación o montaje de los sellos mecánicos, se debe seguir las instrucciones que el fabricante de la bomba o del sello mecánico haya suministrado para ello. Los sellos mecánicos son productos de alta precisión y como tales, requieren que sean manejados con esmero y máxima limpieza. En todo momento se protegerán de la arena, tierra, agua y golpes.

Si el sello tiene un collar para refrigeración o lubricación, debe prestarse atención al sentido en el cual se instala en el eje de la bomba.

Los tornillos que aseguran el sello mecánico y su collar al eje de la bomba, deben ser apretados muy cuidadosamente, por pares opuestos entre sí y sin sobrepasar el torque correspondiente.

OBSERVACIONES

Cuando se presentan problemas con un sello mecánico, antes de proceder a manipularlo debe obtenerse suficiente información del fabricante del sello y de la bomba.

Nunca debe desarmarse un sello mecánico, porque es muy difícil volverlo a armar de forma que todos sus componentes queden como venían de fábrica, perjudicando su capacidad para controlar las fugas del líquido bombeado.

Si un sello nuevo presenta una fuga apreciable, por lo general basta con ajustar su apriete después de unas horas de funcionamiento, con lo cual se habrá permitido que las partes se asienten entre sí, sin embargo, antes de proceder a efectuar cualquier ajuste en el sello, conviene consultar las instrucciones del fabricante del equipo quien posiblemente recomiende una pequeña fuga que ha de servir como lubricante del mismo sello.

Un sello mecánico nunca debe funcionar en seco, es decir, no debe ponerse a funcionar con la bomba vacía y tampoco sin líquido de sello.

Las partes más delicadas del sello mecánico son el anillo estacionario de sello y en especial su superficie de asiento con el anillo rotatorio de sello.

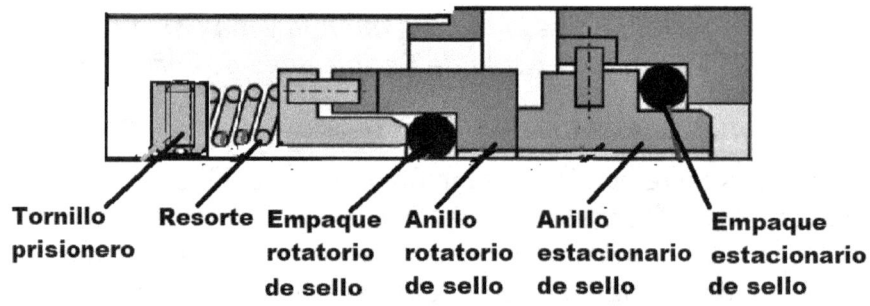

| Tornillo prisionero | Resorte | Empaque rotatorio de sello | Anillo rotatorio de sello | Anillo estacionario de sello | Empaque estacionario de sello |

Sello Mecánico. Componentes

Fig. Ane.B-7

Generalizando, seis son los principales componentes de un sello mecánico:

El anillo estacionario de sello, que frecuentemente es hecho de grafito.

La empaquetadura del anillo estacionario de sello, hecha de un elastómero.

El anillo rotatorio de sello, que frecuentemente es metálico.

La empaquetadura del anillo rotatorio de sello, hecha de un elastómero.

El resorte o resortes, hecho de un metal apropiado para el medio en el cual se usará.

El tornillo prisionero que fija el conjunto al eje de la bomba (O del equipo)

BIBLIOGRAFÍA

Catálogo de BW/IP International, Inc. Seal Division, de Temecula, California La traducción es del Autor

ANEXO C

RODAMIENTOS

CONSIDERACIONES GENERALES

Se denomina rodamiento (En inglés, ball o roller bearing) a un componente mecánico que se instala en un eje y que está diseñado para convertir el rozamiento de deslizamiento en rozamiento de rodadura, que es muy inferior, evitando que las partes en movimiento se recalienten en sus puntos de apoyo, mejorando el movimiento rotatorio de los ejes o flechas, aumentando el rendimiento mecánico de las máquinas y alargando su vida útil. También se denominan cojinetes no hidrodinámicos. (Los hidrodinámicos son los cojinetes de casquillo. Ver: Anexo D)

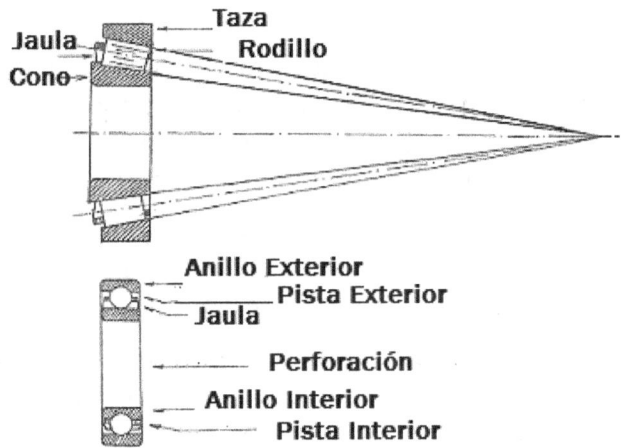

Fig. Ane. C-1

Se fabrican dos clases principales de rodamientos, perteneciendo a la primera los de rodillos y a la segunda los de esferas o bolas. En la Fig. Ane. C-1 se muestran las partes constitutivas de cada una así como el principio fundamental de los rodamientos de rodillos cónicos, consistente en que la prolongación de las líneas de contacto del rodillo y su rodadura convergen en un vértice que es común con el de intersección de los ejes del rodamiento y de los rodillos.

Dentro de las dos clases anteriores hay cinco tipos básicos, ellos son: De agujas, de rodillos cilíndricos, de rodillos cónicos, de rodillos esféricos o barriletes y los de bolas o esferas.

Los de agujas, cuyos rodillos son cilíndricos y de un diámetro muy pequeño en relación con su longitud. Por su baja sección radial son adecuados para espacios estrechos y pueden soportar cargas radiales pesadas pero no altas velocidades.

Los de rodillos cilíndricos, que pueden soportar cargas radiales pesadas con altas velocidades.

Los de rodillos cónicos, que pueden soportar cargas radiales y axiales pesadas aun cuando tienen limitaciones en la velocidad.

Los de rodillos esféricos o a rótula, que son robustos, pueden soportar cargas axiales pesadas y cargas radiales de hasta un 55% de la carga axial actuando simultáneamente. Pueden funcionar a altas velocidades y por ser desarmables son fáciles de montar. Por ser autoalineables no son afectados por la desalineación angular que pueda presentarse, pero dentro de ciertos límites.

Los de bolas o esferas, son los más comunes y son robustos, versátiles y silenciosos. Pueden soportar cargas axiales y radiales, funcionar a altas velocidades y son fáciles de montar y desmontar. Cuando son de rótula no son afectados por la desalineación angular que ocurra, pero dentro de ciertos límites.

A su vez, los de esferas pueden clasificarse según su función en tres grupos: Radiales, de empuje y de contacto angular.

Los radiales están diseñados para transportar cargas en dirección perpendicular al eje de la máquina. Sin embargo, algunos, también se diseñan para soportar cargas de empuje, es decir, paralelas al eje de la máquina o en su sentido axial.

Los de empuje están diseñados para soportar solo cargas de empuje, es decir, paralelas al eje de la máquina y que por lo tanto lo presionan en su dirección axial.

Los rodamientos de contacto angular están diseñados para soportar cargas axiales y radiales.

Por cuanto en las bombas centrífugas de eje horizontal los rodamientos que comúnmente se usan son los de bolas con perforación cilíndrica, esos son los que trataremos en este anexo.

ALMACENAMIENTO

Almacenar los rodamientos en locales secos, libres de polvo y protegidos de los efectos de los medios agresivos como sales, gases, neblinas o aerosoles de soluciones ácidas, alcalinas o saladas. Debe evitárseles la radiación solar directa para que su temperatura se mantenga más o menos uniforme y no se produzca condensación de la humedad atmosférica. Se deben mantener en su embalaje original para evitar que se ensucien y se oxiden.

Bien almacenados y protegidos, los rodamientos pueden almacenarse hasta 5 años, con algunas excepciones, pues vienen tratados con un agente antioxidante. Si se excede, se recomienda verificar el estado de su protección, que estén lubricados y que no haya indicios de corrosión. Los rodamientos grandes se almacenan horizontalmente, procurando que apoyen en toda su superficie frontal

Sin embargo, los rodamientos con placa de protección o con placa de obturación (Popularmente conocidos como "Sellados") no deben sobrepasar el plazo de almacenamiento indicado por su respectivo fabricante, que usualmente es menor que tres años, pues las grasas que contienen pueden cambiar su comportamiento fisicoquímico debido al envejeciendo.

MONTAJE

Los rodamientos son componentes mecánicos de gran precisión, por lo tanto, al trabajar con ellos la limpieza reviste un carácter primordial, por lo cual deben permanecer envueltos en su empaque original hasta el mismo momento de ser montados y asegurarse que el área de trabajo esté libre de arena, polvo, limallas y otras partículas contaminantes; así mismo, su alojamiento dentro del equipo en donde se instalarán, debe estar completamente limpio.

Antes de proceder a la instalación de un rodamiento, conviene leer cuidadosamente las instrucciones del fabricante, elegir el método y hacer un programa de las operaciones, secuencias y herramientas requeridas para ello, y entonces, ilustrar al operario que lo montará y preparar las herramientas y el sitio apropiado para efectuar dicho trabajo. También debe organizarse y tener a mano todas las partes del equipo en donde se instalará el rodamiento.

Este trabajo debe ser hecho por personal experimentado y en condiciones de rigurosa limpieza, verificando que tanto el banco de trabajo como el ambiente circundante están completamente limpios, incluyendo en este último la ausencia de partículas de polvo y de agua suspendidas en la atmósfera, de lo contrario y después de instalado, pronto se presentarán fallas en el funcionamiento así como daños en el rodamiento. Debe contarse además con que el rodamiento se podrá dejar bien protegido en el caso de tener que interrumpir la operación de montaje.

Al terminar su instalación, debe verificarse que el rodamiento haya quedado apropiadamente ajustado, tanto al eje como el alojamiento en la chumacera. Cuando hay holgura excesiva se producen vibraciones y golpeteo que terminan dañando el rodamiento.

Debido a la diversidad de tipos y tamaños, no hay una manera uniforme para montar los rodamientos y hay que distinguir entre procedimientos mecánicos, hidráulicos y térmicos, por ello, las siguientes instrucciones son generales y deben complementarse con las instrucciones particulares del fabricante de los respectivos rodamientos.

Para la instalación de un rodamiento, se siguen las siguientes actividades consecutivas:

Localizar y asegurar de manera adecuada el rotor, buscando con ello que si fueren requeridos algunos golpes para el montaje del rodamiento, éstos no se transmitan al rodamiento del lado opuesto ni causen daños al eje, o cuando se tratare de un motor eléctrico, no perjudiquen su inducido. Cualquier golpe que fuere necesario aplicar al rodamiento, debe darse con un mazo de plástico o de madera, nunca con uno metálico y en todo momento apoyando por parejo en su anillo interior, para lo cual se requiere un tubo de diámetro y espesor de pared iguales a los del anillo, sin rebabas ni filos y totalmente limpio. Ver: Fig. Ane. C-2.

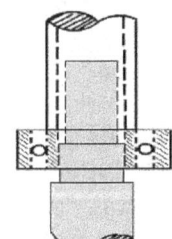

Fig. Ane. C-2

Limpiar completamente el eje y la caja o alojamiento en donde se montará el rodamiento, incluyendo en ello su agujero de lubricación y la grasera que pueda llevar conectada a él.

Verificar que no haya rebabas, huellas de golpes ni abolladuras en la parte del eje en donde se instalará el rodamiento ni en el resalto contra el que ajustará.

Si es un rodamiento cilíndrico, verificar que la sección en donde se instalará está completamente cilíndrica, es decir, perfecta redondez e igual diámetro tanto atrás contra el resalte como adelante en el extremo del eje.

Cuando el rodamiento es de agujero cilíndrico (También los hay de agujero cónico) y si fuere necesario, sumergirlo en aceite de alto punto de inflamación y calentarlo hasta los 70 °C sobre la temperatura ambiente, pero sin sobrepasar los 120 °C para no perjudicar su temple. El tiempo mínimo de permanencia es de 30 minutos, y se tendrá en cuenta que el rodamiento no debe tener contacto directo con la fuente de calor puesto que se distorsionaría, para evitarlo, se separa del fondo del cazo en la forma ilustrada en la Fig. Ane. C-3.

Fig. Ane. C-3

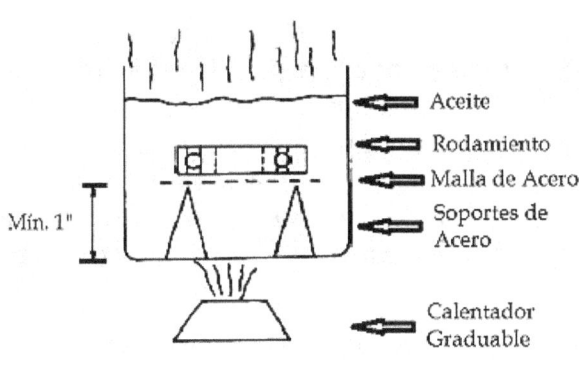

Aceite
Rodamiento
Malla de Acero
Soportes de Acero
Min. 1"
Calentador Graduable

Generalmente, el diámetro interno del anillo interior del rodamiento debe ser igual al diámetro externo de la parte del eje en el cual se montará. De todas maneras, debe consultarse las instrucciones del fabricante del eje, pues cuando el diámetro del eje es mayor, o en otras palabras, sobrepasa los límites permitidos para esa diferencia y por tanto para poder montarlo se recurre al calentamiento, una vez instalado y vuelto el rodamiento a la temperatura ambiente, sus tolerancias de fabricación se verán perturbadas en razón de que el anillo interior no ha vuelto a su tamaño normal por impedírselo el eje, pero en cambio las esferas, jaula y anillo exterior en su contracción para volver a sus dimensiones normales se ven impedidos a ello por el anillo interior, resultando todo en un rodamiento apretado que durante el funcionamiento de la máquina generará sobrecalentamientos y chirridos, además de que tendrá una corta duración.

Este problema también puede presentarse sin necesidad de que el diámetro del eje sea mayor que el diámetro interior del rodamiento, para evitarlo, verificar que el rodamiento quede completamente ajustado contra el resalte del eje, para ello, debe mantenerse firmemente apretado contra él hasta cuando el rodamiento esté frío.

OBSERVACIONES:

Para empujar el rodamiento hasta su correcta posición en el eje hay herramientas especializadas, pero si no se tiene a mano alguna de ellas, se puede utilizar un tubo de diámetro interno igual al del anillo interior y cuidando que el extremo del tubo asiente completamente en ese anillo para que sus superficies se mantengan en contacto perfecto y así evitar la producción de deformaciones, ya sea en el eje o en el mismo rodamiento. Ver: Fig. Ane. C-2.

Así mismo, tanto los extremos de ese tubo como su interior, deben estar completamente lisos para no rayar el eje y limpios para no contaminar nada.

Generalmente, los rodamientos cuyo anillo interior tiene perforación cilíndrica, se montan contra un resalte hecho en el eje, y para mantenerlos ajustados a él, por su otra cara se aseguran utilizando diferentes medios tales como una arandela con su tuerca de retención, en cuyo caso el eje estará provisto de la correspondiente rosca para la tuerca y la perforación para el pasador que evita que la tuerca se desenrosque, o un buje, el cual a su vez puede apoyarse por su otro extremo contra un piñón, polea, otro rodamiento o la tapa de la caja que soporta al mismo rodamiento.

Al montar el rodamiento en el eje, no se debe hacer presión sobre el anillo externo, y viceversa, cuando se trata de montarlo en su caja o soporte, no se hará presión sobre el anillo interno. Contravenir cualquiera de estas dos instrucciones es sumamente perjudicial para el rodamiento puesto que puede causarle abolladuras tanto en sus pistas como en sus esferas.

Cuando se trata de introducir el rodamiento o su taza en la correspondiente caja de soporte y hay que cuidar que quede sin holgura, pero esta caja no puede ser calentada para facilitar el montaje del rodamiento, se procederá entonces a enfriarlo utilizando un baño de alcohol cuya temperatura se ha bajado con hielo seco, o en su defecto, se guardará en un congelador durante el tiempo que sea necesario, tomando las provisiones oportunas para protegerlo de la humedad. Terminada la operación, hay que estar seguro de que ni en el rodamiento ni en la caja haya restos de alcohol ni de humedad, pues ambos son corrosivos.

Los rodamientos sellados que vienen de fábrica llenos de grasa no deben ser calentados, por lo que su instalación se hará en frío y con la ayuda de una prensa y un tubo.

En el caso particular de los rodamientos de rodillos cónicos, para su máxima duración y óptimo funcionamiento, se tendrá el suficiente cuidado para garantizar que sus pistas están perfectamente alineadas antes de dar por terminado el montaje. El máximo desalineamiento permitido es de 0,3 a 0,4 mm y puede verse afectado, entre otras cosas, por:

Flexiones en el eje

Desperfectos en el maquinado del eje o del soporte de los rodamientos

Presión excesiva ejercida por un ajuste muy apretado en el eje o en el soporte

Cuando un rodamiento de rodillos cónicos ha sido calentado, una vez montado en su eje y que se haya enfriado se verificará cuidadosamente para constatar que sus partes asientan correctamente. Cuando el cono se enfría tiende a separarse de su asiento, lo cual hace necesario que sea sujetado contra el tope en el eje.

Los rodamientos con perforación cónica, o de interior cónico, se montan en los extremos de los ejes, que para recibirlos deben estar ahusados siguiendo la conformación interna de dichos rodamientos.

En el caso de los rodamientos esféricos con perforación cónica, al montarlos hay que tener en cuenta el desplazamiento axial del rodamiento sobre el asiento cónico. Este desplazamiento axial hacia la parte de mayor diámetro del cono del eje produce un ajuste que reduce el espacio radial interno entre la pista del anillo interior y la del anillo exterior, apretando las esferas, para evitarlo, es necesario determinar el espacio que el rodamiento trae de fábrica, con el fin de que una vez montado, se mantenga dicho espacio dentro de las tolerancias dadas por el fabricante del rodamiento. La medición se hace como sigue:

Antes de montarlo, se coloca el rodamiento en posición vertical y se busca que los anillos interior y exterior se alineen naturalmente entre sí, para lo cual el anillo interno se hace oscilar suavemente y varias veces hasta tener la certeza de que todas las bolas asientan correctamente.

A continuación, con un calibrador de espesores se mide la distancia que hay entre la bola superior y el anillo exterior. Es necesario que la hoja del calibrador pase totalmente al otro lado del rodamiento para evitar errores en la lectura por causa de la pista que tiene el anillo exterior.

Después de que el rodamiento ha sido montado, se vuelve a tomar la medición en la forma descrita. El resultado debe ser igual, o estar dentro de la tolerancia indicada por el fabricante del rodamiento.

DESMONTAJE

Como regla general, solo se debe desmontar un rodamiento cuando ello sea absolutamente necesario. La práctica ha demostrado que con frecuencia, los rodamientos que se encontraban perfectos han sido dañados al desmontarlos y aún al montarlos.

Para el desmontaje de un rodamiento, se tendrá en cuenta las siguientes actividades consecutivas:

Proceder con los mismos cuidados exigidos para su montaje, y antes de iniciar el trabajo, tener pleno conocimiento de los requerimientos particulares de acuerdo con lo indicado por el fabricante del equipo o del rodamiento.

Utilizar un extractor adecuado para la clase y diámetro del rodamiento y disponer de la demás herramienta necesaria y estar seguro de que con los conocimientos y la experiencia que se tiene y de acuerdo con las condiciones ambientales y de tiempo disponible del momento, se puede proceder al desmontaje sin causar daños al equipo ni al rodamiento.

Obrar con paciencia, cuidado y absoluta limpieza, siguiendo el orden o secuencia indicado por el fabricante. Se tendrá en cuenta que una vez listo para iniciar el desmontaje, lo primero será efectuar un par de marcas de referencia en el anillo interior y en el eje, utilizando para ello un centro punto, a fin de permitir recordar la posición relativa inicial de las partes.

Limpiar meticulosamente tanto el extremo del eje como la caja en donde se aloja el rodamiento. Corregir de inmediato todas las irregularidades observadas en el eje o en la caja, tales como: Rayones, rebabas, marcas extrañas, etc. Se tendrá en cuenta que no bastará con corregir sino que se buscará la causa de las irregularidades.

Tener el suficiente cuidado para evitar que las esferas de los rodamientos desmontados se mezclen entre sí, puesto que el tamaño de ellas puede variar más de lo permitido por las tolerancias.

COMENTARIOS

Para facilitar el montaje y posterior desmontaje de los rodamientos, antes de instalarlos por primera vez conviene que en el extremo en donde se va a montar cada rodamiento, se perfore el árbol de la máquina en dirección paralela a su eje, después, y sin causar ningún daño al árbol, se localiza el centro de la banda que en su rodadura ocupará el rodamiento y desde allí se taladra hasta llegar a la perforación anterior, uniéndolas, obteniendo así un pasaje que entrando por la cara del árbol saldrá por su rodadura y debajo del rodamiento.

En el extremo que entra por la cara se hace una rosca que permita conectarle una manguera para una bomba de inyección de aceite con una presión de 700 atm, mientras que por el extremo que termina en la rodadura se hace una ranura que circunvale al árbol, como se muestra en la Fig. Ane. C-4.

Este sistema funciona así:

Para el montaje: Cuando se trate de un rodamiento con perforación cilíndrica se siguen las instrucciones descritas en la sección anterior. Ahora bien, cuando al instalarlo se ha atascado y por tanto el rodamiento no ha quedado en su localización exacta, se conecta la bomba a la perforación prevista en la cara del eje, se acciona y entonces puede correrse hasta dejarlo en el sitio adecuado. Evidentemente, antes de accionar la bomba, el rodamiento debe estar sujeto a una fuerza que lo empuje hacia el sitio que le corresponde en el árbol.

Para los rodamientos con perforación cónica, estando el rodamiento a la temperatura ambiente se monta en el eje, y en seguida se instala la tuerca de localización, se recurre a la bomba hidráulica y ayudándose alternativamente de ella y de la tuerca, se empuja el rodamiento hasta dejarlo en su sitio exacto de acuerdo con la medida de su juego diametral interno que se habrá estimado antes de proceder al montaje.

Para el desmontaje: Si el rodamiento es de perforación cilíndrica, se utiliza el extractor y se ayuda con la bomba de inyección de aceite. Generalmente basta la bomba y la fuerza extractiva ejercida con las manos, sin necesidad de recurrir al extractor.

Para los rodamientos con perforación cónica se conecta la bomba sin desmontar la tuerca de presión, en seguida, se acciona la bomba al mismo tiempo que la tuerca se va desenroscando poco a poco, lo cual permite que el rodamiento sea retirado con suavidad.

Cuando se quiere retirar un rodamiento y no se puede proceder en ninguna de las formas indicadas, se recomienda además que una vez que se tenga bien asegurado el rodamiento con el extractor, verter lentamente en el interior de aquél y evitando que entre en contacto con el eje, un litro de aceite calentado a 110 °C al mismo tiempo que se actúa con el extractor para mantener la tensión en el rodamiento. En ocasiones y si el espacio lo permite, también sirve rodear el eje con hielo seco, colocándolo antes y después (a ambos lados) del rodamiento, pero sin tocarlo.

Para proteger los rodamientos durante el montaje de acoples o poleas en el eje que soportan, se tendrá en cuenta lo siguiente:

Calentar el acople o la polea en aceite que esté entre los 130 y 150 °C, dejándolo sumergido durante 45 minutos. Este tiempo depende del tamaño de la pieza y de la clase de ajuste al que haya sido maquinada la pieza, de todas maneras, antes de montarla en el eje hay que verificar que su perforación se haya dilatado lo suficiente como para permitir deslizarla fácilmente hasta dejarla en el sitio que le corresponde en el eje. Ver: Sección Preparación para el montaje del Capítulo 3. Y Sección Montaje del Anexo E.

Evitar cualquier clase de golpe en el acople o la polea, puesto que se transmite a través del árbol hasta el rodamiento, dejando en sus pistas pequeñas impresiones que por muy insignificantes que parezcan irán creciendo a medida que el rodamiento funcione, llegando a convertirse en abolladuras que afectan los balines y las pistas contribuyendo a la producción de flecos y lanillas de acero que terminan por acortar significativamente la vida útil del rodamiento.

LUBRICACIÓN

Todo rodamiento debe estar lubricado adecuadamente, no solo para evitar el contacto metálico directo entre las partes en movimiento y prevenir su desgaste, sino también para disipar el calor producido por ese movimiento y para protegerlas de la corrosión. Con respecto a la corrosión, para evitarla es importante verificar que mientras los equipos están almacenados y sin uso, sus rodamientos se mantienen sumergidos en el aceite anticorrosivo apropiado de acuerdo con las características ambientales del sitio y las recomendaciones de los fabricantes del aceite, el equipo y los rodamientos.

Por lubricación adecuada se entiende, no solo utilizar el lubricante correcto de acuerdo con la recomendación que el fabricante de ese rodamiento indica para el trabajo que va a tener, sino también ajustarse al método de aplicación recomendado por el fabricante del equipo y/o del rodamiento, hacer el llenado con la cantidad indicada por el fabricante del equipo, efectuar los recambios dentro de los plazos recomendados por el fabricante del lubricante y/o del rodamiento –el que sea más exigente- y mantener el lubricante dentro de los rangos de temperatura recomendados por su fabricante y/o por el fabricante del rodamiento –el más exigente-.

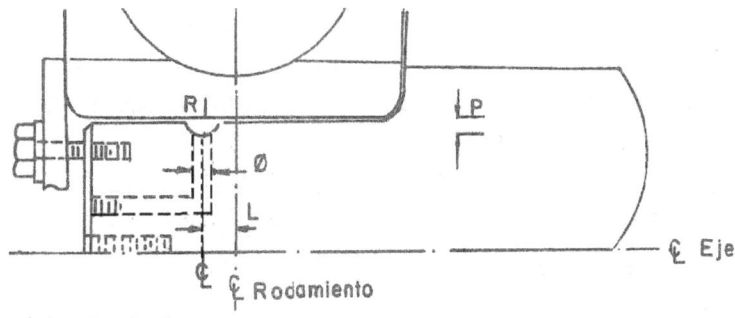

Agujero del rodamiento en mm.					
de:	a:	R	P	Ø	L = 0, Para rodamientos de agujero cónico
—	100	1,98	0,79	2,39	L = 0,25 x ancho Rod. para roda-
101	200	3,18	1,19	3,96	mientos agujero cilindrico
201	300	3,96	1,57	4,78	R = Radio
301	400	4,78	1,98	5,56	P = Profundidad
401	—	6,35	2,39	6,35	Ø = Diámetro perforación

Fig. Ane. C-4

La lubricación de un rodamiento debe ser efectuada siguiendo las instrucciones de su fabricante, especialmente cuando se trata de rodamientos de bolas, puesto que por poseer superficies difíciles de lubricar, son muy delicados durante el periodo inicial de funcionamiento. La vida útil de un rodamiento nuevo puede ser incrementada si después de unos días de trabajo se le cambia el aceite y se lubrica de nuevo. Esto permite retirar lanillas, flecos y pequeñas suciedades y gomas producidas por el funcionamiento inicial del rodamiento y por la reacción que pueda haber entre el lubricante y el recubrimiento protector con que el rodamiento y el eje de la máquina vienen de sus fábricas.

El anticorrosivo con el que la fábrica recubre los rodamientos nuevos se mezcla con casi todos los lubricantes y por ello, salvo excepciones, no es necesario removerlo evitando así los riesgos de oxidación. Sin embargo, el barniz anticorrosivo que traen los ejes en el extremo en donde se montará el rodamiento, si debe quitarse puesto que al dejarlo se afecta el ajuste posterior del rodamiento. Para retirar ese barniz, debe usarse keroseno o tricloroetileno untándolo con un trapo libre de abrasivos o rayadores.

Cuando se requiera una limpieza del rodamiento y la remoción de su protección, el removedor recomendado es el keroseno libre de agua y filtrado hasta asegurarse que no tiene polvo ni otros contaminantes, asimismo, el eje y el apoyo, caja o chumacera en donde se va a montar el rodamiento, deben estar en completo estado de limpieza, tanto en lo que se refiere a contaminación general como a óxido. También se debe considerar la ausencia de polvo y otras partículas en suspensión en el aire circundante, por ejemplo, cuando en las vecindades se está haciendo limpieza con chorreado de arena.

En el caso de los rodamientos lubricados por aceite, éste solo debe cubrirlos hasta el hemisferio inferior de una de las esferas situadas en la parte más baja del respectivo rodamiento, o si se trata de rodamientos de rodillos, los cubrirá por debajo del diámetro horizontal de uno de los rodillos en situación análoga a la anterior.

Un exceso de lubricante produce calor, pérdida del efecto lubricante y sobrecarga de la máquina. Debe ponerse atención a la cantidad de lubricante que se utilice para un rodamiento, por lo cual se seguirán todas las instrucciones que al respecto suministre el fabricante del equipo o el del rodamiento.

Los rodamientos sometidos a altas velocidades y baja presión requieren aceites delgados, aun cuando no tanto como para que permitan el contacto entre las superficies metálicas que se quiere proteger, puesto que ello anula el efecto lubricante y acelera el deterioro del rodamiento.

Por el contrario, para aquellos rodamientos sometidos a bajas velocidades y altas presiones, la viscosidad del aceite utilizado debe ser alta, aun cuando no tanta como para generar pérdidas por exceso de fricción causada por el mismo aceite.

En cuanto a la lubricación con grasa, ésta ocupa un lugar secundario con respecto al aceite y es recomendable cuando por la posición del eje y el estado de las partes móviles, el uso del aceite no es económico o no puede garantizar una lubricación efectiva.

Cuando se utiliza grasa, se establecerá si se trata de rodamientos encerrados o de los provistos con válvula de engrase. En el primer caso, posiblemente sea necesario destapar el rodamiento para poder lubricarlo. En el segundo, la lubricación debe hacerse con la máquina en funcionamiento, ya que solo de esta manera puede retirarse la grasa vieja al mismo tiempo que se evita el exceso de la nueva dentro de la cámara del rodamiento. Como norma general, para un rodamiento lubricado con grasa, ésta solo debe llegar hasta un tercio de la capacidad de la respectiva cámara.

ARRANQUE

Al prepararse para hacer la prueba de funcionamiento de un equipo montado en rodamientos, lo primero que hay que verificar es que éstos se encuentren correctamente lubricados, es decir, que tienen el lubricante recomendado en la cantidad adecuada. Después, cuando el equipo ya ha sido puesto en funcionamiento, debe hacerse las siguientes comprobaciones relacionadas con los rodamientos:

Cerciorarse de que los rodamientos funcionan silenciosamente, para ello, puede utilizarse un destornillador y apretando su pala contra el soporte del rodamiento se aplica el oído contra el extremo del mango, de escucharse un zumbido o un ruido irregular, puede deberse a mugre, pero si el ruido que se oye semeja un silbido, éste puede ser causado por falta de lubricante o por tolerancias internas muy estrechas. De haber otros ruidos, deben investigarse y una vez localizados corregir sus causas antes de que se presenten daños en los rodamientos.

Medir la temperatura del rodamiento colocando un termómetro dentro del aceite lubricante contenido en su cárter. La lectura no deberá exceder de los 71 °C, si es que las condiciones de viscosidad del aceite o los requerimientos del fabricante del equipo no exigen una temperatura menor.

Cuando la lubricación del equipo no sea hecha por aceite sino por grasa, o de todas maneras, cuando el termómetro no pueda sumergirse en el lubricante, se recurrirá a un termómetro de contacto que asegurado y apoyado contra el soporte del rodamiento permita una lectura confiable. Alternativamente, también se puede usar un termómetro de infrarrojos adecuado para este fin. En ambos casos se tendrá en cuenta que es posible que la temperatura del lubricante se encuentre entre 3 y 11 °C más alta que la registrada en el soporte del rodamiento.

Después de una media hora de tener funcionando el equipo durante su prueba inicial y considerando que el rodamiento trabaja en condiciones normales, se detendrá para comprobar que las tuercas retenedoras de sus rodamientos no se han aflojado. Se debe entender que esta inspección se hará en aquellos equipos cuya construcción lo permita.

La mejor indicación de que un rodamiento trabaja en condiciones normales es la estabilidad de su temperatura, más que la lectura en grados que de ella se haga, así pues, una vez arrancada la máquina y logrado el equilibrio entre el calor producido en el rodamiento y el disipado de él, su temperatura deberá permanecer estable; por tanto, sin importar lo caliente que el rodamiento pueda sentirse al contacto con la mano, mientras su temperatura se mantenga estable y dentro de los límites señalados para la máquina o su lubricante el que sea menor no hay lugar a considerar irregularidades, sin embargo, para poder definirlo así la temperatura deberá ser tomada con un termómetro apropiado y su registro controlado en una tabla hecha para el efecto. Grandes diferencias en las temperaturas registradas, así como un súbito o pronunciado incremento en estas lecturas, serán señales de que algo anda mal con el rodamiento, y por tanto, es un requerimiento para buscar su causa.

Aun cuando la máxima temperatura de un rodamiento debe ser la menor de las temperaturas especificadas por su fabricante y de las correspondientes al tipo de lubricante usado, en términos generales un rodamiento puede funcionar sin sufrir perjuicios hasta con una temperatura de 93 °C y se puede asegurar que su desempeño es seguro cuando su temperatura no pasa de los 71 °C. Para ciertos tipos de lubricante, una temperatura de funcionamiento más alta puede ser recomendable para facilitar su flujo por los circuitos de lubricación de la máquina. De todas maneras, la temperatura de un rodamiento no debe estimarse con el toque de la mano, ya que lo que pueda sentirse caliente puede ser apenas lo normal para el rodamiento.

El calor de un rodamiento apropiadamente lubricado tiene varias causas, como son:

Fricciones internas entre las partes del rodamiento.

Calor conducido desde la máquina hasta el rodamiento, a través de su eje.

Calor producido por fuentes externas tales como la radiación solar o una fuente radiante vecina a la máquina.

Insuficiente capacidad de disipación del sistema provisto para el enfriamiento de la lubricación.

Sellos muy apretados. Causa muy frecuente al arrancar por primera vez un equipo, que se corrige tomando las precauciones necesarias para lograr el asiento de los sellos.

MANTENIMIENTO

Durante las actividades de lubricación se verifica el buen estado de los sellos del rodamiento, pues ellos protegen de la pérdida de lubricante a la vez que evitan su contaminación con sustancias corrosivas o abrasivas.

El mantenimiento preventivo de los rodamientos es clave para garantizar su funcionamiento continuo y sin fallas, e incluye inspección periódica mediante la vigilancia de su temperatura, la escucha de ruidos, la verificación de ausencia de escapes de su lubricante y los análisis del estado del lubricante.

Los intervalos entre las inspecciones dependen de las recomendaciones del fabricante del rodamiento y de las condiciones de funcionamiento. Cuando se trata de máquinas inactivas, es necesario asegurarse que tanto el lubricante como el modo de lubricación, son apropiados para evitar la corrosión de los componentes del rodamiento.

En cuanto a los rodamientos que se mantienen almacenados, deben conservarse en su embalaje original y mantenerlos en un lugar seco y protegido de los insectos que se comen el recubrimiento protector con el que vienen de fábrica.

COMENTARIOS

Para inspeccionar un rodamiento que está instalado en una máquina, puede bastar con escuchar cuidadosamente el ruido que se produce en él cuando el equipo está funcionando, complementándola con el examen de muestras tomadas del lubricante que lo protege.

El desgaste de un rodamiento se puede observar a simple vista si se hace cuidadosamente mientras que se revisan sus superficies internas en busca de abolladuras, rayones, áreas de desgaste u otros signos que den lugar a creer que el rodamiento no es confiable.

DURACIÓN

La duración de un rodamiento está dada por la calidad del mantenimiento que recibe, la limpieza de su lubricante, la carga dinámica que soporta y las revoluciones a las que está sometido. A más carga o revoluciones, menor duración. En pruebas de laboratorio se ha encontrado que la duración de un rodamiento bajo una carga dinámica dada, depende de una cantidad determinada de revoluciones (a más revoluciones menos duración) y que es inversamente proporcional al cubo de la carga, por lo tanto, si ésta se duplica su duración se reduce en ocho veces.

Bajo esta consideración y basados además en valores estadísticos resultantes de pruebas realizadas bajo extrema limpieza del lubricante y durante 3.000 horas continuas de funcionamiento de un rodamiento sometido a una carga y velocidad constantes, los fabricantes han deducido que al menos un 90% de sus rodamientos durarán 3.000 horas trabajando en las condiciones de carga y velocidad especificadas para hacer sus pruebas.

Las especificaciones de carga, velocidad y duración de cada rodamiento, están indicadas tanto en el catálogo del fabricante, como en la caja del empaque o en un volante incluido con el rodamiento.

BIBLIOGRAFÍA

Diferentes Catálogos de: S.K.F. Timken, Torrington, NSK y FAG Sales Europe Iberia-España

SUPLEMENTO AL ANEXO C

1. Tabla de localización de fallas en los rodamientos

SUPLEMENTO

TABLA DE LOCALIZACIÓN DE FALLAS EN LOS RODAMIENTOS

El Rodamiento dura menos de lo previsto, sus causas pueden ser:

El rodamiento fue mal montado o dañado al montarlo

El rodamiento está oxidado o tiene mugre

El eje está torcido o descentrado

El equipo vibra más de lo tolerado

El equipo está desalineado

Hay un empuje axial excesivo

La lubricación es insuficiente

La lubricación es excesiva

La lubricación es inapropiada, por una o varias de las siguientes razones:

Grasa en lugar de aceite, o viceversa,

Viscosidad incorrecta

Períodos muy largos para la renovación del lubricante

Lubricante de especificaciones inadecuadas para la carga y velocidad de operación del rodamiento

Sello o retenedor del lubricante, defectuoso, que permite el ingreso de contaminantes

El sistema de lubricación está trabajando en forma incorrecta por haber:

Baja presión en el circuito de lubricación

Filtro Inexistente, destruido, obstruido o inadecuado

Bajo caudal del aceite

Bomba de lubricación defectuosa

Desperfectos en el circuito de lubricación

Lubricante contaminado.

Demasiada o insuficiente cantidad de aceite

Los retenedores de aceite están en mal estado o son inadecuados

El rodamiento es inadecuado para las condiciones de trabajo exigidas

El enfriamiento del rodamiento falla por exceso o por defecto

Las tolerancias en la caja del rodamiento son muy estrechas

El anillo interior del rodamiento no aprieta suficientemente al eje

En el juego de rodamientos hay uno muy gastado

El rotor del equipo está desbalanceado

El acople del equipo está desbalanceado

La polea es excesivamente pesada, está montada muy lejos del rodamiento, o está desbalanceada

Las correas están muy tensionadas

Ver además: "Tabla de localización de problemas mecánicos en motores eléctricos" y "Tabla de localización de problemas mecánicos en los motores eléctricos con rodamientos o con cojinetes de casquillos", incluidas en el Cap. 4.

El Rodamiento se sobrecalienta, sus causas pueden ser:

El rodamiento tiene una carga o una velocidad excesiva, o ambas

El rodamiento está mal montado

El rodamiento está dañado o gastado

El acople del equipo con su motor está desalineado o desbalanceado

El eje o la caja han sufrido una distorsión que afecta al rodamiento

El lubricante es excesivo o insuficiente, o faltante, o está contaminado

El lubricante es de una viscosidad inadecuada para el trabajo requerido

Los sellos ejercen un apriete excesivo sobre el rodamiento

Las partes internas del equipo están sometidas a alta temperatura

El soporte del rodamiento está próximo a una fuente radiante de calor

La correa o la cadena que conecta al equipo con su motor está muy tensionada

La polea o la estrella si es que tiene cadena está desbalanceada

El sistema de enfriamiento es inadecuado o no funciona

Ver: Cap. 4. Sección Alineamiento y los Suplementos 4 y 6.

El Rodamiento chirrea, sus causas pueden ser:

Falta lubricación, o el lubricante es incorrecto

Hay holgura excesiva, bien sea entre el rodamiento y su eje o entre el rodamiento y su alojamiento o soporte

El anillo interior del rodamiento está apretando las esferas contra su anillo exterior, debido a que el diámetro del eje es mayor que el diámetro interno de la perforación del rodamiento

Hay óxido o mugre entre las esferas o rodillos del rodamiento.

ANEXO D

COJINETES DE CASQUILLO

CONSIDERACIONES GENERALES

Para soportar y mantener en su sitio un eje rotatorio con un mínimo de fricción y evitar su desgaste y el de su soporte se puede usar un rodamiento de bolas o un cojinete de casquillo, también llamados bujes, cojinetes lisos, cojinetes de deslizamiento o cojinetes hidrodinámicos. En inglés se denominan S*leeve o journal bearing.*. Son hechos de bronce o cobre sinterizado, o de metal Babbit.

Éste es un dispositivo mecánico que se usa como parte de una máquina para soportar cargas con movimientos lineales y rotativos y evitar el desgaste de los puntos de apoyo; para ello, está compuesto por dos partes tubulares separadas por un lubricante, la externa que aguanta la carga y la interna que está en contacto con el eje, ésta es la que está sometida a desgaste y se llama casquillo.

Un casquillo o buje es una pieza tubular, mecanizada en su interior y exterior con tolerancias muy ajustadas, que puede ser una sencilla sección tubular conocida como casquillo liso, por tener sus bordes lisos para insertarlo al ras dentro del bloque que lo soporta y se utiliza en donde la carga es radial, o también puede ser una sección tubular con una brida o resalte que sobresale en uno o en ambos extremos para proveer una superficie de apoyo para cargas axiales y son conocidos como casquillos de brida. Ver: Fig. Ane. D-1.

Fig. Ane. D-1

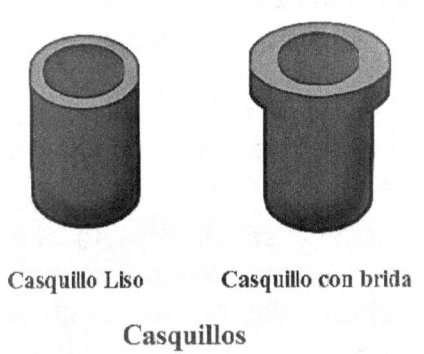

Casquillo Liso   Casquillo con brida

Casquillos

El cojinete de casquillo puede ser de fricción, hidrostático e hidrodinámico. En el primer caso, funciona sin lubricación, pues sus partes móviles son de materiales de muy bajo coeficiente de fricción, como se explica más adelante. El hidrostático, que requiere centralita para inyectarle el lubricante y mantenerlo bajo presión, el cual funciona además como extractor del calor generado en el cojinete. El hidrodinámico, que requiere lubricación sin presión pero periódica, para que el lubricante empape los componentes móviles manteniéndolos separados con una película elastohidrodinámica que se forma entre ellas con capacidad para evitar el rozamiento y soportar la carga en ese punto del eje. Es el más usado.

De acuerdo con su función, el cojinete de casquillo puede ser:

Axial. Que admite carga en el sentido del eje.

Radial. Que soporta carga en sentido perpendicular al eje.

De Empuje. Que permite carga axial y radial.

El cojinete de casquillo es un componente esencial en la mayoría de los motores. Estos cojinetes reducen la vibración y el ruido y tienen gran capacidad tanto de carga como de resistencia al impacto Los casquillos se deben mantener en su embalaje original para evitar que se ensucien y se deformen.

MONTAJE

Téngase en cuenta que el cojinete de fricción se compone de dos elementos que se deslizan uno contra el otro: El que va asegurado en la máquina y soporta la carga y el que se instala en el eje giratorio y se desliza sobre el anterior. Sus superficies en contacto se llaman superficies de deslizamiento y entre ellas se deja una pequeñísima tolerancia, como se indica más adelante.

Lo primero que debe hacerse al preparar el montaje de un cojinete de fricción, es verificar meticulosamente el estado del alojamiento o perforación en donde irá el de carga, asegurándose que esté completamente limpio, no tenga rayones, irregularidades ni defectos de forma, que su orificio de lubricación se encuentre limpio y sin obstrucciones y que el diámetro interno de ese alojamiento medido en tres posiciones distintas, muestre ser completamente regular y ligeramente mayor que el diámetro externo del casquillo que va en el eje, en una proporción de 0,001" (0.0254 mm) por cada pulgada de diámetro del eje. Esta proporción se conoce como holgura o ajuste y se requiere para permitir el giro fácil del eje y el espacio para el lubricante.

Generalmente el cojinete de carga se instala en un soporte compuesto por dos semicírculos, en donde uno va asegurado a la máquina y el otro es su tapa y a su vez, el cojinete viene en dos casquetes que se instalan secuencialmente: El primero en el semicírculo asegurado a la máquina y el segundo después de instalar el eje. Pero cuando no es así sino que se trata de una perforación cilíndrica, entonces en uno de sus extremos el cojinete debe tener un bisel máximo de 5° que permita guiarlo para insertarlo mediante golpes suaves con un mazo de madera, caucho o plástico. Antes de golpearlo, debe estar absolutamente alineado con la perforación.

En cuanto al casquillo que va en el eje, su diámetro interno debe ser ligeramente mayor que el diámetro externo del eje, con el cual para montarlo se alinea perfectamente y se le inserta con unos golpes suaves utilizando un mazo de madera, caucho o plástico. Antes de hacerlo, hay que verificar que el eje esté recto, completamente pulido y libre de asperezas y contaminantes. Otra manera es calentarlo en aceite hasta unos 40 °C y montarlo con un golpe seco y suave.

Antes de iniciar la instalación de las partes del cojinete en sus correspondientes sitios y con el fin de facilitarla, conviene lubricar ligeramente las respectivas superficies en donde se montarán.

LUBRICACIÓN

El casquillo y la superficie del cojinete con la cual mantiene contacto directo, están hechos con polvo de bronce, latón o cobre u otro metal suave comprimido y recocido por el proceso de sinterización, resultando en un conjunto microscópicamente poroso que al contacto con el aceite, permite que éste pase a través de sus poros, manteniendo completamente lubricado tanto el conjunto como el eje de la máquina. Es requisito mantener la lubricación especificada, pues de lo contrario el conjunto se agarrota. En algunos casos se usa grasa, para lo cual el cojinete tiene canales y perforaciones que la conducen a todas partes del conjunto, incluyendo el eje que soportan. La grasa debe inyectarse hasta cuando comience a salir por los extremos del cojinete, con lo cual arrastra polvo y contaminantes que pueda haber dentro de él.

ARRANQUE

Al prepararse para hacer la prueba de funcionamiento de un equipo montado en cojinetes de casquillo, lo primero es verificar que éstos se encuentren correctamente lubricados, es decir, con el lubricante recomendado en la cantidad adecuada. Después, cuando el equipo ya ha sido puesto en funcionamiento, debe hacerse las siguientes comprobaciones del cojinete:

Cerciorarse de que los cojinetes funcionan silenciosamente. De haber ruidos, deben investigarse y una vez localizados corregir sus causas antes de que se presenten daños en el cojinete.

Cerciorarse de que la temperatura del cojinete está dentro del límite más bajo permitido por el fabricante del lubricante. La temperatura se toma mediante un termómetro de contacto que asegurado y apoyado contra el soporte del cojinete permita una lectura confiable. Alternativamente, también se puede usar un termómetro de infrarrojos adecuado para este fin.

La mejor indicación de que un cojinete trabaja en condiciones normales es la estabilidad de su temperatura, más que la lectura en grados que de ella se haga, así pues, una vez arrancada la máquina y logrado el equilibrio entre el calor producido en el cojinete y el disipado de él, su temperatura deberá permanecer estable; por tanto, sin importar lo caliente que el cojinete pueda sentirse al contacto con la mano, mientras su temperatura se mantenga estable y dentro de los límites señalados para la máquina o el lubricante de su cojinete, el que sea menor, no amerita suponer irregularidades. Por el contrario, cuando se presentan diferencias en las temperaturas registradas, o un súbito o pronunciado incremento en esas lecturas, son señales de que algo anda mal con el cojinete, y por tanto, es un requerimiento para buscar su causa. De todas maneras, la temperatura de un cojinete no debe estimarse con el toque de la mano, ya que lo que pueda sentirse caliente puede ser apenas lo normal para el cojinete.

MANTENIMIENTO

El mantenimiento preventivo de los cojinetes de casquillo es fundamental para garantizar su funcionamiento continuo y sin fallas, e incluye inspección periódica mediante la vigilancia de su temperatura, la escucha de ruidos, la verificación de ausencia de escapes de su lubricante y los análisis del estado del lubricante.

Los intervalos entre las inspecciones y reemplazos dependen de las recomendaciones del fabricante del cojinete y del casquillo y de las condiciones de funcionamiento. Cuando se trata de máquinas inactivas, es necesario asegurarse que tanto el lubricante como el modo de lubricación, son apropiados para evitar que se agarroten los componentes del cojinete.

ANEXO E

ACOPLES MECÁNICOS FLEXIBLES

CONSIDERACIONES GENERALES

Los acoples mecánicos flexibles son elementos de transmisión mecánica que se usan para unir entre sí dos ejes en donde se necesita garantizar su perfecta y constante alineación y capacidad para absorber pequeños desalineamientos, vibraciones y cierta dilatación axial de los ejes que une.

Se fabrican dos clases principales, una está compuesta por los rígidos y la otra por los flexibles, pero a su vez, dentro de éstas se encuentra una gran variedad con el fin de acomodarlos a cada una de las condiciones y exigencias particulares de su utilización. Esta variedad está dada por la forma, mecanismos de unión y tipos de materiales utilizados, así como por los principios mecánicos y sistemas de lubricación bajo los cuales funcionan.

Fig. Ane. E-1

El objeto de este anexo son los acoples flexibles, conociendo como tales a los elementos mecánicos que se montan entre los extremos de dos ejes para interconectarlos, transmitir el torque y absorber ligeros desalineamientos causados por la dilatación, vibraciones y pulsaciones que puedan presentarse entre ellos durante el funcionamiento del equipo respectivo, tales como las que se generan en el eje de un motor de explosión o de un mecanismo de piñones, o también, como las inducidas en un sistema de bombeo por los ligeros cambios de presión que se presentan en él. Ver: Fig. Ane. E-1

Es oportuno recordar que a pesar de que los ejes hayan sido alineados en forma correcta cuando se hizo el montaje de la máquina, su funcionamiento los desalinea, estando entre las causas de ello los asentamientos sufridos por la fundación o pedestal, variaciones en la temperatura, vibraciones, desgaste de los rodamientos o de los bujes, dilatación o vibración de las tuberías conectadas al equipo, cargas externas imprevistas, etc. por lo tanto, durante el tiempo de utilización de la máquina debe revisarse periódicamente su alineación, pues debe recordarse que los ejes desalineados están sujetos a tensiones extremas e incontroladas que pueden causar daños y paradas costosas, además de que la desalineación por sí misma impone una sobrecarga al motor, con el consiguiente aumento en el consumo de energía.

Cuando un acople va a estar sometido a grandes esfuerzos o a velocidades altas, se requieren estrictas condiciones de alineamiento, y viceversa, cuando el torque será bajo o la velocidad reducida, los requerimientos de alineación son menores.

La utilización de acoples flexibles cumple funciones primarias y secundarias, siendo las primarias las de transmitir eficiente y efectivamente la potencia de un eje motriz a un eje movido, compensando los ligeros desalineamientos que se presenten entre ellos por el funcionamiento de la máquina. En cuanto a las funciones secundarias, son proteger el equipo, facilitar su instalación y mantenimiento y disminuir el desgaste de sus rodamientos y sellos.

En los acoples flexibles la capacidad mecánica está limitada por la tensión máxima aceptable por sus partes flexibles y su uso se recomienda en donde se espera que la alineación de los ejes a unir sufrirá pequeñas variaciones durante su funcionamiento que deberán ser absorbidas por el acople, especialmente aquellas que se producen en el sentido axial como consecuencia de la dilatación de los ejes y de los desplazamientos que éstos experimentan según la capacidad de flotamiento de que estén provistos. La característica del acople flexible en este sentido, evita que un eje empuje al otro, permitiéndole rotar en su posición normal de funcionamiento.

Además de elemento de unión, un acople también puede estar diseñado para servir de tambor de freno.

El acople flexible no está diseñado para compensar los esfuerzos producidos por una mala alineación, bien sea de los ejes o de las tuberías conectadas al equipo, por tanto, el alineamiento del equipo debe acometerse como si sus ejes estuvieran conectados con un acople rígido, sin embargo, y como se dijo antes, el acople si debe estar en capacidad de compensar toda clase de pequeños desalineamientos que puedan presentarse durante el funcionamiento normal de los dos ejes, sin introducir al sistema tensiones y cargas anormales e inesperadas que ocasionen pérdidas de potencia o que afecten la seguridad y duración del equipo en donde se utiliza.

Un tipo especial de acople flexible es la junta cardánica, cuya utilización está limitada por un ángulo máximo de operación, al cual a su vez lo limitan la potencia transmitida y la velocidad de trabajo del eje.

En los acoples provistos con espaciador, la longitud de éste debe ser tal que al retirarlo el espacio dejado permita desmontar los cubos del acople, rodamientos y sello o empaquetadura del eje de la bomba.

El acople debe estar protegido con una guarda desmontable, construida e instalada en tal forma que evite los riesgos de accidentes personales que puedan ser causados tanto por el acople mismo como por los ejes a los que está interconectado. Los tornillos que sujetan la guarda a la bancada, deben ser engrasados antes de atornillarlos, con el fin de evitar que se agarroten y permitir su fácil remoción cuando ello sea requerido. Ver: Sección Preparación para el montaje del Capítulo 3.

Para la lubricación de los acoples flexibles, debe seguirse estrictamente las instrucciones de su fabricante.

MONTAJE

Para instalar los semiacoples en los ejes de los motores o turbinas, se selecciona los de mayor prioridad y empezando por ellos, se procede uno a uno como se indica a continuación:

Identificar y marcar visiblemente cada motor o turbina y su respectivo equipo, con su correspondiente No. de Ítem confrontándolo contra su plano y este a su vez contra la requisición del equipo. Identificar y marcar cada acople asegurándose de relacionarlo con el equipo en donde irá instalado.

Quitar la laca del eje del motor o turbina y de su cuña, limpiarlos completamente y quitarles las rebabas usando papel de lija de corindón grano 200, o más suave aún.

Colocar el anillo o brida de conexión del semiacople en el eje del motor o turbina cuidando que quede en la posición correcta y que no estorbe para montar el semiacople.

Cuando el anillo traiga una junta tórica de caucho, ésta debe retirarse, etiquetarse con el número del motor o turbina y guardarse con los otros componentes de ella que se tienen en el almacén, de esta manera se evita que sufra daños o que se pierda durante la prueba de rodamiento del motor o turbina.

Considerar la necesidad de desmontar el carrete espaciador del acople de la bomba o equipo, asegurarse que está marcado con el número del equipo, protegerlo con grasa, guardarlo envuelto en papel y dentro de una bolsa de polietileno y devolverlo al almacén, de donde se retirará posteriormente cuando sea necesario para efectuar la prueba de arranque del equipo.

Limpiar con disolvente el semiacople correspondiente al motor o turbina.

Revisar interiormente la perforación de su cubo en busca de rebabas e imperfecciones, de haberlas, pulirlas con cuidado con tela esmeril de grano 200, o más suave, poniendo atención al cuñero. Verificar que la cuña que viene con el eje se acomode perfectamente en el cuñero.

Comparar con el pie de rey el diámetro del eje con el diámetro interno del cubo que irá montado en él, constatando además sus redondeces, para lo cual se comprobará la igualdad de dos de sus respectivos diámetros perpendiculares entre sí.

Las lecturas comparativas entre esos diámetros interiores y los del eje deben ser o iguales entre sí o las del semiacople menores en unas pocas milésimas de pulgada. De todas maneras, estos diámetros deben de estar de acuerdo con la requisición o con el ajuste previsto según las especificaciones del fabricante.

Instalar la cuña en su cuñero y verificar que el diámetro del eje más la altura de la cuña, coinciden con el diámetro interno de la perforación en el cubo más la altura del cuñero.

Cruzar diametralmente un alambre por la cara del semiacople que va a quedar contra el extremo del eje, dejándolo tensionado y muy bien asegurado para que sirva de tope al montarlo y entonces dejarlo exactamente en su lugar; en seguida, sumergirlo por al menos 45 minutos en aceite que esté entre 130 y 150 °C. Verificar el tiempo al calentar el primer semiacople puesto que depende del tamaño de la pieza y de la clase de ajuste al que haya sido maquinada.

El tiempo mencionado se da para que se tenga una idea de la permanencia del semiacople en el aceite, que permite adelantar otras actividades como se indican aquí. De todas maneras, antes de retirarlo debe verificarse que el diámetro interno de la perforación del cubo sea lo suficientemente mayor que el diámetro del correspondiente eje en donde se instalará.

Para calentar el aceite se puede usar un mechero Bunsen y como recipiente un "Cap" o tapa para tubería de 8". Este trabajo debe hacerse en un ambiente abierto que permita la libre dispersión de los gases derivados del calentamiento del aceite.

Instalar la cuña en su cuñero del eje y asegurarse que al colocar el semiacople en el eje coincide la cuña con el cuñero que hay en la perforación interna del semiacople.

Una vez que se considere que el semiacople ha permanecido tiempo suficiente en el aceite caliente, antes de retirarlo se verifica con el pie de rey que el diámetro interno de su perforación se ha ampliado lo bastante como para permitir deslizarlo fácilmente en el eje en donde irá montado, si lo es, se monta en el eje deslizándolo sin golpes y hasta que su cara exterior quede a ras con la de aquél. Si fueran necesarios algunos golpes, éstos deberán ser leves y dados con un martillo de plástico o de caucho, para no dañar la cara del cubo ni el rodamiento del motor o de la turbina. Estos golpes se evitan esperando a que el semiacople esté lo suficientemente caliente como para garantizar que mantiene su dilatación durante todo el tiempo requerido para dejarlo en su posición exacta en el eje.

Evitar cualquier clase de golpe en el acople o la polea, puesto que se transmite a través del árbol hasta el rodamiento, dejando en sus pistas pequeñas impresiones que por muy insignificantes que parezcan irán creciendo a medida que el rodamiento funcione, llegando a convertirse en abolladuras que afectan los balines y las pistas contribuyendo a la producción de flecos y lanillas de acero que terminan por acortar significativamente la vida útil del rodamiento. Ver: Sección Preparación para el montaje del Capítulo 3.

Para prevenir daños en el rodamiento por posibles golpes al introducir el semiacople, conviene montar en el eje una abrazadera lo suficientemente apretada y además apoyada contra la tapa de los rodamientos o cojinetes, buscando con ello la absorción de la fuerza resultante de los golpes que de otra manera irían directamente al rodamiento. Asegurarse que no le quite espacio al semiacople. Ver: el apartado Montaje del Anexo C.

ANEXO F

POLEAS

CONSIDERACIONES GENERALES

Se llama polea a una rueda que se monta en el extremo del eje del motor y del de la bomba, asegurándolos a ellos para que gire solidariamente con el respectivo eje y sirve para transmitir a la bomba la fuerza del motor mediante una correa que las une.

La polea usada en las bombas centrífugas de eje horizontal es metálica y puede ser maciza o no, dependiendo de su tamaño y de que se quiera utilizar para ventilar el equipo, en cuyo caso sus radios están conformados en forma de aspas. Cuando se decide utilizar poleas, el eje de la bomba debe estar paralelo al del motor.

En la Fig. Ane.F-1 siguiente tomada de la página de internet: http: //concurso.cnice.mec.es, se muestra una polea de aspas. También las hay sólidas.

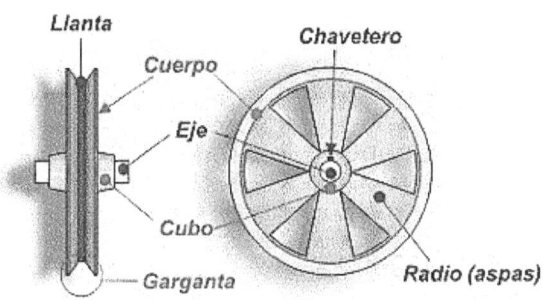

Partes de la Polea

Tomado de
http://concurso.cnice.mec.es

Fig. Ane.F-1

En las poleas usadas en las bombas centrífugas de eje horizontal y en sus respectivos motores, su rodadura tiene una o varias ranuras o gargantas que usualmente son de sección trapezoidal, adecuadas para recibir una o varias correas también de sección trapezoidal, mediante las cuales el motor transmite su fuerza y movimiento a la bomba con la que esté conectado. Al ser ambas trapezoidales, la correa asienta en los bordes de la garganta sin tocar la llanta lo que permite un mejor agarre con menor tensión de la correa y por lo tanto menos esfuerzo sobre los rodamientos de los ejes en donde apoyan las poleas.

Al recibir las poleas en el sitio de la obra y a pesar de que puedan estar recubiertas con laca protectora, deben ser almacenadas en un lugar seco y protegido de la lluvia y de la condensación producida por la humedad ambiental, para evitar la formación de óxido que daña las tolerancias del maquinado en el interior del cubo y se comporta como abrasivo en las ranuras perjudicando la duración de las correas.

Las ranuras de las poleas exigen un cuidado especial y su buen estado tiene gran influencia en la duración de una transmisión por correas, por lo cual se debe evitar que durante su manejo las poleas choquen entre sí o se rueden sobre el piso puesto que ello termina deformando los bordes de sus ranuras y, a su vez, estas deformaciones causan cortes en las correas afectando su funcionamiento y duración.

El diámetro y peso de la polea no deben ser tan grandes como para exceder la carga permitida por el rodamiento ni para que la velocidad tangencial sobrepase el respectivo margen de seguridad, por lo cual, el diámetro y la sección máximos de la polea deben seleccionarse de acuerdo con la potencia y velocidad de su respectivo eje.

Como un ejemplo, se incluye el siguiente cuadro aplicable a poleas de hierro fundido:

| POLEAS | |
DIÁMETRO EN FUNCIÓN DE SU VELOCIDAD	
Velocidad en rpm	Diámetro Máximo en mm
3.500	180
1.500	355
1.000	560
750	710
100	900

MONTAJE

Para el montaje de las poleas, se tendrán en cuenta las mismas precauciones que se han recomendado en este libro para el montaje de los acoples, por tanto, Ver: Sección montaje. Anexo E.

Al montar la polea en el eje, evitar darle golpes, puesto que aparte de producirle abolladuras y hasta fracturas, se puede afectar los rodamientos de la máquina. Ver: Sección Montaje del Anexo C.

ALINEAMIENTO

Antes de proceder al alineamiento de una transmisión por poleas, se debe estar seguro que son iguales las superficies de rodamiento y el ancho exterior de ambas poleas.

Para el alineamiento de las poleas, se considera que los centros de las superficies de rodamiento están en una misma línea, que ésta es perpendicular al eje del motor, que los ejes de las dos máquinas son paralelos y que ambos están en un mismo plano. De acuerdo con lo descrito y con la Fig. Ane.F-2 que es la representación gráfica de este punto, este alineamiento debe hacerse en conformidad con las siguientes secuencias:

Verificar que hay 90° entre la polea y el eje en donde está montada

Verificar el paralelismo de los ejes. Distancias "d"

Verificar la coincidencia de las líneas de centro de las superficies de rodamiento

Verificar que las líneas del centro de ambos ejes están en un mismo plano

Para alinear las poleas, se coloca una regla entre sus caras externas y cuando la distancia existente entre ellas no lo permita, se utiliza un cordel.

Después de que se han montado y templado las correas, se volverá a comprobar el alineamiento de sus correspondientes poleas. Ver: Anexo G. Suplemento 1.

OBSERVACIONES

Un mal alineamiento perjudica tanto a las correas como a los rodamientos.

En las primeras, ocasiona daños en sus bordes, tensiones disparejas y correas volteadas, todo lo cual acorta su duración. En los segundos, es causa de recalentamientos, afectando su duración. Ver: Sección Condiciones generales del Capítulo 2.

Una polea que tenga sus ranuras gastadas o dañadas, debe ser reemplazada.

Los bordes de la polea no se deben golpear ni aplicarles fuerza.

De acuerdo con el tipo de correa a utilizar y según el diámetro de las respectivas poleas, se deberá tener en cuenta la distancia mínima permitida entre los ejes de éstas, según lo indicado en la Fig. Ane. F-3.

Ver: Observaciones Consideraciones generales del Anexo G

SUPLEMENTOS AL ANEXO F

1. Alineación de poleas
2. Problemas con las poleas.

SUPLEMENTO 1

ALINEACIÓN DE POLEAS

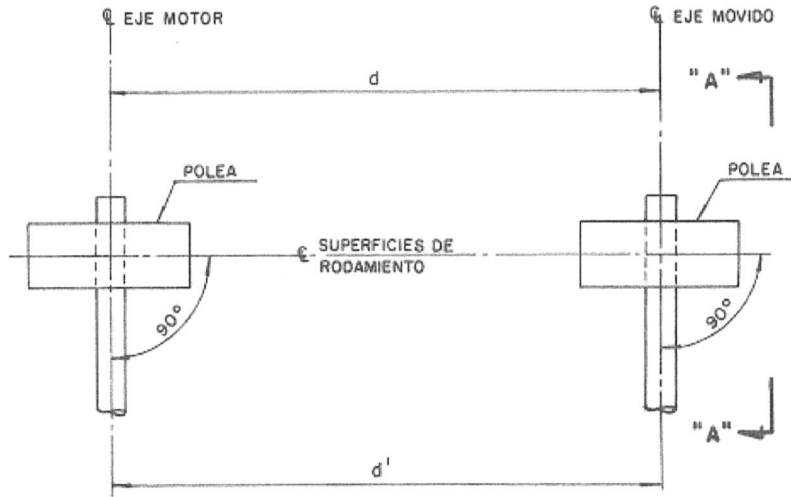

d = d' ∴ EJE MOTOR PARALELO A EJE MOVIDO

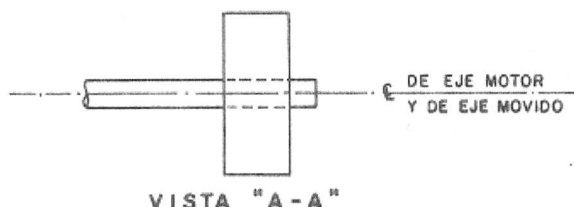

VISTA "A - A"

Fig. Ane. F-2

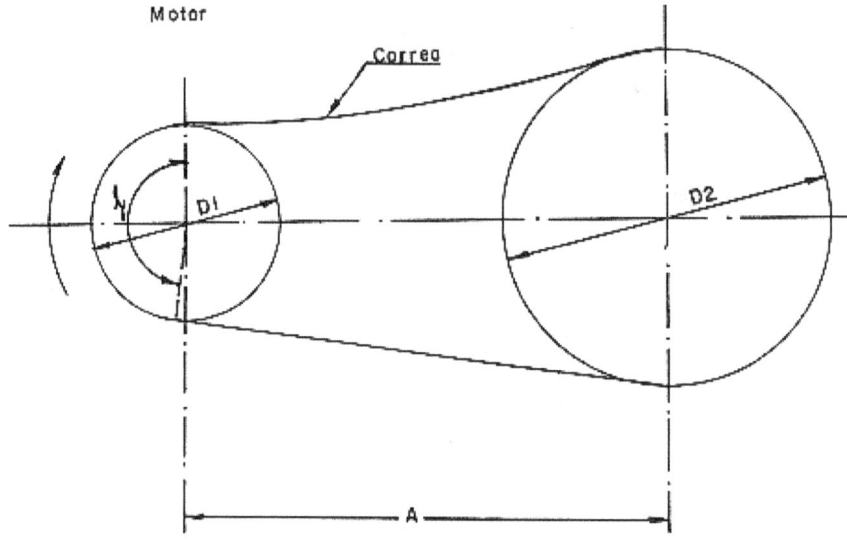

Calculo de la distancia entre los ejes de dos poleas:

Para correas planas:

A min = DI + D2 + 2.5

Para correas en "V":

A = 0. 6 (DI + D2)

Para correas con cualidades antideslizantes:

A = DI + D2

El ángulo de contacto $\mathcal{L}$ para la polea pequeña:

$$\mathcal{L} = 180 \quad \frac{60 \, (D2 - DI)}{A} \qquad donde \, \mathcal{L} > 150$$

Fig. Ane. F-3

SUPLEMENTO 2

PROBLEMAS CON LAS POLEAS

Un juego de poleas mal diseñado, indebidamente montado o con poleas en mal estado, ocasiona problemas con las poleas, como se indica en la tabla siguiente:

		ESTADO DE LA POLEA					
		Ranura de la polea en mal estado	Ranura de la polea mal diseñada	Polea muy pequeña	Polea desbalanceada	Polea muy alejada en el eje	Poleas mal alineadas
PROBLEMAS CON LAS CORREAS	Poca duración de las correas	§	§	§			§
	Correas patinan aún bajo tensión	§	§	§			
	Correas quemadas	§	§	§			§
	Correas rajadas en el fondo	§	§	§			
	Correas volteadas	§	§				§
	Vibración				§	§	§
	Cojinetes recalentados			§	§	§	§

ANEXO G

CORREAS

CONSIDERACIONES GENERALES

En mecánica se conoce como correa, o correa de transmisión, a un aro muy flexible hecho de un material que ofrece alta resistencia y durabilidad y que se monta entre la polea de la bomba y la del motor con el fin de aprovechar la fricción entre éstas y la correa, para transmitir la fuerza y movimiento de éste hacia la bomba.

Fig. Ane. G-1

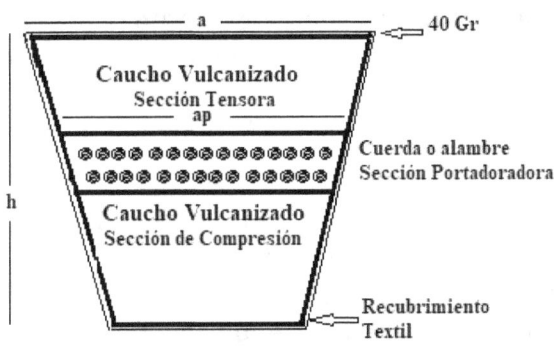

Correa en V. Corte Transversal

Las correas pueden ser de sección trapezoidal o rectangular y su superficie interna puede ser lisa, dentada (Ranuras en la superficie inferior hechas perpendiculares a los bordes) o ranurada (Ranuras en la superficie inferior paralelas a los bordes). En el caso de las bombas centrífugas de eje horizontal, las correas son de sección trapezoidal y lizas. Ver: Fig. Ane. G-1.

De acuerdo con la norma ISO 4184:1992. Confirmada en 2017, las correas trapezoidales se dividen en dos grupos: Las de secciones con perfiles clásicos Z, A, B, C, D y E y las correas trapezoidales angostas de alto rendimiento SPZ, SPA, SPB Y SPC que son usadas únicamente en transmisiones especiales.

La potencia transmitida por una correa trapezoidal depende de su velocidad, resistencia y adherencia a la polea. Las condiciones óptimas de trabajo están dentro de un rango de 20 a 22 metros por segundo pues se saltan o salen de su ranura en la polea cuando superan los 30 m/s,

Cuando se emplea una transmisión por correas, es indispensable que todas sean de la misma longitud, de lo contrario, las más cortas serán las que soporten toda la carga y la más larga terminará soltándose con el riesgo de producir un accidente personal o un daño al equipo. Sin embargo, si la distancia entre los ejes del motor y la máquina accionada es mayor que 1,5 m, puede tolerarse una pequeña variación en el largo puesto que después de unos días de operación las correas cortas habrán cedido y con un reajuste de su tensión, el trabajo quedará igualmente repartido entre todas.

En una transmisión por correa, si al funcionar la máquina el tramo inferior de la correa se encuentra tenso, entonces el superior deberá estar flojo. Una figura clásica que ilustra lo anterior, es la oruga de un buldócer cuando se desplaza hacia delante.

En los equipos interconectados con correas, el motor debe estar montado sobre rieles, o en una bancada con perforaciones alargadas, de tal manera que permitan el desplazamiento necesario del motor para tensionar las correas.

Los tornillos tensores que actúan sobre las patas del motor deberán estar localizados de tal manera que aquel que se encuentre del lado de la polea esté situado entre el motor y el equipo accionado, y el otro, lo esté contra la pata del otro extremo del eje y en el lado opuesto del motor.

Al tensionar las correas se tendrá en cuenta que la fuerza máxima ejercida por ellas en el eje, no sobrepase a la permitida por el fabricante del equipo. Una tensión excesiva de las correas puede terminar dañando los rodamientos, por ello, es importante seguir las instrucciones que al respecto proporcione el fabricante de los equipos. Ver: Fig. Ane. G-2.

Fig. Ane. G-2

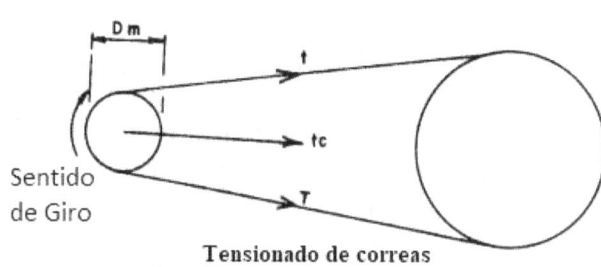

Tensionado de correas

La tensión de las correas desde el punto de vista de su efecto sobre los rodamientos del equipo se puede calcular a partir de la siguiente fórmula, que está basada en la Fig.

Ane. G-2:

Tc = 126000*HP*Fx/Dm*rpm

Donde:

Tc = Tensión total ejercida sobre el rodamiento de la respectiva polea (T + t) dada en libras americanas

HP= Caballos transmitidos

Dm = Diámetro exterior de trabajo de las poleas, dado en pulgadas

Fx = Factor de tirantez, así:

Correas en "V":   1,50

Correas de 1 capa: 2,00

Correas de 2 capas: 2,50

Correas de 3 capas: 3,00

OBSERVACIONES

En las poleas, la sección de la rodadura opuesta al equipo, que está entre su cara y su ranura, o de la primera ranura cuando la polea tiene varias, se denomina ancho exterior. Ver: Fig. Ane. G-3

Las poleas con diámetro muy pequeño, es decir, menor que el apropiado para el tipo de correa que se va a utilizar en ellas, ocasionan un desgaste prematuro de las correas.

Antes de instalar las correas, verificar el buen estado y limpieza total de las poleas.

El alineamiento de las poleas debe verificarse después de haber templado las correas

Ver: Observaciones Suplemento 2 del Anexo F

Las correas en "V" o de sección trapezoidal, deben ser almacenadas en un lugar fresco, oscuro, protegido del calor y de la luz solar y colgadas evitando quiebres o posiciones forzadas.

Las correas no deben ser palanqueadas cuando se quiera montarlas o retirarlas de sus poleas. Lo recomendable es mover uno de los equipos acortando así la distancia entre las poleas.

Se tendrá en cuenta que en aquellos lugares con riesgo de explosión, en donde tenga que usarse transmisión por correas, éstas tendrán que ser a prueba de carga electrostática.

En un juego de correas usado, no se reemplazan unas de ellas sino todas, puesto que si se mezclan, las nuevas trabajarán más y lo más probable es que se deterioren antes de tiempo. Lo mismo puede suceder cuando se mezclan correas de distintas marcas.

Aun cuando los fabricantes de correas tienen tablas indicativas de la fuerza y deflexión recomendadas para sus productos, no siempre se dispone de esas tablas, así pues que una manera práctica de dar a las correas su tensión adecuada de acuerdo con su punto óptimo, es la indicada en el Suplemento 2 de este Anexo.

Al instalar las correas:

Ajustar las correas dejándolas algo flojas. Es decir, con la tensión suficiente para que el sistema funcione sin patinar.

Arrancar el equipo y dejarlo funcionar durante 15 minutos

Imponer al equipo su carga máxima, para que las correas se acomoden a sus poleas.

Detener el equipo y tensionar sus correas de acuerdo con lo recomendado por el Instituto de Hidráulica de los Estados Unidos de A. Ver: Fig. Ane. G-4

Arrancar nuevamente el equipo y:

Observar las correas y si resbalan al arrancar, tensionarlas lentamente hasta evitarlo.

Verificar que al parar el equipo, las correas no resbalan en ninguna de las dos máquinas,

INSTALACI|ÓN DE LAS CORREAS

La instalación de una correa de transmisión es relativamente sencilla, sin embargo, para obtener una operación silenciosa y suave que ofrezca buena eficiencia mecánica y larga duración de la correa, antes de montarla es necesario seguir el siguiente procedimiento:

Limpiar las ranuras de las poleas retirando el lubricante o capa de laca protectora. Esta limpieza debe hacerse usando un solvente suave como el varsol o el keroseno, que a su vez, debe ser limpiado cuidadosamente para evitar que queden trazas de él con el consiguiente daño a las correas. Para retirar el mencionado recubrimiento protector, no se debe utilizar ningún tipo de abrasivo.

Verificar cuidadosamente las ranuras y sus bordes y pulir las asperezas que pueda haber allí, asimismo, retirar cualquier traza de óxido.

Verificar el desgaste de las ranuras cuando se trate de poleas usadas, utilizando bien sea el calibrador adecuado para ello, o una correa nueva. La tolerancia máxima de desgaste es de 0,4 mm. También se deberá comprobar que la polea no tenga conicidad.

Montar y tensionar las correas y poner a funcionar el equipo durante 15 minutos para permitir que las poleas y correas se ajusten entre sí.

Verificar la transmisión y tensionar definitivamente teniendo en cuenta que el punto óptimo es aquel que reúne una mínima tensión de las correas bajo una máxima carga del equipo sin que aquellas patinen. Ver: Fig. Ane. G-4.

OBSERVACIONES:

Con respecto al mantenimiento rutinario de las correas, esporádicamente verificar:

Que las correas están limpias, por cuanto la abrasividad de la arena que arrastra el viento y del polvo que atrae la electricidad estática que adquieren las correas al funcionar, las desgastan y deshilachan.

Que no tengan chorreaduras de ninguna clase y particularmente de lubricantes o combustibles, los cuales debilitan su estructura.

Que no tengan fisuras ni quemones en ninguna de sus superficies, ni indicios de deshilachamiento.

Que no muestren desgaste ni pellizcos, lo cual indica irregularidades en alguna de las poleas o desalineamiento entre ellas.

Que no hagan ruido al arrancar el equipo, lo cual indica que la correas patinan, ocasionándoles quemones.

BIBLIOGRAFÍA

Catálogo Gates X15S. La tabla que muestra los problemas con las correas y su corrección, fue extraída de este catálogo y ajustada y completada por el autor de este libro.

Manual técnico Optibelt. http://www.rodaunion.es/media/imagenes/ Catalogos/Transmision/Optibelt/Manual%20tecnico%20correas%20trapeciales.pdf

ISO 4184:1992. Confirmed In 2017. Belt drives -Classical and narrow V-belts— Lengths in datum system

SUPLEMENTOS AL ANEXO G

1. Alineación y tensionado de correas
2. Tensión en las correas.
3. Problemas con las correas.
4. Perfiles de correas trapezoidales

SUPLEMENTO 1

ALINEACIÓN Y TENSIONADO DE CORREAS

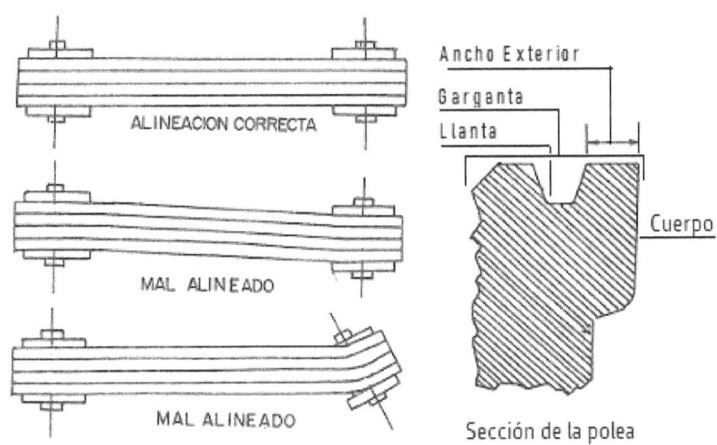

Fig. Ane. G-3

COMENTARIOS

Actualmente, la alineación de las correas y consecuentemente, de sus poleas, se hace con un equipo de LASER,

Usando LASER, el desplazamiento paralelo de una polea, su desviación angular (como muestra la Fig. Ane. G-3) y la torsión, son visibles instantáneamente, con lo cual es muy fácil alinearlas.

SUPLEMENTO 2

TENSIÓN EN LAS CORREAS

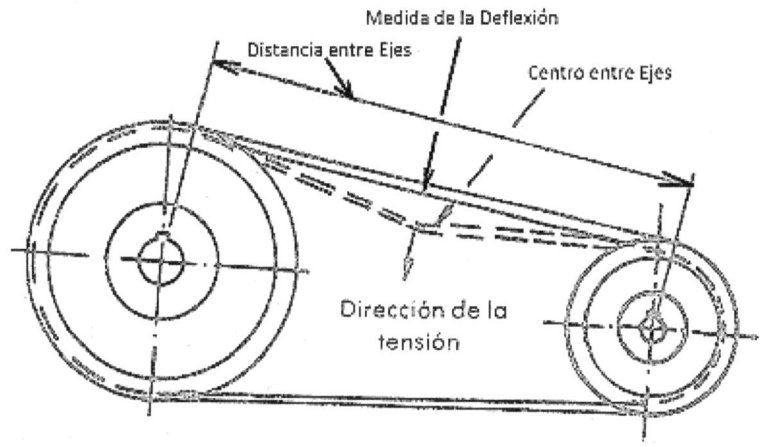

Fig. Ane. G-4

En el cuadro que sigue se muestra la tensión que deben tener las correas, de acuerdo con lo que indica el Instituto de Hidráulica de los EUA.

En la Fig. Ane. G-4 se muestra cómo se mide esa tensión.

TENSIÓN DE LAS CORREAS DE ACUERDO CON EL INSTITUTO DE HIDRÁULICA DE LOS ESTADOS UNIDOS DE A.									
Sección de la Correa	Fuerza en Lbs. para Tensión Normal	Fuerza en Lbs. para Correas Nuevas	Distancia Aproximada entre Ejes						
			20"	24"	28"	32"	40"	48"	60"
A	1,5 a 2,25	2,25 a 3,0	Deflexión 5/16"	Deflexión 3/8"	Deflexión 7/16"	Deflexión 1/2"	Deflexión 5/8"	Deflexión 3/4"	Deflexión 15/16"
B	3,25 a5,0	5,0 a 6,0							
C	6,5 a 9,75	9,75 a 13,0							
D	11,0 a 16,5	16,5 a 22,0							
3V	4,0 a 5,5	5,5 a 7,0							
5V	9,5 a 11,5	11,5 a 14,5							
8V	22,0 a 29,0	29,0 a 35,0							

SUPLEMENTO 3

PROBLEMAS CON LAS CORREAS Y SU CORRECCIÓN

PROBLEMAS CON LAS CORREAS Y SU CORRECCIÓN 1/3		
Problema	Causa	Corrección
Correas nuevas con tensión dispareja	Poleas mal alineadas	Alinear y ajustar la transmisión
	Ranuras de una o de todas las poleas desiguales	Cambiar la polea defectuosa
	Una o todas las poleas están cónicas	Cambiar la polea –o poleas- defectuosa
	Correa con tensores rotos por mala instalación	Reemplazar todas las correas con un juego nuevo y alinear
Correas están estiradas disparejamente	Ajuste insuficiente	Verificar el ajuste
	Sobrecarga excesiva o transmisión mal diseñada	Verificar carga o rediseñar la transmisión
Una o varias correas duran poco	Elementos tensores dañados	Reemplazar todas las correas con un juego nuevo y alinear
	Bordes dañados por mala alineación	Verificar la alineación y el juste de la transmisión y/o reemplazar la correas
	Ranuras de una o todas las poleas desgastadas o en mal estado	Reemplazar la polea defectuosa
	Transmisión mal diseñada	Rediseñar la transmisión
Correas con costados de sus paredes suaves y pegajosos. Sección transversal aceitosa o hinchada	Hay aceite, grasa o un disolvente en las correas o en las poleas	Evitar la fuente contaminante
	Uso de ceras y pastas antideslizantes inapropiadas	Limpiar meticulosamente las correas y las gargantas de las poleas con kerosene y retirar toda traza de él
		Puede ser necesario reemplazar todas las correas por un juego nuevo
Deterioro de componentes del caucho de la correa	Uso de ceras y pastas antideslizantes no apropiadas	No usar antideslizantes en las correas en "V"
		Reemplazar todas las correas con un juego nuevo y alinear

PROBLEMAS CON LAS CORREAS Y SU CORRECCIÓN 2/3		
Problema	Causa	Corrección
Poca adhesión entre los pliegues de una o varias correas	Hay aceite, grasa o un disolvente en las correas o en las poleas Uso de ceras y pastas antideslizantes inapropiadas	Evitar la fuente contaminante Limpiar meticulosamente las correas y las gargantas de las poleas con kerosene y retirar toda traza de él Puede ser necesario reemplazar las correas por un juego nuevo
Correas con los lados de sus paredes secos y duros Poca adhesión entre los pliegues Correas con su fondo rajado	Alta temperatura Poleas muy pequeñas Correas patinan	Retirar la fuente de calor, o proteger la transmisión Mejorar la ventilación de la transmisión Cambiar las poleas Ajustar la transmisión Verificar que la sección de las correas y la garganta de la polea se corresponden Puede ser necesario reemplazar las correas
Excesivo desgaste de las cubiertas	Las correas frotan contra el protector de la transmisión o contra otro obstáculo	Reacomodar el protector o retirar la obstrucción
Quemaduras en las correas	Las correas resbalan cuando el equipo para o arranca Poleas muy pequeñas	Ajustar la transmisión para tensar las correas hasta evitar el deslizamiento Verificar que la sección de las correas y la garganta de la polea se corresponden Cambiar las poleas
Correas rotas	Hay un objeto que continuamente cae o las golpea Correas mal instaladas	Reemplazar con un nuevo juego de correas, alinear y colocar un protector a la transmisión Reemplazar todas las correas con un juego nuevo y alinear
Correa ruidosa	La correa resbala	Verificar que la sección de las correas corresponda con la garganta de la polea Tensarla hasta que desaparezca el deslizamiento

PROBLEMAS CON LAS CORREAS Y SU CORRECCIÓN 3/3		
Problema	Causa	Corrección
Las correas se voltean	Hay un objeto extraño en las ranuras	Extraer el objeto y proteger la transmisión
	Poleas están mal alineadas	Alinear las poleas
	Las ranuras de una o ambas poleas están desgastadas o mal construidas	Reemplazar la polea mala
	Correas de sección menor que la requerida	Reemplazar todas las correas con un juego nuevo y alinear
	Demasiada vibración	Buscar polea desbalanceada, eje torcido, anclajes a la bancada flojos, rodamiento en mal estado
El sistema no tiene la fuerza prevista	Error de diseño	Rediseñarlo
	La correa resbala	Tensarla
	Proporción incorrecta entre los diámetros de la polea motriz y la accionada	Cambiarlas por poleas con los diámetros adecuados
	Quemaduras en la correa	Verificar que la sección de las correas corresponda con la garganta de la polea
Recalentamiento de los cojinetes	Transmisión demasiado tensa	Reemplazar poleas
	Bordes de las ranuras desgastados porque las correas tocan el fondo y no transmiten la fuerza sino estando excesivamente tensas	Tensar la transmisión solo lo suficiente
		Verificar que la sección de las correas corresponda con la garganta de la polea
	Poleas demasiado pequeñas	Cambiar la polea imperfecta
		Cambiarlas siguiendo las indicaciones del fabricante del motor
	Poleas mal alineadas	Alinear correctamente
	Cojinetes mal diseñados o con mal mantenimiento	Atender las recomendaciones para el diseño y mantenimiento de los cojinetes
		Cambiar uno o ambos cojinetes
	Mal estado del cojinete	
	Poleas demasiado lejos del cojinete	Colocar las poleas lo más cerca posible a los cojinetes

SUPLEMENTO 4

PERFILES DE CORREAS TRAPEZOIDALES

PERFILES DE CORREAS TRAPEZOIDALES CLÁSICAS			
Sección	a (mm)	ap (mm)	h (mm)
Z	10	8.5	6
A	13	11	8
B	17	14	11
C	22	19	14
D	32	27	20
E	40	32	25

PERFILES DE CORREAS TRAPEZOIDALES ANGOSTAS			
Sección	a (mm)	ap (mm)	h (mm)
SPZ	9,7	8,5	8
SPA	12,7	11	10
SPB	16,3	14	13
SPC	22	19	18

Donde:

a = Ancho superior de la correa;

h = Altura de la correa;

ap = Ancho de referencia = Ancho de la sección portadora en donde van los cordones de tracción. Ver: Fig. Ane. G-1.

ANEXO H

DECAPADO CON ACIDO O "PICKLING"

CONSIDERACIONES GENERALES

El decapado o desincrustación con ácido consiste en limpiar las superficies de las tuberías mediante el uso de ácidos como el sulfúrico y el clorhídrico para los metales ferrosos y el nítrico para los inoxidables, así como otros productos químicos especialmente formulados, con el fin de retirar restos de calamina, óxido, pinturas y contaminantes en general. Se hace por el interior del tubo y se inicia con un completo lavado con agua de las tuberías para retirarle mugre y detritos, después se hace el desengrasado y a continuación se lava cuidadosamente para asegurarse que se retira todo resto del desengrasante, por cuanto éste puede afectar la acción del ácido.

Los ácidos usados para el decapado son el clorhídrico, crómico, fluorhídrico, fosfórico, nítrico, sulfúrico o mezclas de ellos y se utilizan en diferentes concentraciones y temperaturas. También se usa el bicarbonato potásico, que es una sal.

El uso de ácido clorhídrico, además de requerir más tiempo, tiene dificultades por cuanto por tratarse de un gas disuelto en agua, se volatiliza a medida que se eleva la temperatura.

El decapado debe hacerse en un plazo definido y a una determinada temperatura y seguirse por un procedimiento de pasivado, que consiste en que las superficies que han sido decapadas son tratadas con substancias que neutralizan la acción de los productos usados en el decapado, con el fin de que no continúen afectando las superficies de las tuberías. Adicionalmente, todo el trabajo debe hacerse al aire libre y con la debida protección contra explosiones e incendios pues la acción del ácido sobre el metal produce hidrógeno.

El momento de efectuar un decapado a la tubería que irá conectada a un equipo y que requiere esta limpieza debe determinarse teniendo en cuenta que sea mínimo el tiempo que va a correr entre la finalización de este tratamiento y la fecha de arranque definitivo del equipo, con el fin de evitar la formación de óxidos dentro de la tubería lo que anulará la limpieza buscada con el decapado. Esta precaución es necesaria porque dicho tratamiento no da una protección permanente al metal, viéndose afectada además por la humedad relativa del ambiente y sus condiciones corrosivas propias del emplazamiento de la planta o de los gases que liberan sus actividades de producción.

La operación del decapado con ácido debe incluir las siguientes etapas:

Lavado inicial con agua

Desengrasado y limpieza general con soda cáustica o con detergente

Lavado con agua

Decapado con ácido

Lavado escrupuloso con agua

Neutralización

Pasivado

Lavado con agua

Secado

Inspección

Aplicación de una cubierta protectora

PROCEDIMIENTO

Las operaciones involucradas en las etapas anteriores deben ser efectuadas continua y rápidamente, condición que es en especial válida durante el lavado con agua y el pasivado siguientes a la limpieza con ácido, en razón de la alta susceptibilidad a la corrosión que esta última etapa representa para el acero al carbono.

Para llevar a cabo el proceso, es indispensable seguir al pie de la letra todas las indicaciones de los proveedores de los productos que se han de utilizar y ser precavido para evitar el contacto de ellos tanto con la piel de los operarios, como con productos de aluminio, cobre y sus aleaciones.

La potencia de las soluciones debe ser controlada durante toda la operación y en especial cuando son varias las piezas a tratar. Con el fin de evitar una excesiva pérdida de metal, la solución se reemplazará cuando el contenido del ion férrico (Fe +++) exceda 0.4% por peso.

Cuando se agregan aceleradores del decapado, se obtiene un terminado más fino, una superficie más suave y un lavado más completo y fácil de efectuar.

Como el tratamiento también ataca al metal base, surge la necesidad de recurrir a los inhibidores y su concentración deberá estar de acuerdo con las instrucciones del fabricante del inhibidor.

Utilizando la misma secuencia del punto anterior, a continuación se hace una descripción somera de las condiciones básicas que en cada etapa merecen tenerse en cuenta para realizar dicho tratamiento de decapado y pasivado:

Lavado inicial. Se usa agua con bajísimo contenido de cloruros, especialmente si son tuberías de acero inoxidable.

Desengrasado y limpieza general. Como su nombre lo indica, en esta etapa se retira la capa de aceite y grasa que traiga el tubo y se realiza usando una solución que puede ser alcalina o detergente, dependiendo ello de las condiciones de limpieza en que se encuentre el tubo al someterlo al proceso.

La solución de 20g-30g de hidróxido de sodio (NaOH) más 35g-50g de nitrato de sodio (NaNO3) y 3g-5g de silicato de sodio (Na2SiO3) por litro, es apropiada para usarla como desengrasante y el proceso dura ente 10 y 40 minutos a una temperatura comprendida entre los 70°C y 80°C. Las cantidades se ajustan de acuerdo con la cantidad de contaminante que se observe en el tubo.

Lavado. Una vez terminada la etapa anterior, todas las tuberías deben ser lavadas completamente con agua potable circulante por un tiempo no menor que 15 minutos o hasta que todas las huellas del limpiador hayan sido eliminadas.

Decapado o limpieza con ácido. Para efectuar esta operación, la tubería se sumerge con sus extremos abiertos en una solución de ácido en agua, buscando que penetre muy bien y que el hidrógeno que se produce y el aire que pueda haber dentro del tubo salgan libremente.

Es necesario llevar un control riguroso del tiempo para no retirar más metal base que el permitido.

Lavado. Inmediatamente después del tratamiento con ácido, se hace un enjuague para quitar por completo las sales de hierro y los restos de ácido, utilizando un flujo de agua potable a presión y lavando el tubo tanto por su interior como exterior hasta cuando el agua que sale del proceso tenga un pH igual a la que entra en él.

Neutralizado: Como neutralizante del ácido residual que pueda haber quedado después del lavado, se usa el hidróxido de amonio (NH4OH) con un pH de 10-11. Y se deja que actúe por 3 minutos a temperatura ambiente.

Pasivado. Para controlar la formación de óxido, inmediatamente después del neutralizado debe efectuarse un pasivado para lo cual se recurre a un baño de fosfato de zinc (Zn3(PO4)2) seguido de inmediato de un lavado con una solución de ácido crómico (H2CrO4) en agua caliente al 1% en volumen.

Secado. Para secar el tubo, se utiliza un flujo de nitrógeno o de aire desecado y cuya temperatura puede fluctuar entre los 66° y 77 °C.

Inspección. Para la aceptación del tratamiento es suficiente una inspección visual verificando que todas las superficies del tubo han pasado el proceso y se encuentran libres de toda huella de suciedad, grasa u óxido. Ayuda el uso de papel de filtro blanco, que se restriega contra la superficie metálica para verificar que no recoge rastro de grasa.

Las superficies pasivadas deben verse químicamente limpias y no mostrar grabados, picaduras ni escarcha.

Aplicación de una cubierta protectora. Para proteger la tubería decapada, se lubrica su interior con un aceite anticorrosivo que no requiera ser limpiado al instalarla, en seguida se tapan herméticamente sus entradas y se almacena en recintos protegidos de la humedad.

Instalación de protecciones en los extremos, que no deben ser retiradas sino hasta el mismo momento en que se vaya a instalar el tubo.

Es muy importante asegurarse que al tubo no entren roedores, pájaros ni insectos como por ejemplo, arañas.

BIBLIOGRAFÍA

ASTM A380/A380M-17. Standard Practice for Cleaning, Descaling, and Passivation of Stainless Steel Parts, Equipment, and Systems

ASTM A967/A967M-17. Standard Specification for Chemical Passivation Treatments for Stainless Steel Parts

SUPLEMENTO AL ANEXO H

1. Duración del decapado

SUPLEMENTO

DURACIÓN DEL DECAPADO

Duración del Procedimiento de Decapado Según el Ácido, su Concentración y Temperatura				
Ácido	Concentración %	Minutos a 18 °C	Minutos a 40 °C	Minutos a 60 °C
Sulfúrico	5%	55	15	5
Sulfúrico	10%	13	6	2
Clorhídrico	5%	135	45	13
Clorhídrico	10%	120	32	6

Nota. Agregar el ácido sulfúrico al agua.

Nunca hacerlo al revés, pues el agua al tocar el ácido sulfúrico provoca una vigorosa reacción exotérmica que salpica ácido a su alrededor.

ANEXO I

LUBRICANTES

CONSIDERACIONES GENERALES

Se denomina lubricante a una substancia que se caracteriza por poder soportar carga entre dos superficies en movimiento, separándolas y reduciendo el rozamiento entre ellas. El usado en las bombas centrífugas puede ser: Aceite mineral, sintético o grasa. El uso y manejo de esta sustancia se conoce como lubricación. (Aun cuando tienen otro uso, también hay lubricantes sólidos como el grafito y el disulfuro de molibdeno)

La lubricación es parte integral de los equipos, es su vida misma, ya que gracias a ella puede garantizarse que las máquinas permanecerán funcionando de manera continua y confiable durante muchos años.

El principio fundamental de la lubricación es mantener una separación entre superficies en movimiento, evitando la fricción entre ellas y disipando el calor para mantenerlas dentro de una temperatura aceptable. Los materiales que sirven para este propósito se llaman lubricantes y aun cuando existe una gran diversidad de condiciones de servicio, las siguientes propiedades son de especial importancia para cualquier producto lubricante:

Evitar la fricción entre las superficies en movimiento

Proteger contra la abrasión

Tener conductividad térmica que permita disipar el calor

Proteger contra la mugre y la corrosión, incluida la corrosión galvánica

Evacuar desechos y contaminantes

Mantener la viscosidad a la temperatura del régimen de operación

Mantener la densidad

Tener estabilidad y neutralidad químicas

Tener capacidad para absorber o mojar. (Adherencia)

En la búsqueda por satisfacer íntegramente los requisitos de cualquier máquina, se ha llegado a una gran diversidad de tipos de lubricantes, por lo tanto, la elección del producto que más se adecúa para un uso determinado, está basada en un cabal estudio del equipo que se va a lubricar así como de sus condiciones de operación.

Sin embargo, para que la lubricación cumpla su objetivo, no solamente basta con escoger un producto, sino que también al ir a utilizarlo, hay que asegurarse que sus propiedades y características no han sido alteradas, bien sea por contaminantes, depósito prolongado, uso de recipientes inadecuados, como por ejemplo los galvanizados o con soldaduras de cobre o sus aleaciones u otros inconvenientes derivados de un almacenamiento o manipuleo incorrectos. Dentro de este contexto, no solamente es importante una correcta selección del lubricante, sino también su adecuado almacenamiento y manejo. Siendo estas dos últimas actividades las que conciernen directamente al supervisor de montaje mecánico.

Las principales fallas en un sistema de lubricación son:

La viscosidad del lubricante es inadecuada.

El lubricante produce espuma.

El sistema no tiene suficiente cantidad de aceite.

El sistema no es lo suficientemente eficiente como para lubricar todos los componentes del equipo.

El sistema no disipa suficientemente el calor generado en los rodamientos o en otras partes que requieren lubricación.

Los filtros del sistema no son adecuados para mantener limpio el lubricante.

Para suministrar un conocimiento general sobre el tema, en este capítulo se exponen los conceptos básicos relacionados no solo con el almacenamiento y manejo de los lubricantes, sino también con sus características; esperando que con ello el supervisor tenga una mejor idea de los parámetros que le conviene tener en cuenta para establecer un adecuado procedimiento de lubricación en el sitio de la obra.

Desde el punto de vista de las condiciones del montaje, en donde toda la información técnica disponible tuvo que haber sido muy bien examinada y seleccionada antes de aprobar la compra de los equipos y materiales, las principales inquietudes del supervisor de montaje mecánico en la obra con respecto a los lubricantes, son:

La garantía de que el lubricante llegado a la obra reúne las características bajo las cuales se ha solicitado al suministrador.

El estado de pureza en que se encuentra el lubricante puesto a su disposición en la obra.

La viscosidad, que es a menudo la primera consideración en la selección de un aceite, bien sea que se suministre solo o contenido en una grasa.

CARACTERÍSTICAS GENERALES DE LOS LUBRICANTES

Teniendo en cuenta su utilización, el lubricante tiene cuatro funciones principales, a saber:

Proteger las superficies que por construcción están opuestas entre sí, evitando su contacto con una finísima película elastohidrodinámica que se forma entre ellas y cuyo espesor varía entre 0,00004" y 0,00006" (Cuatro y seis cienmilésimas de pulgada)

Proteger de la corrosión y de la mugre.

Favorecer la evacuación de los desechos y contaminantes.

Servir como transmisor y difusor del calor.

El funcionamiento de un lubricante, como por ejemplo un aceite mineral, se fundamenta en la acción hidrodinámica a determinadas velocidad, carga y temperatura. Esta forma de lubricación hidrodinámica posibilita el desplazamiento de las piezas en movimiento con desgaste prácticamente nulo, no obstante, la protección que presta depende de ciertos factores, pero principalmente del mantenimiento de la viscosidad bajo la velocidad, carga y temperaturas de trabajo del rodamiento o del cojinete; por ello, es fundamental seleccionar un lubricante adecuado para la operación sin paradas del mecanismo a lubricar.

Utilizar un lubricante con la viscosidad correcta para la velocidad, temperatura y carga concentradas en el rodamiento o cojinete, asegura la formación completa de una película con espesor suficiente para evitar el contacto de metal contra metal, protegiendo las partes en movimiento. Cuando la viscosidad es baja, se produce calor y desgaste del rodamiento y cuando es alta lo frena generando calor tanto en el rodamiento como en el motor. La viscosidad conviene que sea baja cuando el rodamiento está sometido a alta velocidad y bajas carga y temperatura; al contrario, cuando la velocidad es baja y la carga y temperatura altas, conviene utilizar una viscosidad alta.

Toda superficie metálica –por pulida que esté- presenta rugosidades, por lo tanto, cuando el lubricante pierde su capacidad para formar una película de espesor suficiente y se produce el contacto directo entre los elementos de la máquina, expone los componentes en movimiento a una delicada condición de servicio que se caracteriza por:

Alto grado de rozamiento.

Desgaste excesivo.

Aumento de la temperatura.

Aparición de puntos de soldadura, poros y grietas.

Deformación plástica del metal.

Agarrotamiento del mecanismo.

Los lubricantes pueden ser de tres clases: Aceites, grasas, sólidos y sintéticos. Sus características generales se describen someramente como sigue:

Los aceites, que pueden ser:

Minerales, como los extraídos del petróleo, que son de uso común en los automotores.

Sintéticos, como las siliconas, los polibutenos, los diésteres y los poliglicoles, que por su estabilidad térmica se usan bajo condiciones extremas como son temperaturas muy bajas o muy altas. Comparados con los aceites minerales, los sintéticos fluyen mejor a bajas temperaturas y son más resistentes a la oxidación.

Vegetales, que se usan bajo condiciones de gran presión y temperatura, con alta velocidad de las piezas lubricadas y con requerimientos de gran estabilidad de la viscosidad y excelente adherencia del lubricante.

Las grasas, que son:

Aceites minerales de viscosidad específica que han sido espesados hasta lograr una consistencia determinada utilizando un jabón metálico insoluble en el aceite, llamado base de la grasa, el cual puede ser de calcio, sodio, litio, bario y compuestos de calcio o aluminio como el estearato de aluminio. Además de las bases, las grasas también pueden llevar espesantes no saponificables que bien pueden ser orgánicos o inorgánicos, como el negro de humo, gel de sílice, alquil de urea y arcillas modificadas como la bentonita.

Se recurre a la lubricación con grasa cuando no puede lograrse la hermeticidad que exige el aceite, cuando por la posición del eje y el estado de las partes móviles, el uso del aceite no es económico o no puede garantizar una lubricación efectiva, cuando se necesita que el lubricante entre a presión dentro de un compartimiento estrecho para evitar su contaminación con polvo o barro circundante o, cuando se requiere adhesividad o resistencia a la eliminación del lubricante por lavado de agua.

Con respecto a las mencionadas bases de las grasas, cada una le da una característica especial a la grasa, así, por ejemplo:

Las de calcio son baratas, tienen buena resistencia mecánica, untuosidad e insolubilidad al agua y están limitadas a temperaturas inferiores a los 60 °C. Su aspecto es liso. Adicionándoles jabón plúmbico son especialmente adecuadas para aplicaciones expuestas al agua.

Las de sodio tienen buena estabilidad y trabajan a mayor temperatura que las de calcio, hasta los 110 °C, son anticorrosivas pero absorben agua y son solubles en ella, por lo tanto, no se recomiendan para utilizarlas en lugares húmedos. Su aspecto es fibroso.

Las de litio permiten trabajar a temperaturas de hasta 130 °C, son resistentes a la humedad y tienen muy buena resistencia mecánica. Su aspecto es liso. En el caso particular del litio, cuando su hidróxido es agregado a las grasas, se les mejora sus propiedades de protección contra el agua y el desgaste, así como su estabilidad térmica, pudiendo emplearse entre los 30 °C y +110 °C.

Los jabones de aluminio imparten una fibrosidad y adhesividad excepcionales y tienen buena resistencia al agua, pero su resistencia mecánica es mínima y solo pueden utilizarse hasta los 60 °C. Su aspecto es untuoso.

Las de bario, ofrecen una excelente estabilidad al cizallamiento y también son resistentes a la humedad, pero su costo relativamente alto obstaculiza su uso.

Las llamadas "Multipurpose", que son mezclas de jabones y aceites con tratamientos especiales, y a veces aditivos sólidos como el Bisulfuro de Molibdeno, para obtener buena resistencia mecánica a cargas altas e impactos fuertes, y para que reúnan propiedades para trabajar bajo condiciones tanto húmedas como secas y a temperaturas de hasta 130 °C.

OBSERVACIONES:

Las grasas con las siguientes bases no se deben utilizar en los rodamientos de bolas: Las de calcio. Las de aluminio. Las de un gel de sílice o de bentonita.

Las grasas con las siguientes bases no se deben mezclar con otras grasas: Las de bario y las de estroncio.

En cuanto a las propiedades de las grasas, las más importantes son:

Tipo y cualidades de la base, que es lo que resumidamente se acaba de exponer.

Viscosidad del aceite que entra en su composición, propiedad que se describe en este mismo anexo.

Consistencia de la grasa, que se expresa por el método de clasificación NLGI *(National Lubricating Grease Institute)*. Los grados NLGI se definen como rangos de la penetración trabajada con 60 golpes a 25 °C y se muestran en la tabla del Suplemento 1 de este Anexo.

Capacidad tanto mecánica como química para permanecer estable durante su uso, pues además de que el tiempo altera las propiedades de las grasas, al estar sometidas a trabajos con altas temperaturas se genera espuma, con lo cual el aceite se separa de la base, condición que se favorece cuando hay agua en el lubricante. A propósito, téngase en cuenta que una de las mayores fuentes de calor de un rodamiento es el exceso de lubricante.

Los lubricantes sólidos:

Los lubricantes sólidos son utilizados para requerimientos especiales, como el grafito, bisulfuro de molibdeno, bisulfuro de tungsteno, litargirio (Óxido de plomo) cobre, níquel, fluoruro de calcio, óxido de zinc, el yoduro de cadmio y el teflón (politetrafluoroetileno PTFE)

Los lubricantes sintéticos:

Los lubricantes sintéticos son productos químicos usados en condiciones particulares bajo las cuales no es adecuado el uso de los derivados del petróleo; lubricantes sintéticos son las siliconas -de las cuales hay aceites y grasas- las poliolefinas, los aromáticos alquilados y los cicloalifáticos.

Para mejorar sus cualidades y comportamiento, a los lubricantes en general se les agrega uno o varios compuestos químicos conocidos como aditivos. Los más comunes son:

Adhesivos, que mejoran las propiedades de adherencia del lubricante.

Agentes anti desgaste, son agentes orgánicos que retardan el desgaste y contribuyen a prolongar la utilización del lubricante y la duración de las partes lubricadas. Son especialmente útiles en los lubricantes de turbinas, motores de explosión y compresores de aire.

Agentes anti herrumbre, que protegen las superficies metálicas contra el orín producido por humedad en el circuito de lubricación.

Agentes de alta presión, que evitan rayones y otros desperfectos en las superficies de trabajo sometidas a condiciones extremas dentro de los límites máximos permitidos por el lubricante. Son particularmente útiles cuando la temperatura de utilización es superior a los 130 °C.

Agentes lubricantes, que modifican las cualidades antifricción y ayudan a reducir el consumo de combustible.

Antiespumantes, que al evitar la tensión superficial del aceite reducen la formación de espuma, con lo cual permiten que las burbujas de aire se combinen entre sí y se separen del lubricante, impidiendo que lo degrade la agitación que sucede dentro del motor. Como antiespumantes se usa siliconas, ciertos copolímeros orgánicos y ceras modificadas.

Antioxidantes: Que retrasan el envejecimiento del lubricante.

Antisépticos, que evitan el crecimiento de microorganismos en el lubricante. Se usan cuando hay posibilidad de que aguas sin tratamiento se mezclen con el lubricante.

Demulsificadores, que ayudan a la separación del agua y del lubricante.

Depresores de flujo, que disminuyen el punto de flujo del lubricante a bajas temperaturas.

Detergentes y dispersantes, que facilitan la limpieza dentro del sistema de lubricación del equipo, manteniendo suspendidos en el flujo de aceite tanto el lodo frío como las gomas y otros coloides, así como cenizas, facilitando su separación en el filtro de aceite.

Diluyentes: Que reducen los microcristales de cera para que el lubricante fluya a bajas temperaturas.

Dispersantes: Que retiran la suciedad arrancada por los aditivos detergentes.

Espesantes: Que por acción de la temperatura aumentan su tamaño y la viscosidad del lubricante para que mantenga constante la presión de lubricación.

Inhibidores de oxidación, que alargan la vida útil del lubricante reduciendo el deterioro que origina el oxígeno contenido en la mezcla carburante del motor, y disminuyendo los ácidos contaminantes del aceite que se forman durante una combustión incompleta, los que a su vez activan la acción del oxígeno.

Inhibidores de corrosión, que protegen del óxido y de la corrosión a las superficies lubricadas, cubriéndolas con una delgada capa.

Mejoradores del índice de viscosidad, que disminuyen la sensibilidad del lubricante a los cambios de su viscosidad por causa de la temperatura y hacen posible obtener aceites relativamente "Delgados" que fluyen con facilidad pero que se adelgazan muy poco con el aumento de temperatura, manteniendo una película de espesor estable.

COMENTARIOS

Lodo frío son aquellas acumulaciones insolubles en el aceite, compuestas por una emulsión que contiene partículas de carbón y plomo.

Gomas son copos pegajosos también insolubles en aceite y producidos a menudo por oxidación de éste o del combustible.

Un buen aceite detergente debe mantener limpio el sistema de lubricación de un motor de explosión; por lo tanto, si después del cambio de aceite éste se oscurece muy pronto, indica que está trabajando bien. Si esto no sucede, el lubricante debe ser reemplazado de inmediato, a no ser que se trate de un motor nuevo y perfectamente limpio por dentro.

LA VISCOSIDAD

La principal característica de los aceites es la viscosidad, que por ser una propiedad sobresaliente de los lubricantes merece consideración especial cuando se seleccionan.

Se entiende por viscosidad tanto el esfuerzo tangencial que hay que realizar para separar un líquido en dos porciones, como la medida de la resistencia que opone un líquido para fluir. La viscosidad de un líquido se mide haciéndolo fluir a través de un orificio graduado bajo una temperatura controlada.

La viscosidad de un fluido (Líquido, vapor o gas) representa el valor de los frotamientos moleculares internos que se oponen a su movimiento. Su conocimiento es esencial para determinar el comportamiento del fluido cuando es puesto en movimiento, o sometido a cambios de temperatura o de presión.

En el caso de los lubricantes derivados del petróleo, esta propiedad es sumamente importante, puesto que cuando la viscosidad es menor que la requerida por las condiciones de operación de la máquina en donde se quiere usar, el lubricante no ofrece suficiente protección al desgaste; pero cuando es mayor, es causa de los siguientes problemas:

Aumento de las pérdidas por fricción, con su consiguiente aumento en la carga y en el consumo de combustible o electricidad del motor.

Aumento de la tendencia a producir espuma.

Aumento de la temperatura del rodamiento o cojinete, por cuanto una mayor viscosidad reduce la facilidad de circulación del aceite.

Aumento de la rata de oxidación y descomposición del aceite, causado por el aumento de su temperatura.

De lo expuesto se deduce que la viscosidad afecta directamente tanto la potencia que se absorbe por fricción de los rodamientos con el mismo lubricante, como el calor que se genera en los cojinetes de la máquina, influyendo así en su eficiencia y en su consumo de lubricante; de aquí, la importancia que tiene utilizar el lubricante con la viscosidad adecuada.

La viscosidad disminuye al aumentar la temperatura bajo la cual está siendo utilizado el lubricante, y viceversa, es decir, la temperatura influye en la viscosidad de un mismo lubricante. Por esta razón, la viscosidad debe ser expresada junto con la temperatura a la cual ha sido determinada, aun cuando la variación en relación con la temperatura no es uniforme para todos los lubricantes.

Esta acción de la temperatura sobre el lubricante ayuda en cierta manera a que el mismo lubricante se proteja del sobrecalentamiento, puesto que al calentarse por causa de la fricción propia del fluido y al mismo tiempo irse disminuyendo su viscosidad, se llega a un punto de equilibrio; es decir, a un momento en el cual el lubricante es tan fluido que ya no genera más calor y por lo tanto su temperatura se estabiliza. Sin embargo, cuando el lubricante se somete a temperaturas superiores a aquellas para las cuales fue fabricado, se deteriora rápidamente carbonizándose y endureciéndose dentro de la caja de los cojinetes. Su degradación comienza por la evaporación de sus componentes más volátiles, continuando con la evaporación y oxidación del mismo aceite usado como lubricante.

Teniendo en cuenta lo anterior, cuando se requiera la utilización de lubricantes en cojinetes sometidos a una temperatura de operación superior a los 90 °C, habrá que considerar cuidadosamente el tipo y el método de lubricación que mejor se comporte en esas condiciones, así como la forma que se utilizará para disipar ese calor.

En los Estados Unidos de América, la viscosidad generalmente se expresa en "Saybolt Universal Seconds" cuya abreviatura es SSU o SUS y que se entiende como el tiempo en segundos que tardan 2 onzas (Aproximadamente 60 centímetros cúbicos) del lubricante para fluir por un orificio calibrado y a una temperatura constante de 100 °F, 130 °F o 210 °F. (37,78 °C, 54,44 °C, 98,89 °C) Así, cuando se menciona un aceite de 400 SUS a 100 °F, ello significa que 2 onzas de él a 100 °F tardan 400 segundos para fluir por el orificio del viscosímetro Saybolt. Cuanta más viscosa sea la muestra, mayor será el tiempo que requiere para pasar por el orificio.

Hay dos tipos de viscosímetros Saybolt, el Universal y el Furol, cuya diferencia básica es el tamaño de sus orificios. El último indica valores de viscosidad diez veces mayores que el Universal y se usa para determinar la viscosidad de aceites de alta viscosidad y aún de otros productos como el asfalto.

Además de lo dicho, la viscosidad también puede ser expresada en las siguientes formas:

Viscosidad absoluta, se mide en poises (Po) y es la fuerza en dinas necesaria para mover una superficie plana de 1 cm² sobre otra igual, plana y paralela, a la velocidad de 1 cm/seg. estando separadas por una capa de lubricante de 1 cm de espesor. Su submúltiplo es el centipoise (cPo) que es cien veces más pequeño.

Viscosidad dinámica, empleada en cálculos industriales. Se obtiene dividiendo por 98,1 la viscosidad absoluta, expresada en poises. La viscosidad dinámica del agua pura a 20,5 °C (69 °F) es 1 cPo.

Viscosidad cinemática, se mide en centistokes (cSt) y es la relación entre la viscosidad absoluta en centipoises y la densidad del lubricante, medidas en iguales condiciones: Visc Cinem = Visc Ab/Den.

También se mide teniendo en cuenta el tiempo que requiere un volumen fijo de aceite para fluir bajo la acción de la gravedad en el viscosímetro modificado de Ostwald. El tiempo en segundos que tarda el lubricante en fluir a través del aparato, multiplicado por una constante, da los centistokes a la temperatura de ensayo.

Para los cálculos científicos se convierte esta viscosidad a viscosidad absoluta medida en poises o centipoises.

Viscosidad Engler, se expresa en grados Engler (°E) y se utiliza en Alemania. Se llama así a la relación entre los segundos que tarda una cantidad determinada de aceite para pasar a través de un orificio calibrado y los que tarda la misma cantidad de agua para pasar por el mismo orificio, dadas iguales condiciones de temperatura y presión.

Viscosidad Redwood, se expresa en Redwood Seconds y es utilizada en Inglaterra. Indica el tiempo que transcurre mientras que 50 c.c. de aceite fluyen por un orifico calibrado y a una temperatura dada y constante.

Cabe anotar que existen tablas que relacionan entre sí las diferentes unidades de viscosidad, como la que se muestra en el suplemento 2 de este anexo.

En cuanto a la viscosidad del aceite presente en las grasas, los de viscosidad baja son usados para velocidades altas, especialmente cuando la generación de calor debe mantenerse al mínimo. Por el contrario, los de alta viscosidad son usados en equipos de baja velocidad y con alta carga en sus rodamientos. Para los requerimientos comunes de lubricación de los rodamientos, la viscosidad usual del aceite presente en las grasas es de 300 a 1.200 SUS a 35 °C.

La propiedad de resistir los cambios de viscosidad debidos a cambios de temperatura, puede expresarse por un número empírico que no tiene unidad, llamado Índice de Viscosidad (I.V.), del cual depende el grado de protección que ofrece la película de lubricante que se forma entre las superficies cuyo contacto directo se quiere evitar y que da la medida de la rata de cambio de la viscosidad con la temperatura.

A mayor índice de viscosidad, menor es la rata de cambio de la viscosidad con el cambio de temperatura; es decir, a mayor índice de viscosidad, mayor resistencia tiene ese aceite a perder su viscosidad con el aumento de la temperatura. O, viceversa, mientras más bajo el índice, más cambia la viscosidad del aceite con la temperatura.

Los aceites tienden a adelgazarse cuando se calientan por cuanto la viscosidad disminuye al aumentar la temperatura; y al contrario, a espesarse cuando se enfrían, porque la viscosidad aumenta al disminuir la temperatura. Bajo este último concepto, el índice de viscosidad sirve como una medida relativa para indicar cómo aumenta la viscosidad de un aceite cuando es enfriado de 210 °F a 100 °F.

Esta escala se estableció en 1929 y en esa época a las fracciones lubricantes obtenidas de los crudos de Pennsylvania, que eran parafínicos y a su vez eran los que menos cambiaban, se les asignó un índice de viscosidad de 100 y a los lubricantes obtenidos de los crudos nafténicos de Texas cuya viscosidad era la que más cambiaba al modificar la temperatura, se les asignó un índice de Viscosidad de 0 (Cero).

Así pues que aun cuando inicialmente el I.V. se usó para indicar el tipo de material base; que como se ha dicho, los aceites parafínicos tienen un I.V. más alto que los nafténicos, esta distinción ya no es tan simple y clara por cuanto las técnicas modernas de refinación y los aditivos mejoradores del índice de viscosidad tienden a confundir esa relación.

Además, actualmente se han desarrollado lubricantes con índices de viscosidad mayores que 100, los cuales son utilizados en trabajos sometidos a altas temperaturas, como las turbinas de gas y los motores de explosión interna.

Los aceites con un I.V. alto se utilizan en equipos sometidos a una gran variación de temperatura dentro de sus condiciones de funcionamiento, como es el caso de los motores de explosión que en un corto lapso pasan de la temperatura ambiental en que se encuentran al momento de su arranque, hasta las altas temperaturas que requiere su marcha.

El Índice de Viscosidad lo ha definido la ASTM D567, como:

I.V. = 100(LV/LH)

Donde:

I.V. = Índice de Viscosidad.

V = Viscosidad del aceite a 100 °F.

L = Viscosidad a 100 °F de un aceite de I.V. = 0 que a 210 °F tiene la misma viscosidad del aceite que se analiza.

H = Viscosidad a 100 °F de una aceite de I.V. = 100 que a 210 °F tiene la misma viscosidad del aceite que se analiza.

Además del I.V. en los aceites también se tiene en cuenta su densidad, la cual ha sido usual expresar en grados API o °API, que se definen como:

°API = (141,5/densidad relativa a 60 °F/60 °F) 131,5

En los derivados del petróleo se acostumbra trabajar con la muestra a 60 °F relacionada con la densidad del agua a 60 °F, la cual es 10 y se toma como unidad. Relación conocida unas veces como densidad relativa y otras como gravedad específica.

De la fórmula se deduce que a mayor peso específico menor API, o que, cuanto más alta la densidad relativa, más baja la densidad API.

Por ser los °API una medida de la densidad, hay densímetros graduados en °API; no obstante, esta escala se ha ido eliminando paulatinamente en favor de la densidad medida de acuerdo con el SI (Sistema Internacional de Unidades) cuya unidad oficial es el Kg/metro cúbico a 15 °C.

COMENTARIOS

La gravedad API es el factor predominante en la calidad del petróleo crudo y puede usarse como una aproximación de su composición y calor de combustión.

Cuanto más liviano es un crudo, mayor es su gravedad API, propiedad que está relacionada con la densidad relativa, conforme a la fórmula indicada anteriormente.

A igual viscosidad, los aceites parafínicos tienen menor peso específico (Mayor °API) que los nafténicos; y éstos a su vez, como se ha dicho, tienen un índice de viscosidad más bajo que los parafínicos.

RECIBO Y ALMACENAMIENTO

Es al recibo de los lubricantes cuando se tiene la oportunidad de cerciorarse que lo llegado a la obra está de acuerdo con lo que se ha solicitado; y es durante el almacenamiento cuando más expuestos están a la contaminación.

Un buen control en el recibo es de fundamental importancia para obtener buenos resultados en el uso posterior de los lubricantes.

Para que este control sea eficiente, es conveniente seguir las siguientes reglas:

Designar una sola persona para que sea responsable por esa operación y por su posterior manipulación. Esta persona deberá tener conocimiento con respecto al uso de los lubricantes, necesidades de lubricación en el montaje y un listado indicando el destino final de cada tipo de lubricante.

Verificar que el producto que está siendo descargado, está de acuerdo con el que se ha pedido, con la guía del transportista y con la lista de empaque del proveedor. Las marcas de identificación puestas por el fabricante deben estar completamente legibles y sin retoques ni omisiones.

Verificar que los sellos de los tambores y demás recipientes no han sido violados.

Verificar las condiciones de los envases, constatando que no presentan deformaciones mayores ni filtraciones.

En cuanto al descargue, es costumbre generalizada lanzar los bidones desde el camión sobre llantas colocadas en el suelo. Esto no es recomendable por cuanto el impacto que sufren puede dañar el envase, aparte de que encierra un grave peligro de accidente para el operario ya que en su interés por guiar y proteger la caneca, se expone a recibir un mal golpe olvidando que el tambor pesa cerca de un cuarto de tonelada; en consecuencia, al descargar recipientes que contienen lubricantes, conviene tener en cuenta lo siguiente:

Los recipientes deben ser descargados del vehículo de transporte por medio de equipos adecuados, tales como malacates, poleas, planos inclinados, montacargas, etc.

El uso de montacargas reduce el tiempo de descargue y mejor aún si se trata de los que tienen horquillas especiales para manejo de bidones, que ofrecen mayor seguridad.

En el caso de los camiones que tienen plataforma de descarga al mismo nivel del vehículo, se facilita el manejo de los tambores, disminuyendo los riesgos de averías y de accidentes personales.

Cuando en el sitio de la obra no se disponga de elementos apropiados para el descargue de las canecas, éstas deberán deslizarse longitudinalmente por rampas hechas de listones de madera o de tubos. Ver: Fig. Ane. I-1

Para trasladar tambores entre distancias cortas es común hacerlos rodar causándoles abolladuras; sin embargo, usando carretillas de mano o montacargas, se facilita su transporte al mismo tiempo que se protege el envase y se proporciona seguridad y comodidad al operario. A este respecto debe tenerse en cuenta que por su peso (Aprox. 200 Kg) una persona sola nunca debe esforzarse en levantar un tambor lleno de lubricante, so pena de causarse daño físico.

Fig. Ane. I-1

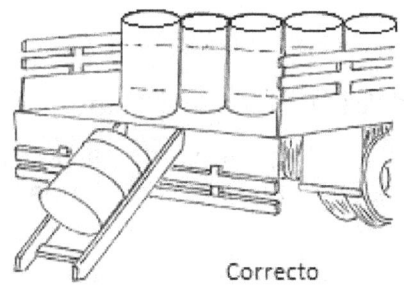

Correcto

Incorrecto

Cuando para el almacenamiento se usen estibas o "Pallets" todos los lubricantes deben ser estibados en el mismo momento de su recibo, teniendo en cuenta separarlos en conformidad con sus características, destino o utilización, ya sea para guardarlos en sitios predeterminados dentro de la bodega, o bien para enviarlos a sus respectivos lugares de consumo. Este proceder evitará que se confundan los distintos tipos de lubricantes y por lo tanto el riesgo del uso indebido de los mismos.

Los lubricantes deben ser almacenados bajo techo, con llave y lejos de zonas polvorientas, pantanosas o con vientos que arrastren polvo o cenizas. También deben ser almacenados lejos del calor excesivo y de áreas con riesgo de incendio o de explosión.

El cobertizo, o bodega, en donde se guarden los lubricantes debe estar situado en un punto accesible, que permita el fácil descargue y cargue de los lubricantes que llegan y que se retiran de él, y debe ser lo suficientemente amplio para permitir en su interior el movimiento de los tambores y del equipo necesario para manejar los lubricantes.

Dentro de la bodega y cobertizos, se mantendrán sobre estibas y en posición vertical, con sus dos tapones en la parte inferior, contra el piso, para evitar que entre aire húmedo debido a la "Respiración" que ocasiona la variación de temperatura que hay entre el día y la noche.

Para un almacenamiento racional y que facilite el manipuleo de los lubricantes, lo ideal es el uso de estibas, que además de prestarse para el apilamiento de los recipientes, es útil en el ordenamiento de baldes y cajas con latas de lubricante.

Para que el manejo de las estibas surta su efecto organizador, es necesario seguir ciertas normas en cuanto al modo de estibar y almacenar, tales como:

Nivelar y compactar el piso de la bodega.

Permitir la máxima ventilación e iluminación del interior de la bodega.

Utilizar estibas con dimensiones estandarizadas. Ver: Fig. Ane. I-2.

Observar las capacidades máximas de carga permitidas por el piso de la bodega y por los recipientes, así como el modo de superponer las diferentes capas de carga, con el fin de dar estabilidad al arrume.

Entrelazar cada capa del arrume con su inferior, como una pared de ladrillos, para dar estabilidad al apilado, bien sea que se use o no estibas.

Utilizar un montacargas adecuado al peso de la carga, al servicio y a los espacios de la bodega.

Señalizar la bodega marcando áreas y dimensiones, con el fin de permitir la operación segura con el montacargas y obtener uso óptimo del piso de la bodega y alturas de su techo.

Almacenar agrupando por tipos o clases: Para facilitar el control y la identificación de los lubricantes dentro de la bodega, es importante almacenarlos haciendo su separación por tipo de aplicación, Por ejemplo: Aceites para proteger de la corrosión el interior de bombas y turbinas. Lubricantes para bombas centrífugas. Lubricantes para turbinas. Lubricantes anti agarrotamiento. Lubricantes para automotores. Aceites hidráulicos. Grasas para rodamientos, etc. y dentro de esta primera clasificación, se subclasifican a su vez por características y después por el número que corresponde a su viscosidad. Una clasificación típica sería 'Aceites para automotores, para lubricar motor diésel, No. 40'.

Controlar el acceso: A la bodega solo debe tener libre acceso una sola persona quien debe ser la responsable por su cuidado y manejo y debe ejercer control suficiente para evitar la contaminación, tanto de los lubricantes como de los recipientes, bombas de trasiego, espátulas y en general del cobertizo y de sus áreas circunvecinas.

El acceso al servicio de lubricación debe estar restringido para personal diferente del que ha sido encargado de las actividades de lubricación y debe tener facilidades para la limpieza personal y de las herramientas, además de proveer un sitio para oficina del encargado de prestar este servicio.

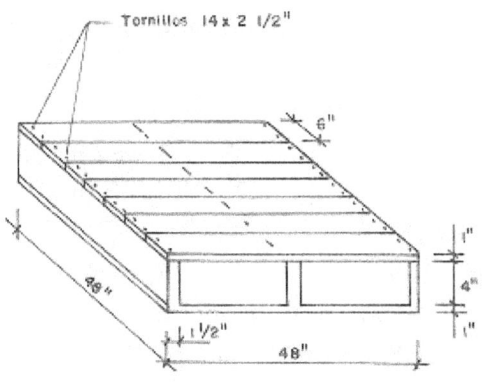

Tornillos 14 x 2 1/2"

6"

48"

1 1/2"

48"

MATERIALES:

63 Tornillos Golosos No. 14 x 2 ½" de Largo

3 Vigas de 1.½" x 4" x 48" = 38 x 102 x 1219 mm.

14 Tablas de 1" x 6" x 48" = 25 x 152 x 1219 mm.

Fig. Ane. I-2

El servicio de lubricación debe estar separado de la bodega. A él debe asignarse un personal exclusivo dotado de las bombas de trasiego, baldes (No se debe usar baldes metálicos ni mucho menos si tienen zinc o cobre), engrasadoras y demás herramientas necesarias.

También deberá estar dotado de trapos limpios, paños (No se debe usar estopa ni paños que suelten pelusa) vasos cuentagotas, aditamentos para lubricadores de vaso, recipientes para toma de muestras, filtros de aceite para motores de explosión, y demás dotación que se considere necesaria.

Es necesario además asignar espacio para el almacenamiento de los recipientes que han sido abiertos, o de los que se ha extraído lubricante, los cuales deben estar separados de los que están llenos y precintados.

Fig. Ane. I-3

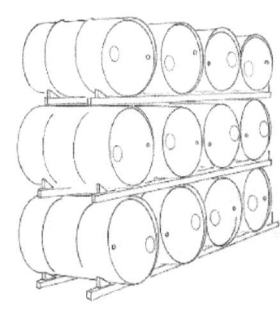

Dentro del área de servicio, es muy recomendable que los bidones que contengan aceite listo para usarse se almacenen en posición horizontal, con sus dos tapones formando una línea paralela al piso para que además de permitir que se verifique fácilmente la ocurrencia de filtraciones del producto, también se evite la entrada de aire húmedo debido a la "Respiración" que ocasiona la variación de temperatura que hay entre el día y la noche. Fuera de esto, en caso de ocurrir una filtración por los tapones, solo se vaciaría la mitad del recipiente. Ver: Fig. Ane. I-3.

El área de servicio de lubricantes debe estar provista de un piso firme y debe ser construida con un recubrimiento superficial que evite la producción de polvo, que no absorba los derrames de lubricante y que facilite su limpieza con líquidos de secado rápido.

Nunca se debe usar aserrín o materiales similares para secar derrames, puesto que además de generar un problema de seguridad, puede contaminar los lubricantes.

En una planta de montaje grande, como sería el ejemplo de una refinería, conviene instalar cobertizos de lubricación en diferentes áreas con el fin de que cuando se esté preparando las actividades del "Pre-commissioning" se acopie en ellas los diferentes lubricantes que requieren los equipos de las respectivas áreas, facilitando así el trabajo y el control de su uso de los diferentes lubricantes.

Cualquiera que sea la solución que se dé para el manejo de los lubricantes, se tendrá en mente que siempre se deberá tener control sobre ellos y una organización eficaz para su almacenamiento, manipuleo y utilización que permita evitar contaminaciones, mezclas inapropiadas y confusiones; además de asegurar la correcta rotación del "Stock".

Como se ha venido comentando, el manejo de los lubricantes debe hacerse bajo condiciones de extrema limpieza. Los tambores de los aceites que se estén usando deben ser almacenados en estantes adecuados para facilitar el retiro del producto por medio de una válvula que se instala en su conexión pequeña de la tapa, y que puede ser como la especial mostrada en la Fig. Ane. I-4, que permite controlar su utilización por personas extrañas, o una válvula común que sencillamente facilita el trasvase evitando contaminación y derrames.

PRECAUCIONES DURANTE EL ALMACENAMIENTO Y MANIPULEO DE LOS LUBRICANTES

Evidentemente, estas válvulas deben instalarse estando parado el tambor y después de que se le haya limpiado completamente la tapa en donde se instalará la válvula.

Fig. Ane. I-4

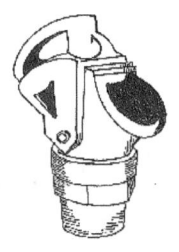

Todo tambor debe tener el tapón con que viene de la fábrica, o su válvula. Cuando no se retira aceite, las válvulas o los tapones deben permanecer completamente cerrados y limpios, disponiendo recipientes colgados de las válvulas para recoger el goteo que pueda resultar, o bandejas cuando en lugar de válvulas tienen tapones; no obstante estas precauciones, para evitar resbalones del personal que extrae el aceite y facilitar la limpieza del área, es conveniente tender una rejilla metálica en el piso y debajo de donde está la válvula o el tapón. Ver: Fig. Ane. I-5.

En caso de que los tambores permanezcan en posición vertical, se recomienda la utilización de bombas para hacer el trasiego del lubricante. Estas bombas, que se instalan en el tapón mayor del tambor, generalmente son de accionamiento manual, aun cuando también se pueden utilizar las movidas por aire o por electricidad. Se deberá tener la precaución de tener una bomba para cada tipo de lubricante, debido a que es prácticamente imposible limpiarlas totalmente.

La utilización de una sola bomba en diversos tipos de lubricantes resultará en contaminación y desperdicio, además de que con su desplazamiento se chorrean los demás implementos de la bodega

Fuera de ello, hay que tener en cuenta que nunca debe usarse el mismo equipo para trasvasar aceites detergentes, aceites de turbina y aceites hidráulicos, por cuanto una cantidad ínfima de detergente reacciona con los inhibidores de oxidación y corrosión que contienen estos últimos, ocasionando la formación de espuma y emulsiones con la consiguiente obstrucción de los filtros.

Así mismo, cuando se trasvasa aceite que no contenga cinc por medio de un equipo usado previamente para transferir aceite con aditivos de cinc, el primero queda contaminado, volviéndose altamente perjudicial para los motores diésel.

En cuanto a las grasas, debido a su consistencia, presentan mayores dificultades para manipularlas; sin embargo, también deben ser protegidas de la contaminación, tanto por el polvo, agua, o ceniza, como con otras grasas.

Si el trabajo se hace manualmente, exige la remoción de la tapa del tambor cada que se va a retirar grasa, con el evidente alto riesgo de contaminarla. Además, siendo el uso de la espátula el método más común para retirar la grasa del tambor, es también la mayor causa de contaminación del producto.

Fig. Ane. I-5

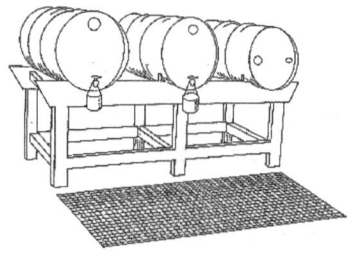

Es por lo anterior que en el caso particular de la grasa se encarece el uso de bombas neumáticas o manuales para trasvasarla, las bombas permanecen instaladas en sus respectivos tambores permitiendo mantenerlos cerrados. Se debe usar una bomba por cada tipo de grasa. Si no se dispone de los accesorios para llenar directamente las pistolas y engrasadores portátiles, debe tenerse cuidado en evitar la formación de bolsas de aire que perjudican la lubricación cuando se presurizan.

Si de todas maneras fuera necesario usar paletas y espátulas, se mandarán a hacer del tamaño y forma apropiados, una por cada tipo de grasa. No se permiten simples pedazos de madera que pueden soltar astillas perjudiciales para la lubricación o propensas a lacerar las manos de los operarios.

Las paletas y las espátulas deberán permanecer colgadas de una percha al lado de su correspondiente tambor y todos los tambores estarán tapados correctamente. Se mantendrán limpias y protegidas del polvo y se tendrá el cuidado de no utilizarlas para grasas diferentes de aquella para la cual se usó por primera vez, cuya identificación se facilita pintando con un mismo color tanto un extremo de la paleta o espátula como el extremo superior del bidón y el borde de su correspondiente tapa, como sigue:

Aun cuando los recipientes vengan de su proveedor identificados con código de barras, El tambor que contiene la grasa se marcará con una pintura resistente a la acción de esa grasa, trazando una franja de 7 cm (Aprox. 3") de ancho alrededor de su extremo superior, lo mismo que sobre el perímetro de la cara externa de su correspondiente tapa. Con la misma pintura y color se pintarán todos los implementos (Graseras, bombas engrasadoras, etc.) utilizados con ese lubricante.

Esta pintura se aplicará antes de abrir los bidones y conviene llevar un registro del color escogido para cada lubricante, asentando además las principales características de éste y las referencias y números de los equipos en los cuales se usará dicho lubricante.

El manipuleo de los bidones se facilita utilizando la carretilla, o "Burro", mostrada en la Fig. Ane. I-6.

Fig. Ane. I-6

Los cobertizos distribuidos por la planta para atender las necesidades de lubricación de las diferentes áreas, también deben proveerse de "Burros" en donde los bidones de aceite puedan ser montados en posición horizontal y a una altura acorde con las necesidades propias del trasvase. Además, también conviene que cada caneca tenga su correspondiente llave, o grifo.

El cuidado en el traslado de los lubricantes de su envase original a otros para llevarlos al sitio en donde se van a usar, reviste una singular importancia para evitar la contaminación por elementos circundantes y la confusión con otros lubricantes.

El cuidado empieza en la bodega y continúa en el área asignada para la entrega de los lubricantes o para prestar el servicio de lubricación, en donde lo primero es mantener la identificación de los lubricantes, pues si por alguna razón desaparece o se borrona la marca en un recipiente haciendo ilegible el nombre o las características de un lubricante, su utilización puede ocasionar daños serios a una máquina que se lubrique equivocadamente. Para evitar esta confusión, tanto el recipiente original como el utilizado para transportar el lubricante hasta el equipo, deben mostrar la identificación del lubricante, bien sea por su nombre o por un código de colores como el indicado anteriormente. Estos recipientes deben destinarse para manejar siempre el mismo tipo de lubricantes y nunca se deberán utilizar para otros fines.

Los recipientes y equipos utilizados en lubricación deben limpiarse rigurosamente después de cada uso, tapándolos para impedir la entrada de polvo u otros contaminantes y guardándolos en lugares apropiados, de preferencia bajo llave.

Todos los equipos que se utilicen para los servicios de lubricación deben ser de materiales resistentes a la corrosión y no deben estar pintados internamente, pues la pintura tiende a descascararse y contaminar el producto, máxime si es una pintura con base en zinc porque éste reacciona con los aceites.

Jamás se debe usar baldes ni envases galvanizados para transportar o trasvasar aceite. Muchos aceites industriales contienen aditivos que reaccionan con el cinc de la capa de galvanizado formando jabones metálicos que obstruyen los conductos de aceite; además, como ya se dijo, el cinc es extremadamente dañino para los motores diésel, ya que ataca los bujes de plata de los pernos de los pistones.

Tampoco se debe usar recipientes de cobre ni con soldaduras de cobre o sus aleaciones, por cuanto el cobre reacciona con el aceite lubricante, oxidándolo.

Para recolectar el aceite usado que es retirado de la maquinaria, se deberá reservar un recipiente específico y debidamente marcado. Es común que a la hora de tener que resolver esta necesidad, la mayoría de los operarios utiliza cualquier recipiente que esté a mano. Se deberá prohibir el uso de vasijas improvisadas tales como latas, tarros viejos, garrafas, etc. puesto que esta práctica conlleva a no tener conciencia del manejo de desperdicios altamente contaminantes como son los restos de lubricantes y los recipientes usados para transportarlos.

Los trapos untados de lubricante no deben tirarse en cualquier parte. Pueden ocasionar un accidente y además contaminan; por lo tanto, deben ser acopiados en un sitio predeterminado para ser incinerados de la manera más apropiada para evitar la contaminación ambiental.

Aun cuando la mayoría de los lubricantes son relativamente inofensivos para la salud mientras se tenga la precaución de evitar su contacto permanente con la piel, su ingestión o la inhalación de sus vapores y nieblas; sin embargo, es recomendable que el personal que manipula regularmente productos derivados del petróleo, tenga en cuenta las siguientes medidas preventivas:

Evitar contactos innecesarios, usando dotación y equipo protector.

Lavarse inmediatamente los ojos con abundante chorro de agua, en caso de sufrir una salpicadura de lubricante.

Quitarse enseguida todo producto derivado del petróleo que entre en contacto con la piel, usando un detergente sin agua y un jabón suave. No usar gasolina, queroseno, aguarrás ni disolventes similares.

Quitarse inmediatamente la ropa contaminada y lavarla muy bien antes de volver a usarla.

Lavarse los brazos y manos antes de comer y al terminar la jornada de trabajo.

Usar una crema protectora para reponer las grasas y aceites naturales de la piel.

Evitar la inhalación de nieblas y vapores.

Mantener limpia el área de trabajo, incluso, recogiendo inmediatamente el producto derramado.

Puede observarse que además del entrenamiento básico y la concientización del personal en relación con las técnicas de su trabajo, es necesario crear los medios y condiciones adecuados para hacer funcionar eficientemente un servicio de lubricación.

CONTAMINACIÓN Y DETERIORO DE LOS LUBRICANTES DURANTE SU ALMACENAMIENTO

Durante su almacenamiento los lubricantes pueden contaminarse con agua, polvo, hollín, otros lubricantes, combustibles, disolventes y productos diversos. Además, se pueden degradar como consecuencia de un almacenamiento prolongado y deteriorar por acción de la temperatura; por lo tanto:

Los lubricantes deben almacenarse en sitio separado de los combustibles, no solo para evitar contaminación de uno u otro, sino también por razones de seguridad.

Los lubricantes deben almacenarse separados de productos como solventes, detergentes, tintas, aceite de linaza, gases, etc. Si por equivocación se usan estos productos en un sistema de lubricación, destruirán la máquina. En cuanto a los gases, algunos reaccionan violentamente con los lubricantes, como es el caso del oxígeno bajo presión.

No conviene tener un "Stock" grande de lubricantes, en consecuencia, los que entren a la bodega deben rotarse en conformidad con su orden de recibo, es decir, se usarán primero los que llegaron primero, por cuanto el paso del tiempo degrada los lubricantes ya que la mayoría de los aditivos contenidos en los aceites y grasas lubricantes pueden deteriorarse cuando se almacenan por períodos muy largos.

El almacenamiento de lubricantes a la sombra hasta por un año a una temperatura ambiental moderada, tiene poco efecto sobre los aceites Premium, hidráulicos y de proceso. Pero los aceites de corte y algunas grasas de calcio pueden verse afectadas transcurridos seis meses después de su fecha de fabricación. Sin embargo, debe tenerse en cuenta que las temperaturas ambientales extremas pueden deteriorar ciertos tipos de aceites y grasas lubricantes. Por ejemplo, Algunas grasas no deben ser almacenadas expuestas al sol, o en bodegas muy calientes, porque el calor separa el aceite base del jabón que lo contiene, inutilizando el poder lubricante de la grasa. Los aceites solubles contienen una determinada humedad necesaria para mantener su estabilidad, si el sitio en donde están almacenados es muy caliente o muy frío, dicha humedad se puede evaporar o congelar, inutilizando el aceite.

Adicionalmente, con un almacenamiento prolongado los tapones del tambor pueden eventualmente permitir la entrada de agua. Esta contaminación es perjudicial para cualquier tipo de lubricante, así: Los aceites lubricantes contaminados con agua, forman espuma cuando trabaja el engranaje. Los aceites con aditivos para trabajar en motores de explosión o en cilindros hidráulicos (Gatos) se pueden deteriorar y precipitar los aditivos. Los aceites para transformadores presentan una sensible caída de su poder dieléctrico con un mínimo de contaminación por agua.

Para evitar que algunas entradas a la bodega queden inmovilizadas en ella, se debe confeccionar un cronograma de circulación de productos almacenados que permita controlar que ninguno se quede guardado más allá de lo necesario.

Como los aceites también sufren variaciones de volumen con los cambios de temperatura, dilatándose durante el día y contrayéndose durante la noche, durante el día ocurre expulsión de aire contenido en el interior del tambor y en la noche se presenta aspiración de aire ambiental, que puede contener un alto porcentaje de humedad. En el caso particular de los bidones que tengan que dejarse a la intemperie, este problema se acrecienta de manera significativa; y evitarlo se hace especialmente difícil, por lo cual se recomienda aplicar las siguientes operaciones:

Apretar completamente sus tapones e invertir las canecas para que queden apoyadas en sus tapas superiores.

Al estar ambos tapones en la parte de abajo se evita que el agua y las partículas finas de polvo y otros residuos penetren hasta el lubricante como consecuencia de la succión provocada por los vacíos que sufre el interior del tambor por efecto de los cambios ambientales.

Si fuere imperativo dejar el tambor almacenado al aire libre pero en posición horizontal, sus tapones deberán estar en una línea paralela al suelo. Ver: en este anexo la Fig. Ane. I-3.

Apoyar las canecas sobre piezas adecuadas de madera, y mejor si se dejan sobre estibas, asegurándose que no quedan en contacto con charcos ni con los arroyuelos que genera la lluvia.

Cubrir los bidones con una tela, bien sea plástica o lona y evitar su exposición directa al sol. Para hacerles sombra están a la mano las tapas de madera de los embalajes llegados a la obra.

Los locales destinados al almacenamiento y todos los recipientes por donde se pasa el lubricante deben estar rigurosamente limpios y permanecer protegidos de los procesos de fabricación circunvecinos que produzcan contaminantes.

Un lubricante contaminado con polvo, arena, sal, hilachas, escamas de óxido y demás partículas similares, puede causar serios daños a las máquinas. Pero, además, puede obstruir los conductos del sistema de lubricación, causar agarrotamiento de las válvulas de los sistemas hidráulicos y desgaste excesivo de los mecanismos debido a la presencia de materiales abrasivos.

Los contaminantes pueden disminuir las características de miscibilidad con agua en los aceites hidrosolubles, además de ocasionar un rápido deterioro de la emulsión. La presencia de contaminantes de cualquier tipo reduce abruptamente el poder dieléctrico de los aceites aislantes.

La mezcla accidental de un lubricante con otro de tipo diferente puede ocasionar varios inconvenientes. Así por ejemplo, un aceite de alta viscosidad contaminado con uno de baja, formará una película lubricante más delgada que la que le corresponde y por lo tanto habrá más desgaste en la máquina en donde se use.

Si los aceites para sistemas de circulación, como los de turbinas y los hidráulicos, se contaminan con aceites para motores de explosión, además de la posibilidad de que se anule la acción de sus aditivos, pierden su característica de separación de agua, causando en consecuencia daños costosos a los equipos en donde se esté usando ese aceite. En consecuencia:

La tapa superior de los tambores con lubricante debe ser limpiada completamente antes de proceder a su apertura cuando contiene grasa o a retirar alguno de sus tapones cuando contiene aceite. Así mismo, tanto los implementos para el trasvase como el sitio en donde se efectúa deben estar en completo estado de limpieza.

Al extraer lubricante de los bidones, se evitará sacar mucho más de lo necesario y el sobrante no se usará para lubricación cuando su pureza no pueda ser garantizada.

LUBRICACIÓN CON GRASA Y ACEITE

Lo primero es instalar en cada equipo los engrasadores o graseras y los tubos que llevan la grasa hasta los distintos sitios en donde es requerida la lubricación.

Con el fin de facilitar las labores de engrase posteriores al montaje, conviene marcar con pintura los sitios en donde se encuentran las graseras, haciendo un circulito alrededor de ellas.

Atender a la cantidad y clase de lubricante que se utilice, para lo cual se seguirán todas las instrucciones que al respecto suministre el fabricante del equipo, o en su defecto, el de los rodamientos.

Se tendrá en cuenta que un exceso de lubricante produce calor, pérdida del efecto lubricador y sobrecarga de la máquina.

Cuando los rodamientos son lubricados con aceite, éste solo debe cubrirlos hasta el casquete inferior de una de sus esferas situadas en la parte más baja del rodamiento.

Si en lugar de esferas tuviere rodillos, deberá cubrir por debajo del diámetro de uno de los rodillos en situación análoga a la anterior.

Durante las actividades de lubricación se revisará el buen estado de los sellos de los rodamientos, cuya finalidad es evitar la pérdida del lubricante y su contaminación con substancias corrosivas o abrasivas.

Los cojinetes sometidos a altas velocidades y baja presión, requieren aceites delgados, aun cuando no tanto como para que permita el contacto entre las superficies metálicas que se quiere proteger.

Cuando el eje gira, o se desplaza a una velocidad alta, o su lubricante está sometido a una presión o temperatura baja, se debe usar un aceite de baja viscosidad, ya que si es más pesado que lo necesario genera una fricción que puede ser excesiva y llegar a producir resistencia innecesaria al movimiento.

Por el contrario, para velocidades menores o presiones o temperaturas altas, el grado de viscosidad debe ser mayor, puesto que si bajo una de estas condiciones se usa un aceite liviano, puede verse afectada su resistencia para soportar la carga entre las superficies en movimiento y por lo tanto permitir su desgaste.

Cuando se utiliza grasa, se establecerá si se trata de rodamientos encerrados o de los provistos con válvula de engrase. En el primer caso, posiblemente sea necesario destapar el rodamiento para poder lubricarlo. En el segundo, la lubricación debe hacerse con la máquina en funcionamiento, ya que solo de esta manera puede retirarse la grasa vieja al mismo tiempo que se evita su exceso dentro del rodamiento.

Para la lubricación hecha con grasa, debe tenerse en cuenta que ésta solo debe llegar hasta un tercio (1/3) de la capacidad de la respectiva cámara. De todas maneras, se debe ser cuidadoso para no sobrepasar la cantidad indicada por el fabricante de los rodamientos, puesto que su exceso impide que las bolas giren, presentando entonces la misma superficie de carga con el consiguiente aumento de temperatura del cojinete y su rápido desgaste.

Cuando no se conoce la cantidad de grasa que se necesita para lubricar apropiadamente un rodamiento, puede calcularse mediante la siguiente fórmula:

G= 0,005DB

En donde:

G = Cantidad de grasa, en gramos

D = Diámetro exterior del rodamiento, en milímetros

B = Ancho del rodamiento, en milímetros

LUBRICANTES SÓLIDOS

Los lubricantes sólidos reducen la fricción sin necesidad de líquido y han sido formulados para usarlos bajo condiciones extremas de corrosión, presión y temperatura en rangos que van desde los 200 °C, como la mezcla de bisulfuro de molibdeno y grafito, hasta los 1.427 °C, como la mezcla de escamas de níquel y grafito.

Tienen excelentes propiedades para uso bajo condiciones industriales, como por ejemplo: Generan menos calor, resisten altas cargas, tienen funcionamiento más prolongado, tienen más estabilidad, toleran un alto rango de temperaturas y es un sistema de lubricación más limpio.

Son especialmente útiles para usarlos durante el montaje de los equipos con el fin de facilitar su posterior desarme y rearmado, reduciendo el tiempo que ello requiere así como los costos de inspección y mantenimiento al permitir menores necesidades de mano de obra, de herramientas especiales y de lapsos en las paradas necesarias para reemplazar las partes que se quieren inspeccionar o reemplazar.

Los lubricantes sólidos más usados son el cobre, zinc, níquel, bisulfuro de molibdeno, grafito, plomo, teflón y yoduro de cadmio.

Los tres primeros se usan en forma de escamas, los demás son escamosos por naturaleza. Las escamas son deseables porque al orientarse por sí mismas entre las superficies en contacto, ofrecen buenas propiedades anti adhesivas y soportan cargas entre la unión de esas superficies evitando su corrosión y soldadura en frío.

Además de sus características lubricantes, ofrecen ventajas adicionales, como por ejemplo:

El bisulfuro de molibdeno es excelente para temperaturas por debajo de los 230 °C, tiene alta capacidad para soportar carga con un bajo coeficiente de fricción, pero el bisulfuro se descompone por encima de esta temperatura y el molibdeno no resiste el cloro ni el flúor.

El cobre resiste altas temperaturas y tiene alta estabilidad galvánica.

El grafito soporta altas temperaturas, ambientes húmedos y oxidantes, pero promueve la corrosión galvánica

El níquel soporta altas temperaturas.

El plomo resiste a los ácidos.

El teflón resiste a los químicos.

Sin importar lo bruñidas que estén las superficies metálicas, realmente tienen picaduras, valles y camellones microscópicos que permiten que se agarroten entre sí cuando falla el lubricante que se ha puesto entre ellas.

El agarrotamiento se presenta con mayor frecuencia en las partes sometidas a condiciones severas, como alta temperatura, vibración, juntas demasiado apretadas, ambientes corrosivos y en tuercas y tornillos hechos con materiales que se atascan fácilmente como los aceros inoxidables, el aluminio y el monel. El agarrotamiento no ocurre cuando las superficies deslizantes de metales con dureza similar, están separadas por una capa metálica suave.

Un caso particular y muy común de agarrotamiento, es el que se presenta entre las bridas de tubería y la empaquetadura puesta entre ellas. Generalmente se pasa por alto lubricar estas superficies. Como las empaquetaduras tienen la tendencia a pegarse a las caras de las bridas, sucede que cuando éstas se separan, las capas de la empaquetadura quedan adheridas a ellas. Es necesario entonces dedicar tiempo adicional de montaje no solo para limpiar esas caras, con el riesgo de rayarlas afectando su sello, sino también para conseguir una empaquetadura de reemplazo con el subsecuente gasto extra de dinero. Aplicando lubricante antiadherente a las caras de las bridas, o a las superficies realzadas de las bridas "Raised Face", se obvia dicho problema, reduciendo el tiempo para desarmarlas y limpiarlas y posibilitando además usar nuevamente la empaquetadura.

Los lubricantes comunes no sirven para evitar el agarrotamiento porque se escurren de los puntos de contacto entre los metales y se secan aún a temperaturas moderadas. Para evitar este inconveniente se recurre a un tipo especial de lubricantes llamados anti agarrotamiento, que tienen ingredientes que los hacen efectivos en donde fallan los demás, en combinaciones de aceites con lubricantes sólidos especialmente adecuados para juntas en donde hay poco o ningún movimiento y/o calor y presión altos, pero que sin embargo el elemento lubricante se mantiene entre las superficies de metal separándolas con una delgada capa de suave polvo metálico que permanece aun cuando se escurra la base de aceite, la cual, habiendo sido portadora de los sólidos, les permitió distribuirse y revestir en forma pareja las superficies que se quiere proteger.

Al usar los lubricantes anti agarrotamiento hay que tener en cuenta tanto su capacidad contaminante como las temperaturas para las cuales están formulados. Así por ejemplo:

El bisulfuro de molibdeno debe usarse por debajo de los 230 °C, puesto que a temperaturas superiores libera compuestos sulfurosos que atacan el metal.

Los compuestos que contienen cobre y litargirio deben evitarse en donde no se permita la contaminación por cobre o plomo.

La mezcla cobre grafito, aun cuando es excelente para usarla con altas temperaturas, puede contaminar algunos procesos químicos.

La mezcla níquel grafito es más neutra que la de cobre grafito, menos activa metalúrgicamente y permanece estable a temperaturas altas, pero es más cara.

La mezcla grafito fluoruro de calcio no contiene metales libres y es compatible con los aceros inoxidables y otras aleaciones de níquel.

Otro uso de estos lubricantes anti agarrotamiento es en la instalación de pernos y tornillos en los cuales mejora dramáticamente la eficiencia de fijación. Por ejemplo, para producir una carga de fijación de 10.000 psi, un perno nuevo de acero al carbono grado 8 requiere en promedio una torsión de 84 Lbs/pie. Pero el mismo perno cubierto con lubricante anti agarrotamiento de cobre y grafito requiere 70 Lbs/pie; y si se usa bisulfuro de molibdeno, se reduce a 50 Lbs/pie. Las mismas ventajas se observan en los pernos de acero inoxidable.

Así mismo, con estos lubricantes también se reduce significativamente el esfuerzo requerido para zafar un perno que ha estado sometido a altas temperaturas, reduciendo los daños en las roscas, en las tuercas, en las cabezas de los pernos y en estos mismos al evitar que se retuerzan o se partan.

Los polvos metálicos lubricantes hacen aún más que lo descrito, así por ejemplo, cuando algunos de ellos se usan en las proporciones correctas tanto con grasa como con otros componentes antifricción, forman una empaquetadura sellante a medida que van siendo apretados y convertidos en una delgada capa. Así que mientras que las partículas metálicas van siendo deformadas y presionadas, el área de corte de la capa lubricante se va agrandando, a la vez que va aumentando su resistencia como consecuencia del incremento en la presión.

BIBLIOGRAFÍA

ANSI/HI WP002-2019. Proper Lubrication Methods for Bearings

ASTM. D2161-19. Standard Practice for Conversion of Kinematic Viscosity to Saybolt Universal Viscosity or to Saybolt Furol Viscosity

ASTM. STP43B. Viscosity Tables for Kinematic Viscosity Conversions and Viscosity Index Calculations.

Nota: Las tablas que componen los suplementos de este Anexo, fueron extraídas del estándar, ASTM. STP43B, traducidas, ajustadas y completadas por el autor de este libro.

Hütte. "Manual del Ingeniero de Taller". Editorial Gustavo Gili. S.A. Barcelona.

Revista ESSO Agrícola. Ediciones de noviembre 1986, abril y agosto 1987. Volumen XXXIV R

Nota: El texto de este capítulo está ampliamente reformado por la experiencia e investigación del autor de este libro, sin embargo, tanto ese texto como las figuras que lo ilustran, están basados en la Revista ESSO Agrícola. Ediciones de noviembre 1986, abril y agosto 1987. Volumen XXXIV R. ESSO Colombiana S.A. Carrera 7 No. 3645 Apartado Aéreo 3602. Bogotá D.C. Colombia; y en el Manual ESSO Línea Básica. Lubricantes y Especialidades Afines. Undécima Edición 1ro. De Julio de 1982. Product Technical services Petroleum. Products Dept. ESSO Interamerica Inc.

EXXON Corporation. Su uso fue autorizado mediante carta de Revista Esso Agrícola RP436 de octubre 27, 1987.

SUPLEMENTOS AL ANEXO I

1. Grasa. Números NLGI
2. Equivalencia entre las unidades de viscosidad

SUPLEMENTO 1

GRASA. NÚMEROS NLGI

LOS NÚMEROS NLGI DE LA GRASA CORRESPONDIENTES A LOS RANGOS DE PENETRACIÓN, SON COMO SIGUE:		
No. NLGI	CONSISTENCIA	PENETRACIÓN
000	Muy Fluida	445 475
00	Semifluida	400 430
0	Fluida	335 385
1	Muy Blanda	310 340
2	Blanda	265 295
3	Semiblanda	220 250
4	SemiDura	175 205
5	Dura	130 160
6	Muy Dura	85 115

Notas:
' Según ASTM 2171, a 25°c
La número 000 es la más suave y la No. 6 la más "Dura".
La No. 2 es la más usada para propósitos de lubricación general de rodamientos.
Las No. 3 y superiores, no se recomiendan para la lubricación de rodamientos por su tendencia a formar canales, ocasionando falta de lubricación en sus esferas o rodillos.

SUPLEMENTO 2

EQUIVALENCIA ENTRE LAS UNIDADES DE VISCOSIDAD

TABLA DE EQUIVALENCIAS ENTRE LAS UNIDADES DE VISCOSIDAD DE LOS LUBRICANTES											
Centi-stokes	Saybolt universal	Engler	Red-wood Núm. 1	Centi-stokes	Saybolt universal	Engler	Red-wood Núm. 1	Centi-stokes	Saybolt universal	Engler	Red-wood Núm. 1
2,0	32,6	1,140	30,35	25,0	118,9	3,455	104,3	80,0	369,6	10,53	324,4
2,5	34,4	1,182	31,60	26,0	123,3	3,575	108,2	82,0	378,8	10,79	332,5
3,0	36,0	1,224	32,85	27,0	127,7	3,695	112,0	84,0	388,1	11,05	340,6
3,5	37,6	1,266	34,15	28,0	132,1	3,820	115,9	86,0	397,3	11,32	348,7
4,0	39,1	1,308	35,43	29,0	136,5	3,945	119,8	88,0	406,6	11,58	356,8
4,5	40,7	1,350	36,68	30,0	140,9	4,070	123,8	90,0	415,8	11,84	365,0
5,0	42,3	1,400	38,01	31,0	145,3	4,195	127,7	92,0	425,0	12,11	373,1
5,5	43,9	1,441	39,32	32,0	149,7	4,320	131,7	94,0	434,3	12,37	381,2
6,0	45,5	1,481	40,61	33,0	154,2	4,445	135,6	96,0	443,5	12,63	389,3
6,5	47,1	1,521	41,96	34,0	158,7	4,570	139,5	98,0	452,8	12,90	397,4
7,0	48,7	1,563	43,30	35,0	163,2	4,695	143,5	100	462,0	13,16	405,5
7,5	50,3	1,605	44,64	36,0	167,7	4,825	147,4	110	508,2	14,48	446,1
8,0	52,0	1,653	46,07	37,0	172,2	4,955	151,4	120	554,4	15,79	486,6
8,5	53,7	1,700	47,47	38,0	176,7	5,080	155,4	130	600,6	17,11	527,2
9,0	55,4	1,746	48,91	39,0	181,2	5,205	159,4	140	646,8	18,42	567,7
9,5	57,1	1,791	50,31	40,0	185,7	5,335	163,4	150	693,0	19,74	608,3
10,0	58,8	1,837	51,76	41,0	190,2	5,465	167,4	160	739,2	21,06	648,8
10,5	60,6	1,882	53,30	42,0	194,7	5,590	171,4	170	785	22,37	689
11,0	62,3	1,928	54,80	43,0	199,2	5,720	175,4	180	832	23,69	730
11,5	64,1	1,973	56,39	44,0	203,8	5,845	179,4	190	878	25,00	771
12,0	65,9	2,020	57,94	45,0	208,4	5,975	183,5	200	924	26,32	811
12,5	67,8	2,070	59,49	46,0	213,0	6,105	187,5	250	1.155	32,90	1,014
13,0	69,6	2,120	61,10	47,0	217,6	6,235	191,5	300	1.386	39,48	1,217
13,5	71,5	2,170	62,74	48,0	222,2	6,365	195,6	350	1.617	46,06	1,419
14,0	73,4	2,220	64,39	49,0	226,8	6,495	199,5	400	1.848	52,64	1,622
14,5	75,3	2,270	66,05	50,0	231,4	6,630	203,6	450	2.079	59,22	1,825
15,0	77,2	2,323	67,75	52,0	240,6	6,890	211,0	500	2.310	65,80	2,028
15,5	79,2	2,378	69,49	54,0	249,8	7,106	219,6	550	2.541	72,38	2,230
16,0	81,1	2,434	71,20	56,0	259,0	7,370	227,7	600	2.772	78,96	2,433
16,5	83,1	2,490	72,90	58,0	268,2	7,633	235,8	650	3.003	85,54	2,636
17,0	85,1	2,540	74,69	60,0	277,4	7,896	243,9	700	3.234	92,12	2,839
17,5	87,1	2,590	76,45	62,0	286,6	8,16	251,9	800	3.696	105,3	3,244
18,0	89,2	2,644	78,17	64,0	295,8	8,42	260,0	900	4.158	118,4	3,650
18,5	91,2	2,700	79,97	66,0	305,0	8,69	268,1	1000	4.620	131,6	4,055
19,0	93,3	2,755	81,78	68,0	314,2	8,95	276,2	1100	5.082	144,8	4,461
20,0	97,5	2,870	85,47	70,0	323,4	9,21	284,3	1200	5.544	157,9	4,866
21,0	101,7	2,984	89,26	72,0	332,6	9,48	292,3	1400	6.468	184,2	5,677
22,0	106,0	3,100	92,97	74,0	341,9	9,74	300,4	1600	7.392	210,6	6,488
23,0	110,3	3,215	96,77	76,0	351,1	10,00	308,4	1800	8.316	236,9	7,299
24,0	114,6	3,335	100,5	78,0	360,4	10,26	316,4	2000	9.240	263,2	8,110

ANEXO J

TABLA DE LOCALIZACIÓN DE PROBLEMAS EN LAS BOMBAS CENTRÍFUGAS DE EJE HORIZONTAL

Nota: En adición al listado de problemas expuesto a continuación, es recomendable tener en cuenta las listas de problemas que hay en los anexos correspondientes a empaquetaduras, rodamientos, poleas y correas.

LA BOMBA NO DESCARGA LÍQUIDO, SUS CAUSAS PUEDEN SER:

La línea de aspiración está vacía

El tubo de succión está insuficientemente sumergido.

La válvula de pie está obstruida.

La válvula de la línea de aspiración está cerrada

La válvula de la línea de descarga está cerrada.

La bomba no fue cebada, perdió el cebado o éste es insuficiente.

La bomba trabaja a una velocidad inferior a la especificada

La bomba gira en sentido contrario. Rotación invertida.

El impulsor está suelto

Los semiacoples están desconectados entre sí.

Hay una bolsa de aire en la línea de aspiración.

Hay cuerpos extraños obstruyendo el impulsor, la tubería de succión o la de descarga.

El NPSH disponible es insuficiente.

La carga hidráulica total del sistema es superior a la de diseño de la bomba.

La viscosidad del líquido bombeado es mayor que la especificada para la bomba.

El peso específico del líquido bombeado es excesivo para las características de la bomba.

Si la bomba es impulsada por correas, éstas patinan.

LA CAPACIDAD DE DESCARGA DE LA BOMBA ES INSUFICIENTE, SUS CAUSAS PUEDEN SER:

La válvula de la línea de aspiración está parcialmente abierta.

La válvula de la línea de descarga está parcialmente abierta.

La válvula cheque del sistema está dañada u obstruida.

La bomba gira en sentido contrario. Rotación invertida

La velocidad de trabajo de la bomba es inferior a la especificada.

Hay una bolsa de aire o de vapor en la línea de aspiración.

Está entrando aire al sistema de bombeo, bien sea por los sellos de la bomba o por las empaquetaduras de la tubería o de la misma bomba.

La bomba cavita.

Los anillos de desgaste están dañados, permitiendo recirculación del fluido.

Hay pérdida de líquido a través del sello mecánico o de la empaquetadura (Está floja, desgastada o mal instalada).

Hay cuerpos extraños en el impulsor, la tubería de succión o en la descarga.

El impulsor está defectuoso, o su diámetro es menor que el requerido, o está mal instalado.

La viscosidad del líquido bombeado es mayor que la especificada para la bomba.

El NPSH disponible es insuficiente.

La carga hidráulica total del sistema de bombeo es superior a la de diseño de la bomba.

El tubo de succión está insuficientemente sumergido.

La válvula de pie está obstruida o es muy pequeña.

Si el sistema tiene filtro, éste se encuentra obstruido.

Si la bomba es impulsada por correas, éstas patinan.

LA PRESIÓN EN EL SISTEMA ES INFERIOR A LA DE DISEÑO, SUS CAUSAS PUEDEN SER:

La bomba gira en sentido contrario.

La velocidad de funcionamiento de la bomba es inferior a la especificada.

El líquido bombeado acarrea demasiado aire o vapor.

Está entrando aire al sistema de bombeo, bien sea por los sellos de la bomba o por las empaquetaduras de la tubería o de la misma bomba.

La empaquetadura, o el sello mecánico, permite escape del fluido bombeado.

Si la tubería tiene un filtro, éste está obstruyendo el flujo

La carga hidráulica total del sistema de bombeo es superior a la de la bomba.

La viscosidad del líquido bombeado es mayor que la especificada para la bomba.

Los anillos de desgaste están dañados, permitiendo recirculación del fluido.

El impulsor de la bomba está defectuoso.

La bomba cavita.

La válvula del sistema de recirculación permite el paso de líquido.

Si la bomba es impulsada por correas, éstas patinan.

LA BOMBA PIERDE EL CEBADO DESPUÉS DE ARRANCAR, SUS CAUSAS PUEDEN SER:

El NPSH disponible es insuficiente.

La elevación de succión es muy alta.

La válvula de pie está dañada.

El tubo de succión está insuficientemente sumergido.

El líquido bombeado acarrea demasiado aire o vapor.

Está entrando aire al sistema de bombeo, bien sea por los sellos de la bomba o por las empaquetaduras de la tubería o de la misma bomba.

La línea de succión no fue llenada suficientemente.

No hay fluido para bombear.

La tubería del líquido de sello del anillo linterna está obstruida.

El anillo linterna está colocado incorrectamente en el prensaestopas, evitando así la entrada del líquido de sello.

LA BOMBA TRABAJA BIEN AL COMIENZO PERO DECLINA RÁPIDA-MENTE, SUS CAUSAS PUEDEN SER:

Entra aire en la bomba. No hay hermeticidad en el sistema.

El líquido bombeado contiene una gran cantidad de aire o vapor.

El tanque de suministro hace que el fluido atrape aire

La conexión al tanque de suministro está muy superficial, generando un vórtex que atrapa aire desde la atmósfera y lo entrampa en el agua succionada por la bomba

LA BOMBA TRABAJA MAL AUN CUANDO LOS INSTRUMENTOS MUES-TRAN ESTAR BIEN, SUS CAUSAS PUEDEN SER:

Los instrumentos de medida son inapropiados.

Los instrumentos de medida están dañados.

Los instrumentos de medida están montados en puntos inadecuados.

Los instrumentos de medida o la tubería que los conecta con el fluido, están tapados o atascados.

La tubería que conecta los instrumentos de medida con el fluido tiene aire o vapor.

La tubería que conecta los instrumentos de medida con el fluido, o sus conexiones, tiene escape.

Hay cavitación en los puntos de conexión de los instrumentos de medida.

El cableado eléctrico de los instrumentos de medida está conectado inapropiadamente.

Las conexiones eléctricas del sistema, están insuficientemente apretadas.

Las conexiones eléctricas del sistema, están húmedas, sucias o corroídas.

LA BOMBA SOBRECARGA AL MOTOR, SUS CAUSAS PUEDEN SER:

La bomba gira en sentido contrario.

Hay una fase del motor con voltaje diferente a las otras dos

La velocidad de trabajo de la bomba es superior a la especificada

La carga hidráulica total del sistema de bombeo es superior a la de diseño de la bomba.

La viscosidad del líquido bombeado es mayor que la especificada para la bomba

La densidad del líquido bombeado es mayor que la de diseño de la bomba

La bomba y su motor están desalineados.

Los anillos de desgaste están dañados.

El sello mecánico, está mal instalado o muy apretado.

La bomba es frenada por un prensaestopas muy apretado.

La empaquetadura es de tamaño mayor al requerido.

Hay cuerpos extraños en el impulsor o en la tubería de descarga

El diámetro del impulsor es mayor que el requerido

El impulsor roza contra la carcasa o está parcialmente atascado.

El impulsor está dañado, mal instalado o montado al revés.

La bomba cavita.

Los anillos de desgaste están muy apretados

El eje está torcido

Los cojinetes están defectuosos o son inapropiados.

Hay mucho lubricante en los rodamientos, o su lubricación es insuficiente.

Instrumentos de medida malos o mal calibrados.

Si la bomba es impulsada por correas, éstas están muy tensionadas

LA BOMBA VIBRA O CHIRREA, SUS CAUSAS PUEDEN SER:

La bomba trabaja muy lejos del punto de máxima eficiencia.

La bomba trabaja a una velocidad crítica.

El NPSH disponible es insuficiente.

La bomba trabaja a muy bajo flujo.

La bomba está funcionando con una capacidad inferior a la de diseño.

El diámetro de la tubería de succión o de descarga es menor que el recomendado.

La válvula de pie está obstruida o es muy pequeña.

El filtro en la succión está tapado con material fibroso o con sólidos.

La tubería de succión o descarga está obstruida.

La válvula de la línea de aspiración está insuficientemente abierta

La válvula de control de la línea de descarga está mal localizada.

La válvula de la línea de descarga está cerrada.

No hay fluido para bombear.

El tubo de succión está insuficientemente sumergido.

El líquido bombeado acarrea demasiado aire o vapor.

Entra aire a la línea de succión.

El motor rota al revés

El impulsor está instalado incorrectamente.

La tolerancia entre el diámetro del impulsor y la lengüeta dentro de la voluta es inadecuada

El impulsor está desbalanceado o tiene cuerpos extraños incrustados.

El ojo del impulsor no es concéntrico con el diámetro externo del impulsor o no es perpendicular a éste.

Las aletas del impulsor están desgastadas, corroídas o dañadas

El impulsor está dañado.

La bomba tiene excesivo empuje, causado por falla mecánica o del dispositivo de balanceo hidráulico.

Hay rozamiento entre las partes rotatorias de la bomba y las estacionarias.

Si la bomba tiene sello mecánico, éste puede chirriar cuando se desgasta por falta de líquido de sello.

La bomba y su motor están desalineados.

El eje está torcido.

Hay patas cojas.

Hay pernos sueltos. Bien sea los de fijación a la bancada o los de anclaje a la fundación.

La tubería de succión está desalineada con la brida de succión de la bomba.

Están flojos algunos elementos de las válvulas instaladas en el sistema.

La fundación es más pequeña que lo requerido.

La expansión térmica no es uniforme.

Hay resonancia entre la velocidad de la bomba y la frecuencia natural de la bancada o la fundación,

Hay resonancia entre la velocidad de la bomba y la frecuencia natural de la tubería,

La bancada no tiene relleno con mortero o éste es insuficiente.

Hay elementos rotatorios del equipo que están desbalanceados

La caja de los cojinetes tiene tolerancias muy estrechas que los constriñe.

Los cojinetes están mal instalados

Los cojinetes están desgastados, dañados o mal instalados.

Los cojinetes tienen óxido o mugre.

Los cojinetes están siendo demasiado enfriados, causando condensación en su interior.

La lubricación de los cojinetes es insuficiente o no corresponde con la especificada por su fabricante.

Si la bomba es impulsada por correas, éstas chirrean cuando les falta tensión.

LOS RODAMIENTOS DURAN MENOS DE LO PREVISTO, SUS CAUSAS PUEDEN SER:

Impulsor desbalanceado.

El ojo del impulsor no es concéntrico con el diámetro externo del impulsor o no es perpendicular a éste.

Carga axial o radial excesiva.

El eje está torcido.

Hay desalineamiento entre los ejes de la bomba y el motor.

La bancada del equipo no está perfectamente apoyada y hay tensión en uno de sus anclajes.

Hay elementos rotatorios dañados por desgaste, cavitación, o corrosión.

Los rodamientos están mal instalados.

Las cajas de los rodamientos no son concéntricas.

Las cajas de los rodamientos presentan fisuras.

Las cajas de los rodamientos son muy estrechas y constriñen los rodamientos.

La lubricación es inadecuada por: Nivel del aceite bajo, aceite de mala calidad o contaminado, lubricante con viscosidad diferente a la requerida, sistema de lubricación insuficiente, exceso de grasa.

Si la bomba es impulsada por correas, éstas están muy tensionadas.

LOS SOPORTES DE LOS COJINETES SE RECALIENTAN, SUS CAUSAS PUEDEN SER:

No hay líquido para bombear.

La bomba cavita.

La bomba y su motor están desalineados.

La bomba tiene excesivo empuje, causado por falla mecánica o del dispositivo de balanceo hidráulico.

Hay rozamiento interno entre las partes de la bomba por: eje torcido, cojinetes en mal estado, rotor descentrado o desbalanceado.

La lubricación es inadecuada por: nivel del aceite bajo, aceite de mala calidad o contaminado, lubricante con viscosidad diferente a la requerida, sistema de lubricación insuficiente, exceso de grasa.

La caja de los cojinetes tiene tolerancias muy estrechas o éstos están mal instalados.

El sistema de enfriamiento de los cojinetes es insuficiente o está defectuoso.

La válvula de la línea de descarga está cerrada.

Si la bomba es impulsada por correas, éstas están muy tensionadas.

LOS ESTOPEROS SE RECALIENTAN, SUS CAUSAS PUEDEN SER:

El prensaestopas está muy apretado.

La empaquetadura está mal colocada o tiene un tamaño mayor al requerido

La empaquetadura no está suficientemente enfriada, o lubricada.

No llega suficiente líquido de sello al estopero.

EL EMPAQUE DURA MENOS DE LO PREVISTO, SUS CAUSAS PUEDEN SER:

El prensaestopas está muy apretado.

El empaque no está suficientemente enfriado o lubricado.

La empaquetadura está mal colocada o tiene un tamaño mayor que el requerido

Hay demasiado espacio entre el eje y la carcasa, lo cual permite el paso del empaque al interior de la bomba.

La tubería del líquido de sello del anillo linterna está obstruida, o no hay líquido de sello.

El anillo linterna está incorrectamente colocado en el estopero, evitando así la entrada del líquido de sello.

El líquido de sello está contaminado.

La bomba y su motor están desalineados.

El eje de la bomba está torcido.

El eje de la bomba tiene desperfectos en la parte correspondiente a la empaquetadura.

El eje está descentrado por: Torcimiento, impulsor desbalanceado o cojinetes gastados.

EL PRENSAESTOPAS TIENE ESCAPE EXCESIVO, SUS CAUSAS PUEDEN SER:

Al prensaestopas le falta apriete.

Hay demasiado espacio entre el eje y la carcasa, lo que ha permitido el paso del empaque al interior de la bomba.

La empaquetadura está mal colocada o tiene un tamaño menor que el requerido.

La empaquetadura está desgastada.

La empaquetadura no es la adecuada para el líquido bombeado.

Si la bomba tiene sello mecánico, éste ha sufrido desgaste por falta de líquido de sello.

Entra demasiado líquido de sello al estopero.

El líquido de sello está contaminado.

El anillo linterna está incorrectamente colocado en el estopero.

La bomba y su motor están desalineados.

La bomba vibra demasiado.

El impulsor de la bomba está desbalanceado.

Hay desperfectos en el eje por torceduras, rayones en el sitio correspondiente a la empaquetadura o descentramiento.

Si la bomba es impulsada por correas, la polea montada en su eje está desbalanceada.

Si la bomba es impulsada por correas, éstas están muy tensionadas.

BIBLIOGRAFÍA

ANSI/HI 1.4–2014 Manual Describing Installation, Operation and Maintenance for Rotodynamic Centrifugal Pumps

ANSI/HI 14.6 19Aug2011 Rotodynamic Pumps for Hydraulic Performance Acceptance Tests

ANSI/HI 1.6 (M104) 01Jan2000 Centrifugal Pump Tests.

ANSI/HI WP002-2019. Proper Lubrication Methods for Bearings

Hydraulic Institute Standards for Centrifugal, Rotary & Reciprocating Pumps. Edición 14. Año 1983, por la Universidad de Michigan

https://www.cisealco.com

Nota: La información mostrada en este anexo bajo los títulos: *"La bomba trabaja bien al comienzo pero declina rápidamente, sus causas pueden ser. La bomba trabaja mal aun cuando los instrumentos muestran estar bien, sus causas pueden ser y Los rodamientos duran menos de lo previsto, sus causas pueden ser."* fue extraída de la página www.cisealco.com con autorización otorgada por su gerente: Ing. Jaime Peraffán, especialista en sellos mecánicos, mediante E-mail del martes, 13 de octubre de 2020 12:49 p.m. y puede ser vista siguiendo el vínculo: https://www.cisealco.com/index.php/causas-mas-comunes-de-fallas-en-bombas-centrifugas#la-bomba-no-desarrolla-ninguna-presion-y-no-genera-flujo:

DEFINICIONES

TÉRMINOS USADOS EN LA INSTALACIÓN DE BOMBAS CENTRÍFUGAS

Nota: Las palabras extranjeras no se han puesto entre comillas, para facilitar su búsqueda y porque son de uso corriente y frecuente en las actividades de montaje industrial y particularmente de las bombas centrífugas en la industria petrolera y petroquímica.

Abrasión. Es la erosión o desgaste causado por fricción o roce continuo entre dos superficies.

Abrasivo. Que produce abrasión, desgaste, ralladuras.

Acero inoxidable austenítico. Aleación de acero no magnética y con muy bajo contenido de carbono, que lleva cromo y níquel en proporciones de 16% a 26% de cromo y 6% a 22% de níquel

Acople. Pieza de unión entre el eje del motor y el de la bomba al que está conectado, que cuando no es rígido les permite ligeros desplazamientos en sentido axial sin que se afecten entre sí. El acople es un conjunto compuesto por tres partes principales que son el espaciador y los dos semiacoples o cubos, de los cuales uno va montando en el eje de la bomba y el otro en el del motor.

Alineación axial. Se llama así al paralelismo entre el eje de la bomba y el de su motor. Lo cual a su vez implica que ambos ejes están completamente alineados entre sí. Ver: Desplazamiento angular y separación axial.

Alineación radial. Se llama así al desplazamiento paralelo cuando es igual a cero. Ver: Desplazamiento paralelo.

Alineamiento colineal. Se llama así a la situación de dos árboles de un equipo cuyos ejes o líneas de sus centros coinciden formando una sola línea recta. Es la línea ideal que uniría los centros de los semiacoples si los ejes estuvieran perfectamente alineados.

Alineamiento de operación o de servicio. Ver: Alineamiento en caliente.

Alineamiento en caliente. Es el procedimiento por el cual se establece y controla el cambio sufrido en el alineamiento en frío de la máquina, al pasar ésta de la temperatura ambiente a su temperatura de operación.

Alineamiento en frío. Por alineamiento en frío se conoce el procedimiento de situar dos equipos en una posición dada a partir de la línea de sus ejes, mientras se encuentran a la temperatura del medio ambiente normal en el sitio de la obra. Por lo general se efectúa utilizando carátulas, galgas, micrómetros o combinaciones de ellos.

ANSI. (American National Standards Institute) Instituto Americano de Estándares Nacionales. Es una organización privada sin ánimo de lucro que administra y coordina la normalización voluntaria de sistemas para la evaluación de conformidad, orientada a mejorar la competividad mundial de las empresas estadounidenses.

API. (American Petroleun Institute). Instituto Americano del Petróleo. Patrocina y realiza investigación relacionada con la industria del petróleo. Desarrolla, mantiene, distribuye y certifica los estándares que se aplican al diseño, fabricación y uso de materiales y equipos para la industria petrolera.

As Built. (Como quedó construido) Documento de ingeniería que expone la configuración y dimensiones reales como quedó instalado o construido el equipo o el asunto que es el objeto de ese documento.

ASME. (American Society of Mechanical Engineers) Sociedad Americana de Ingenieros Mecánicos. Asociación profesional de los Estados Unidos de A. que ha elaborado y mantiene y distribuye un código para diseñar, fabricar, construir, probar e inspeccionar equipos mecánicos como calderas y recipientes a presión (Boiler and Pressure Vessel Code) el cual se usa mundialmente.

ASTM. (American Society for Testing and Materials) Sociedad Americana para Pruebas y Materiales. Desarrolla, mantiene y distribuye estándares internacionales orientados a mejorar la calidad de los productos, la seguridad en su utilización, la facilidad para su mercadeo y la confianza de los usuarios en los productos fabricados de acuerdo con esos estándares, de los cuales ha emitido alrededor de 12.000.

Austenítico. Ver: Acero inoxidable austenítico

Babbit. (Metal Babbit) Es llamado así por el apellido de quien por primera vez lo fabricó en USA y es una aleación blanda, antifricción, resultante de la mezcla de 89% de estaño + 7% de antimonio + 4% de cobre, entre otras desarrolladas posteriormente, y se utiliza tanto en empaquetaduras como en cojinetes

Balinera. Ver: chumacera

Balero. Ver: chumacera

Bancada. Base en donde se montan la bomba y su motor formando un conjunto. Puede estar hecha de lámina soldada reforzada con perfiles, o también ser una sola pieza hecha de fundición de hierro.

Bypass. Palabra inglesa cuyo significado equivale a puente, desviación.

Calibrador. Llamado también indicador de carátula, reloj, y comparador. Aparato para tomar medidas de precisión en milésimas de milímetro o de pulgada. Está compuesto por una base que generalmente es magnética, un brazo soporte, una carátula en donde se leen las indicaciones de una aguja que gira sobre ella y un vástago que acciona la aguja y asienta sobre el eje o el semiacople de la máquina que se va a alinear. Ver: Indicador de carátula y Máximo Movimiento del Indicador.

Carcasa. Cuerpo de la bomba en donde se incluye y soporta el rodete o "impeller" y la conexión de entrada y de salida del fluido bombeado.

Cárter. Depósito de aceite de la bomba.

Cavitación. Formación de burbujas con alta presión dentro del líquido bombeado, que erosionan y terminan por destruir el rodete.

Cero Absoluto. Es la temperatura a la cual cesa todo movimiento molecular y corresponde a 273,15 °C bajo cero (-273,15 °C) o cero grados Kelvin (0 K)

Certificado. Documento que respalda la calidad de un material, la calificación de un procedimiento u operario, o los resultados de pruebas realizadas.

Certificado de conformidad con normas técnicas colombianas. El certificado o sello de conformidad es un documento expedido por un organismo de certificación acreditado por la superintendencia de industria y comercio de Colombia. Solo una parte de las posiciones arancelarias está sujeta a esta certificación.

Chumacera. Rodamiento de bolas. Balinera. Balero. Ver: Cojinete.

Cliente. Se entiende por "cliente" o "El Cliente", la persona natural o jurídica que contrata los servicios de "El Contratista".

Cojinete. Elemento mecánico que a la vez que soporta una carga, reduce la fricción entre un eje giratorio y una base fija. Los hay de casquillo y de bolas o rodillos.

"Commissioning" o Comisionamiento, Etapa de la construcción que comprende todas las actividades relacionadas con el ajuste y puesta a punto de las interconexiones entre los equipos y todas las demás actividades conducentes al arranque de la planta, para garantizar que su desempeño, confiabilidad y seguridad se encuentran en conformidad con las condiciones contractuales.

Consola: Tablero de instrumentos que contiene los indicadores y mandos desde el que se controlan y operan las bombas centrífugas u otro equipo.

Contratista. Persona natural o jurídica con quien se ha convenido la prestación de servicios para suministrar un bien o realizar un transporte, una obra civil o un montaje electromecánico. En este último caso, puede incluir prefabricación en taller por fuera del sitio de la obra.

Contrato. Convenio entre dos o más personas naturales o jurídicas, mediante el cual se establecen obligaciones y derechos recíprocos en relación con la entrega de un bien o la realización de un servicio –o ambos en un sitio determinado y por un precio y en un plazo definidos.

Coordinador de Logística. Persona responsable de atender las funciones de Logística para un proyecto y quien es experta en transportes, importaciones y aduanas.

Cuadro de avances de fabricación. Es el formato establecido para determinar el porcentaje de progreso de una fabricación.

Cuña. Chaveta. Es una clavija de sección rectangular o cuadrada que se incrusta apretadamente entre un eje y su acople o polea para que giren solidariamente.

Cuñero. Es la ranura hecha en el eje y su acople o polea, en donde se inserta la cuña.

Damper de reflujo. Pieza para amortiguar el golpe de ariete en un circuito hidráulico.

Densidad: Cantidad de masa o peso de una sustancia por unidad de volumen. Ejemplo: Gramos por centímetros cúbicos (g/cm3)

Deflexión. Deformación de un elemento por una fuerza que actúa sobre él.

Desplazamiento angular. En el alineamiento en frío, se llama así a la falta de paralelismo entre las caras de los extremos de los ejes del motor y del equipo accionado. Se puede expresar en grados o en milímetros por metro con respecto a la distancia entre ambos semiacoples e indicando el diámetro de sus caras. Cuando se expresa en esta última forma, la longitud en milímetros debe corresponder a la base de un triángulo en donde uno de sus lados está dado por la prolongación del diámetro de la cara de uno de los semiacoples y el otro por la prolongación del diámetro de la cara del semiacople opuesto. Ver: Alineación axial y Angularidad.

En el alineamiento en caliente, desplazamiento angular es una magnitud vectorial que representa el arco de la circunferencia recorrido por el eje de la bomba centrífuga al pasar de la temperatura ambiental a su temperatura de trabajo.

Desplazamiento paralelo. Se llama así a la distancia que pueda haber entre los centros de los ejes del motor y del equipo accionado. Ver: Alineación radial.

Dossier. Conjunto de documentos que registra la historia de los equipos, materiales y procedimientos usados en un proyecto, desde su adquisición hasta su montaje y Comisionamiento.

EPC. Siglas para la expresión "Engineering, Procurement & Construction" es decir. Ingeniería, Compras y Construcción.

Espaciador. Carrete del acople. Pieza que une entre sí el semiacople de la bomba con el del motor conectado a ella, salvando la distancia existente entre ambos semiacoples.

Espárragos. Segmentos de varilla roscada que al ser utilizados con tuercas instaladas en cada uno de sus extremos, hacen las veces de pernos.

Expediting. Es "obrar con eficacia y rapidez" es decir, prever, quitar obstáculos oportunamente y agilizar el flujo de las actividades.

Exudación. Movimiento de agua libre hacia la superficie del mortero de "grouting".

Factura comercial. Documento expedido por el vendedor, donde van relacionadas todas y cada una de las mercancías, con los precios unitarios y totales y demás anotaciones requeridas en el comercio internacional.

Factura proforma. Documento expedido por el vendedor, donde figuran todos los elementos que se indicarán en la factura comercial. No tiene valor jurídico y sirve como apoyo a las operaciones previas a una importación.

La factura proforma es una factura previa emitida por el vendedor de los suministros, que sirve como referencia para elaborar el registro de importación y solicitar la apertura de la carta de crédito. Cuando la factura proforma se ha utilizado para solicitar la licencia de importación, se requiere que la factura comercial que viene con los suministros sea igual a su correspondiente factura proforma.

Fundación o pedestal. Denominación utilizada para referirse a una cimentación en construcción, arquitectura e ingeniería. Cuerpo sólido, generalmente con forma de prisma rectangular, sobre el que se apoya una columna u otro objeto. Cosa que sirve de base o fundamento para algo.

Gestión de compras. Conjunto de labores dirigidas a la consecución de todos los servicios, equipos y/o materiales requeridos en los proyectos ejecutados por "El Contratista", esta consecución debe realizarse de acuerdo con el programa general del proyecto.

Grados Kelvin. O Kelvin. Escala de temperatura similar a la centígrada, llamada escala de temperatura absoluta y cuyo cero corresponde al cero absoluto.

Grouting. Palabra inglesa dada al mortero que rellena el espacio que hay entre la fundación de concreto y la bancada del equipo.

G.T.A.W. ("Gas Tungsten Arc Welding"). Soldadura de arco de tungsteno y gas. Proceso de soldadura de un metal con arco que produce coalescencia de los metales, calentándolos con un arco eléctrico producido entre un electrodo de tungsteno (no consumible) y las piezas de trabajo, y protegido por una atmósfera de gas inerte. Puede o no utilizarse material de relleno.

Indicador. Calibrador con carátula. Micrómetro de carátula semejante a la de un reloj pero con una sola aguja. La carátula, en lugar de estar graduada en horas lo está en milésimas de pulgadas o de milímetros y por uno de sus costados sale un pequeño vástago accionado por un resorte.

Al fijar el calibrador a un apoyo firme, asentar el vástago sobre una superficie y ajustar la aguja al cero de la carátula, es posible medir las diferencias que haya entre los distintos puntos de esa superficie. Así por ejemplo, si el vástago se asienta sobre la superficie de un eje y éste se hace girar, se puede determinar su concentricidad o excentricidad.

Al ir rotando el eje, el vástago se va ajustando a las diferencias que va encontrando en la superficie, fluctuando entre la posición mínima y máxima de acuerdo con el punto más bajo y el más alto de esa parte del eje. Ver: Calibrador

Inclinómetro. El Inclinómetro es un instrumento de precisión para medir inclinaciones y ángulos de 0° a 30°, o inclinaciones y pendientes expresadas como un porcentaje.

Inconel. Se denomina así a una variedad de aleaciones inoxidables de níquel desarrollada en Inglaterra en 1940, en donde el cromo entra en un alto porcentaje y es complementada con porcentajes importantes de hierro, molibdeno y niobio, que dan a cada aleación características particulares de resistencia y estabilidad a temperaturas que van desde los 1.250 hasta los 1.400 °C

Indicador de carátula. Instrumento para tomar mediciones de precisión en milésimas de milímetro o de pulgada, mediante un punto de contacto conectado a un husillo o vástago que acciona engranajes, los que a su vez mueven una aguja dentro de una carátula graduada permitiendo así leer los diferentes valores. Ver: Calibrador y Máximo movimiento del indicador.

Inoxidable austenítico. Ver: Acero inoxidable austenítico

Inspección de fabricación. Actividades que realiza el inspector para ejercer un control en las fabricaciones de taller, correspondientes a una Orden de Compra o Contrato y que se inician a partir de la entrega de los documentos aprobados y termina con el despacho al sitio de la obra.

ISO. (International Organization for Standardization) Organización Internacional para la Estandarización. La ISO elabora normas de aplicación internacional que especifican sistemas de gestión de la calidad, que van desde guías y requisitos generales para el manejo de la documentación y organización de los recursos, hasta la recopilación y análisis de información con el objetivo de buscar la satisfacción del cliente.

Invar. También llamado Nivarox, FeNi36 y Pernifer 36. Es una aleación con muy bajo coeficiente de dilatación lineal, que medido entre 20° C y 100° C y dependiendo de su pureza, está alrededor de 0,0000012 por °C. El Invar está compuesto por 63,8% de Fe, 36% de Ni y 0,2% de C.

Límites de medida. (O, Límites medidos) Valores máximo y mínimo encontrados entre dos mediciones tomadas a un objeto. Ver: Máximo movimiento del indicador.

Lista de empaque ("Packing list"). La lista de empaque es un documento emitido por el despachador que puede ser el mismo vendedor, en donde se relacionan los materiales y/o equipos físicamente enviados, sin precios, pero indicando pesos, tipos, dimensiones y marcas en los embalajes.

Lubricador. Vaso de vidrio montado al lado del cárter y que muestra el nivel del aceite.

Manhole. Paso de hombre. Apertura hecha en un recipiente para permitir el paso de las personas hacia su interior, o si es por dentro, para pasar de una sección a otra del recipiente.

Máximo Movimiento del Indicador (Full Indicator Movement FIM). Diferencia absoluta entre la lectura mínima y máxima obtenida al girar un eje u otra pieza 360°. Ver: Indicador y Límites de medida.

Micropulgada (μin). Millonésima parte de una pulgada

Mils. Expresión inglesa que significa milésimas de pulgada.

Motor abierto. Es un motor con aperturas de ventilación que permite que el aire de enfriamiento proveniente del exterior pase por entre sus embobinados. Cuando un equipo grande se designa como 'máquina abierta' quiere decir que se trata de una máquina cuya ventilación no tiene restricciones diferentes a las ocasionadas por su propia construcción mecánica.

Motor a prueba de explosión. Es un motor totalmente cerrado cuya estructura está diseñada y construida para soportar la explosión, que de un gas o vapor especificado, pueda ocurrir dentro de ella; asimismo, estará en capacidad de evitar que por chispas, destellos o explosiones de los gases contenidos en su interior, entren en ignición los gases o vapores especificados que puedan estar rodeando el motor por su exterior.

Motor a prueba de goteo. Es un motor abierto, cuyas aperturas de ventilación están construidas de tal forma que el funcionamiento del motor no se interfiere cuando gotas de líquido o partículas sólidas golpean o entran a su carcasa cayendo verticalmente dentro de un ángulo comprendido entre 0° y 15°.

Motor a prueba de goteo con protección completa. Es un motor en el cual todas las aperturas que permiten acceso directo al metal vivo o a las partes rotativas, excepto las que tienen superficies suaves, tienen una dimensión limitada; bien sea por las partes de su estructura, o bien por pantallas, deflectores o cualquier otro medio que evite el contacto con partes peligrosas. Dichas aperturas no deben permitir el paso de una varilla redonda de 20 mm de diámetro, además, insertando por entre ellas una varilla de 12.7 mm de diámetro y haciéndola penetrar 100 mm no debe tocar ninguna parte metálica aislada o rotatoria peligrosa, ni tampoco ningún alambre aislado con esmalte.

Motor hermético al agua. Es un motor que después de haber sido sometido durante cinco minutos a un chorro de agua lanzado por una manguera desde tres metros de distancia y en cualquier dirección, no habrá permitido filtraciones a su interior.

Motor protegido de la intemperie. Es un motor abierto que tiene las entradas y salidas de sus pasos de ventilación construidos de tal forma que el aire de alta velocidad y las partículas que él pueda acarrear, permitan ser desviadas para que no entren a los pasajes de ventilación que desembocan directamente en las partes eléctricas del motor.

El recorrido del aire de ventilación que entra a las partes eléctricas de este motor, debe tener cuando menos tres cambios abruptos en su dirección, ninguno de los cuales debe ser menor que 90°; adicionalmente, la entrada al recorrido de ventilación estará provista con un área de baja velocidad donde no se excederán los 182.88 m/min para disminuir así la posibilidad de que la mugre y la humedad entren a las partes eléctricas del motor. Todas las aperturas de ventilación serán construidas de forma que no permitan el paso de una varilla de 20 mm de diámetro.

Motor totalmente cerrado. Es un motor construido de tal forma que su encerramiento no permite el libre intercambio del aire de su interior con el del exterior, pero no tanto como para considerarlo hermético.

Motor totalmente cerrado sin ventilación. Es un motor totalmente cerrado que no está equipado para su enfriamiento por medios externos.

Motor totalmente cerrado y enfriado por ventilador. Es un motor totalmente cerrado, que está equipado para ser enfriado por el exterior mediante un ventilador integrado al motor pero que no hace parte de sus elementos encerrados.

Motor totalmente encerrado y enfriado por ventilador resguardado. Es un motor totalmente cerrado y enfriado por ventilador, en donde todas las aperturas que tienen acceso directo al ventilador tienen una dimensión limitada; bien sea por las partes de sus estructura, o bien por mallas, pantallas, deflectores o cualquier otro medio que evite un contacto accidental con el ventilador; tales aperturas no deberán permitir el paso de una varilla de 20 mm de diámetro y en el caso de introducir por ellas una de 12.7 mm de diámetro, no deberá tocar las hojas, ni los radios o ninguna otra superficie irregular del ventilador.

Motor totalmente encerrado y enfriado por agua y aire. Es un motor totalmente encerrado que es enfriado por aire circulante, el que a su vez es enfriado por agua circulante. Está provisto de un intercambiador de calor enfriado por agua y de ventiladores para hacer circular el aire de ventilación, los cuales a su vez pueden estar integrados al eje del motor o separados de él.

Motor totalmente encerrado y ventilado por tubos. Es un motor totalmente encerrado pero provisto con aperturas arregladas en tal forma que permitan que se les instale tubos o ductos para la admisión y descarga de aire de ventilación, el cual puede hacerse circular por medios integrados al motor o por medios externos que no hagan parte de él, en cuyo caso se llamarán motores separados o de ventilación forzada.

NEMA. (National Electrical Manufacturers Association) Asociación National de Manufactureros Eléctricos

NLGI. Abreviatura para National Lubricating Grease Institute. Instituto Nacional de Grasa Lubricante. Es una asociación comercial sin fines de lucro, compuesta principalmente por empresas que fabrican y comercializan todo tipo de grasas lubricantes. La membresía es por empresa y no por individuo. Además, existen grupos de investigación, y educación cuyos intereses son principalmente técnicos. (Tomado de la página WEB: https://www.nlgi.org/

NPSH. Abreviación de las palabras inglesas. Net Positive Suction Head, cuya traducción es. Carga Neta Positiva de Succión. Según Wikipedia del 23 de Feb. de 2013: "NPSH es la diferencia que se presenta en cualquier punto de un circuito hidráulico, entre la presión de ese punto y la presión de vapor del líquido bombeado, en el mismo punto.

Si la presión en el circuito es menor que la presión de vapor del líquido bombeado, éste se vaporiza produciendo cavitación que dificulta y puede llegar a impedir la circulación del líquido, para terminar dañando el equipo." Ver: Cavitación.

Número de identificación ("Tag"). Corresponde a un número de identificación de equipos y/o materiales que permite su referencia cruzada contra los planos e isométricos de la planta.

Orden de Compra. Documento que emite un comprador para formalizar la aceptación de una oferta recibida de un vendedor para suministrar bienes. Ver: Orden de Servicio.

Orden de Servicio. Documento que emite un comprador para formalizar la aceptación de una oferta recibida de un vendedor para suministrar servicios. Ver: Orden de Compra.

Panel de Control: Ver: Consola.

Pernos de Anclaje. Tornillos largos que van embebidos en la fundación y con los cuales se asegura la bancada del equipo a dicha fundación.

Pedestal. Parte de la bancada que sobresaliendo de ella, es en donde se apoyan y se aseguran las patas del motor o la turbina y de la bomba.

Las superficies de los pedestales deben estar completamente pulidas y niveladas.

Petición de Oferta. Ver: Solicitud de Oferta.

PET. Polyethylene terephthalate. Tereftalato de polietileno.

Piezómetro. Instrumento para determinar el nivel freático en un subsuelo.

PQR. ("Procedure Qualification Record"). Registro de calificación del procedimiento. Formulario que hace parte del "WPS" Ver al final de este capítulo en donde se asienta el registro de la calificación efectuada a un procedimiento de soldadura, indicando tipo de unión realizada, materiales base y su clasificación, espesores, tipo de electrodo utilizado, posición de la soldadura, características eléctricas aplicadas, tipo de precalentamiento y tratamiento térmico posterior cuando aplica.

Precomisionamiento o "Precommissioning". Etapa de la construcción que comprende todas las verificaciones – tanto físicas como documentales limpiezas, ajustes, pruebas e inspecciones que deben hacerse a cada uno de los equipos una vez que se ha terminado su montaje, para asegurarse que cumplen con todas las especificaciones, normas y requerimientos del proyecto.

Esta etapa es vigilada estrechamente por el cliente puesto que es cuando recibe uno por uno los diferentes equipos de la planta que ha comprado.

Proceso. En un proyecto de ingeniería, se denomina proceso a la interacción de un conjunto de métodos y actividades contenidos en las especificaciones, estándares, procedimientos, planos, programación y controles que conforman los términos de referencia que obligatoriamente deben seguirse para diseñar, desarrollar y llevar a cabo y exitosamente, los trabajos requeridos para construir y poner en funcionamiento una planta industrial, que a partir de un determinado producto obtendrá otros específicamente definidos.

Producción. Este término se usa aquí para identificar de manera genérica al "grupo de Commissioning" y al cliente mismo. Por ejemplo: cuando en las pruebas de las plantas se menciona "La gente de producción" quiere decir, los empleados del cliente o sus representantes, encargados de las actividades del "Commissioning"

Programa general. Conjunto de actividades generales a realizar por parte de "El Contratista" y comprende desde la adjudicación de una Orden de Compra o Contrato hasta las fechas de entrega.

Protocolo. Describe el compendio de todos los certificados y modificaciones aceptados por "El Contratista" o el Cliente.

Proveedor. Entiéndase por proveedor aquella persona natural o jurídica que está en capacidad de suministrar bienes o servicios.

Pruebas de Comportamiento. Son las pruebas descritas o a las que se hace referencia en el Contrato o en la Orden de Compra, que se llevarán a cabo por el contratista o proveedor en conformidad con el mismo, para demostrar que los equipos o las unidades se encuentran en condiciones de operación y que operan de acuerdo con las normas establecidas en el Contrato o en la Orden de Compra.

Psia. ("Pounds per Square Inch Absolute") Libras por pulgada cuadrada absolutas, cuyo "0" se establece estando al vacío total el manómetro. Es decir, para convertir "psig" en "psia" se adiciona 14,7.

Psig. ("Pounds per Square Inch Gauge") Libras por pulgada cuadrada manométricas. Es la presión relativa que toma como "0" cero la presión atmosférica medida en unidades inglesas 14,7 por cuanto el "0" de los manómetros de uso común se establece en la fábrica, estando abiertos a la atmósfera.

PTFE. Polytetrafluoroethylene. Politetrafluoroetileno. Conocido comúnmente como Teflón.

Punch List. Lista de chequeo o lista de asuntos que deben ser verificados para garantizar la correcta instalación y el buen funcionamiento de un equipo o sistema.

Punto de espera. Es la condición, que debe cumplir el fabricante, para que sea realizada una actividad de inspección por parte de "El Contratista", sin la cual el fabricante no queda autorizado para continuar con la actividad siguiente en su proceso. Los puntos de espera del proceso de fabricación son fijados por el inspector de "El Contratista"

Puntos de control. Son aquellas etapas de la fabricación en la cuales se deben realizar controles de calidad por parte del Grupo de Control de Calidad del fabricante.

Raised Face. Cara elevada. Es un tipo de cara de brida de tubería cuya superficie de contacto para asentar la junta de sellado o empaquetadura está ligeramente levantada.

Se denomina cara elevada porque la superficie de la junta se eleva por encima de la cara del círculo de las perforaciones para atornillarla, con lo que permite concentrar más presión en un área de contacto más pequeña y por lo tanto, aumentar su capacidad de sello o estanqueidad. La presión de diseño que soportará la brida determina la altura de su cara elevada.

Retracción. Encogimiento del mortero de relleno. Puede presentarse durante el fraguado el secado. Se evita usando la menor cantidad posible de agua para preparar la mezcla. En la preparación y aplicación del "Grouting" se debe seguir estrictamente las instrucciones de su fabricante.

Rodamiento. Rodamiento de bolas. Chumacera. Balinera. Balero. Ver: Cojinete

Rodete. Rotor. Impulsor de la bomba. Pieza situada dentro de la carcasa. Su rotación logra la circulación del líquido.

Schedule. Conocida en el comercio como "Cédula" es una expresión aproximada de la fórmula Ns = 1000 x (P/S) donde Ns = No. de "Schedule". P = Presión interna en psig y S = Tensión de trabajo permitida en psig.

A mayor "Schedule", mayor espesor de pared del tubo y menor diámetro interno. En el caso del "Schedule" 40 ("Standard" o Std.) hasta las 12" de diámetro nominal ("NPS" en inglés por "Net Positive Succión Head") el diámetro interno es igual al nominal. A partir de las 14" lo es el diámetro externo.

Secuencia general de inspección. Forma organizada de las diferentes actividades que debe desarrollar el Inspector con el fin de planear, programar y ejecutar las inspecciones correspondientes a una fabricación.

Separación o distancia axial. Se llama así a la separación existente entre las dos caras de los cubos de los semiacoples montados en los ejes del motor y del equipo accionado.

Separador: Es una pieza cilíndrica que se monta entre los semiacoples para compensar su separación axial, al mismo tiempo que los une para hacerlos solidarios en su giro.

S.M.A.W. ("Shielded Metal Arc Welding") Soldadura manual con electrodo revestido. Proceso de soldadura de un metal con arco eléctrico que produce coalescencia de los metales, calentándolos con el arco formado entre un electrodo de metal revestido y las piezas de trabajo.

Solicitud de Cotización. Ver: Solicitud de Oferta.

Solicitud de Oferta. Se entiende por "Solicitud de Oferta" el documento comercial con el cual se solicita las condiciones de plazo, calidad, precio, forma de pago y sitio de entrega bajo las cuales un proveedor está dispuesto a suministrar un bien o servicio cuyos parámetros técnicos han sido indicados en una requisición. Ver: Solicitud de Cotización.

Standby. Equipo que se mantiene listo para entrar en operación, bien sea para reemplazar o para dar soporte a otro que está conectado al mismo sistema.

Stress Relief. Alivio de esfuerzos. Tratamiento con calor que se hace a un equipo para quitarle los esfuerzos dejados por la aplicación de las soldaduras.

Suministros. Calificativo genérico para los materiales, equipos y servicios requeridos en un proyecto y que pueden ser obtenidos de un proveedor.

Suministros Críticos. Son aquellos que por su complejidad pueden afectar el plazo de terminación y/o el costo del proyecto. Los suministros críticos pueden ser equipos, materiales y servicios. Por ejemplo. Equipos eléctricos de control y maniobra, equipos de control sistematizado – ACS, ESD, FGSS equipos de proceso, tanques de almacenamiento, láminas de aleación especial, válvulas de aleación especial, contratistas de obra civil, contratistas de montaje electromecánico, contratistas de transportes especializados.

Los equipos críticos los define el Grupo de Ingeniería. Los materiales y servicios críticos los definen los Grupos de Ingeniería y/o Compras.

Suministros de Larga Entrega. Son aquellos cuya entrega en el sitio de la obra toma seis (6) o más meses, contados a partir de la aceptación de la orden de compra, o del contrato, por parte del vendedor.

Los suministros de larga entrega los define el Grupo de Compras.

Tag. Corresponde a un número de identificación de equipos y/o materiales que permite su referencia cruzada contra los planos e isométricos de la planta. Ver: Número de identificación.

Teflón. Ver PTFE

Terminación de Obra. Es la etapa en la cual el cliente reconoce que la planta ha sido construida de acuerdo con los planos, especificaciones y demás términos contractuales, e inicia su aceptación y consecuente recibo.

Desde el punto de vista del contratista, los trabajos de construcción de la planta comienzan a terminar al iniciar el precomisionamiento o "precommissioning.

TIG. Tungsten Inert Gas. Tungsteno y Gas Inerte. Proceso para soldar un metal con arco eléctrico mediante un electrodo de tungsteno recubierto con una atmósfera de argón.

Tolerancia. Diferencia permitida entre dos límites de medida. Ver: Límites de medida.

Trazabilidad. Seguimiento o rastreo de un producto que permite reconstruir con mucha certeza su historia, uso y localización, así como la de cada una de las materias primas que lo componen y de los procesos productivos a los cuales han estado sometidos; de tal manera que siempre sea posible no solo precisar todas las etapas de obtención de su materia prima, producción, transformación y terminado del producto mismo, sino también las necesarias para su distribución y llegar al sitio en donde se encuentra; mediante el acopio de una documentación compuesta por datos de sus proveedores, fabricantes e inspectores, que van desde certificados de origen y calidad que indican el número de colada, registros de pruebas no destructivas como rayos "X" y resonancia magnética, de pruebas destructivas y de laboratorio realizadas a probetas de la misma colada para comprobar su composición química, gráficas de comportamiento, doblez, tensión y otras para comprobar sus características físicas, hasta procesos de fabricación y resultados de controles de calidad y pruebas de funcionamiento del producto en cada una de sus etapas, que permiten garantizar sus especificaciones.

La trazabilidad permite controlar la calidad y combatir el fraude.

Tubería de sello. Tubo conectado por un extremo a la caja del estopero o del sello mecánico y por el otro a la descarga de la bomba o a otra fuente, para suministrar el líquido utilizado para mejorar la lubricación y hermeticidad del sello o de la empaquetadura.

Vendedor. Persona natural o jurídica con quien se ha convenido el suministro de un bien o servicio, a cambio del pago de una determinada cantidad de dinero.

Viscosidad. Es la resistencia de un líquido para fluir y es el resultado de la reacción que sus moléculas oponen a ser separadas.

WPQ. (Welder Performance Qualification Test Record). También se conoce como welder qualification test (WQT). Es una prueba para calificar el desempeño de un operador de soldadura o soldador, en conformidad con los parámetros de una WPS.

WPS. ("Welding Procedure Specification") Especificación de procedimiento de soldadura. Documento del ASME en donde se define la metodología y características principales de un sistema de soldadura: Tipo de unión, ángulo y distancia entre bordes, materiales base y su clasificación, espesores, tipos de electrodo, posición en la que se hará la soldadura, características eléctricas, tipo de precalentamiento y tratamiento térmico posterior.

BIBLIOGRAFÍA

Con respecto a la bibliografía, no obstante que está indicada al final de cada capítulo con cuyo tema es pertinente, el autor ha considerado apropiado consolidarla en un solo listado para dar un mejor soporte al interesado en el tema objeto del libro.

NORMAS:

ANSI/API Std. 610. Eleventh Edition September 2010. ISO 13709:2009 (Identical). Centrifugal pumps for petroleum, petrochemical and natural gas industries). 11th Edition, September 2010

ANSI/API Std 611: General-Purpose Steam Turbines for Petroleum, Chemical, and Gas Industry Services, Fifth Edition/01-Mar-2008. 5th Edition, March 2008

ANSI/API Std 612: Petroleum, Petrochemical, and Natural Gas Industries -Steam Turbines- Special Purpose Applications. 7th Edition, August 2014

ANSI/API Std 614: Lubrication, Shaft Sealing, and Control Oil Systems for Special-purpose Applications. 5th Edition, April 2008

ANSI/ASME B31.3 Process Piping: Code Cap. VI Inspection and Test. Paragraph 337 Pressure Tests

ANSI/HI 1.4-2014 Manual Describing Installation, Operation and Maintenance for Rotodynamic Centrifugal Pumps

ANSI/HI 1.6 (M104) 01Jan2000 Centrifugal Pump Tests.

ANSI/HI 14.6 19Aug2011 Rotodynamic Pumps for Hydraulic Performance Acceptance

ANSI/HI WP002-2019. Proper Lubrication Methods for Bearings

API Standard 620 Design and Construction of Large, Welded, Low-Pressure Storage Tanks

Covers the design and construction of large field-assembled, welded, low-pressure carbon steel above ground storage tanks (including flat-bottom tanks) designed for metal temperatures not greater than 250 °F and with pressures in their gas or vapor spaces not more than 15 pounds per square inch gauge.

API Standard 650 Welded tanks for oil storage. Twelve edition. March 2013

Establishes minimum requirements for material, design, fabrication, erection, and testing for vertical, cylindrical, aboveground, closed- and open top, welded carbon, or stainless steel storage tanks in various sizes and capacities for internal pressures approximating atmospheric pressure (internal pressures not exceeding the weight of the roof plates)

ASME Boiler and Pressure Vessel Code. Section VIII. Division 1 (BPVC-VIII-1 2019) UG-99 Standard Hydrostatic Test. UG-100 Pneumatic Test y UG-102 Test Gauges.

ASME Boiler and Pressure Vessel Code. Section IX. Welding, Brazing and Fusing Qualifications (BPVC-IX–2019)

ASME* PTC 6 2011: Performance Test Code for Steam Turbines. Aun cuando este código no es de aplicación frecuente en el montaje de turbinas en la obra, el autor lo ha consultado para la redacción de este capítulo y lo incluye en esta Bibliografía por considerar que también puede ser de interés para el lector.

ASTM A380/A380M-17. Standard Practice for Cleaning, Descaling, and Passivation of Stainless Steel Parts, Equipment, and Systems

ASTM A967/A967M-17. Standard Specification for Chemical Passivation Treatments for Stainless Steel Parts

ASTM. D2161–19. Standard Practice for Conversion of Kinematic Viscosity to Saybolt Universal Viscosity or to Saybolt Furol Viscosity

ASTM. STP43B. Viscosity Tables for Kinematic Viscosity Conversions and Viscosity Index Calculations

Nota: Las tablas que componen los suplementos del libro fueron extraídas del estándar, ASTM*. STP43B, traducidas, ajustadas y completadas por el autor de este libro

Hydraulic Institute Standards for Centrifugal, Rotary & Reciprocating Pumps. Edición 14. Año 1983, por la Universidad de Michigan

ISO 2858:2017. This International Standard specifies the principal dimensions and nominal duty point of end-suction centrifugal pumps having a maximum operating rating of 16 bar

ISO 4184:1992. Confirmed In 2017. Belt drives -Classical and narrow V-belts— Lengths in datum system. This International Standard specifies for V-belts of sections Y, Z, A, B, C, D, E, SPZ, SPA, SPB, and SPC: the recommended datum lengths, the tolerances for datum lengths, the conditions for measuring the datum length.

ISO 5199:2002. This International Standard specifies the requirements for Class II centrifugal pumps of single-stage, multistage, horizontal or vertical construction, with any drive and any installation for general application

ISO 9001:2015. This International Standard specifies requirements for a quality management system, including processes for improvement of the assurance of conformity to customer and applicable statutory and regulatory requirements.

NEMA Standards Publication NEMA SM 23. 91st Edition, 1997. Steam Turbines for Mechanical Drive Service. (Covers single stage and multistage mechanical drive steam turbines intended to drive pumps.)

DIRECCIONES WEB:

API = American Petroleum Institute. https://www.api.org.

ASME = American Society of Mechanical Engineers.

https://www.asme.org/

ASTM = American Society for Testing and Materials.

http://www.astm.org/

FAG = http://www.fag.com

HI = Hydraulic Institute. https://www.pump.org

ISO = International Organization for Standardization.

https://www.iso.org

NEMA National Electrical Manufacturers Association.

http://www.nema.org

OPTIBELT. www.obtibelt.com

https://www.cisealco.com

Nota: La información mostrada en el ANEXO J bajo los títulos: "La bomba trabaja bien al comienzo pero declina rápidamente, sus causas pueden ser. La bomba trabaja mal aun cuando los instrumentos muestran estar bien, sus causas pueden ser y Los rodamientos duran menos de lo previsto, sus causas pueden ser." fue extraída de la página www.cisealco.com con autorización otorgada por su gerente: Ing. Jaime Peraffán, especialista en sellos mecánicos, mediante E-mail del martes, 13 de octubre de 2020 12:49 p.m. y puede ser vista siguiendo el vínculo: https://www.cisealco.com/index.php/causas-mas-comunes-de-fallas-en-bombas-centrifugas#la-bomba-no-desarrolla-ninguna-presion-y-no-genera-flujo.

CATÁLOGOS, LIBROS Y REVISTAS:

Catálogo de BW/IP International, Inc. Seal Division, de Temecula, California La traducción es del Autor

Catálogo Gates X15S. La tabla que muestra los problemas con las correas y su corrección, fue extraída de este catálogo y ajustada y completada por el autor de este libro.

Catálogos diversos de: S.K.F. Timken, Torrington, NSK y FAG Sales Europe Iberia–España

Libro: Hütte. "Manual del Ingeniero de Taller". Editorial Gustavo Gili. S.A. Barcelona

Libro "Project Engineering of Process Plants" Authors, Howard F. Rase y M.H. Barrow. Editorial John Wiley & Sons, Inc. New York 1957.

Libro: "Applied Project Engineering and Management" Second Edition. Author Ernest E. Ludwig. Editorial Gulf Publishing Company Book Division. Houston, Tx. 1988.

Manual técnico de Optibelt. Correas trapeciales · Correas múltiples.

Revista ESSO Agrícola. Ediciones de noviembre 1986, abril y agosto 1987. Volumen XXXIV R

Nota: Tanto el texto del capítulo sobre lubricación, como las figuras que lo ilustran, están basados en la Revista ESSO Agrícola. Ediciones de noviembre 1986, abril y agosto 1987. Volumen XXXIV R. ESSO Colombiana S.A. Carrera 7 No. 3645 Apartado Aéreo 3602. Bogotá D.C. Colombia; y en el Manual ESSO Línea Básica. Lubricantes y Especialidades Afines. Undécima Edición 1ro. De Julio de 1982. Product Technical services Petroleum. Products Dept. ESSO Interamerica Inc. EXXON Corporation. Su uso fue autorizado mediante carta de Revista Esso Agrícola RP436 de octubre 27, 1987. Sin embargo, está ampliamente reformado por la experiencia e investigación del autor de este libro

CRÉDITOS

En cuanto a créditos y autoría de las imágenes, diagramas y tablas, así como los formatos de registro y control, en su gran mayoría fueron hechos por el autor para documentar su trabajo mientras se desempeñó en el montaje de plantas de los sectores petrolero y petroquímico, situadas en distintas partes del mundo y casi todos los publicó por primera vez en su libro "Instalación de Bombas Centrífugas" que tuvo tres impresiones entre los años 1987 y 1989 y con respecto al cual esta edición es una actualización totalmente revisada, corregida y aumentada. Para aquellos que fueron tomados de un tercero, se indica su fuente y cuando fueron modificados, así se manifiesta nombrando el origen, como se explica a continuación.

Las figuras identificadas como: Fig. Intro. 1, Fig. Intro. 4, Fig. Intro. 5, Fig. Cap. 4-1 y Fig. Ane. E-1, fueron fotocopiadas –en la época de la primera edición del libro no había escáner ni internet– de alguna hoja de instrucciones o del catálogo del respectivo producto llegado a algunos de los sitios de obra en donde estuvo el autor, sin embargo, tanto las modificaciones a esas figuras como todas las frases contenidas en ellas, son del autor.

La figura identificada como Fig. Cap. 5-1, que muestra una turbina de vapor, es una modificación hecha por el autor a la fotografía mostrada en la página WEB: https://www.mxq-usa.com/wp-content/uploads/ 2017/09/ stem-turbine-1.jpg. Los textos son del autor.

La figura de la contra carátula o primera página, y la Fig. Intro. 2 que muestran el corte esquemático de una bomba centrífuga, fueron hechas por el autor usando el programa Paint de Microsoft Corporation. La Fig. Ane. D-1, que muestra un par de casquillos, fue hecha por el autor usando el programa Paint 3D de Microsoft Corporation.

Con respecto a fotografías que ilustren el texto, desafortunadamente solo hay una que hizo parte de las muchas que durante su trabajo tomó el autor, pero que junto con sus negativos calamitosamente se perdieron. En el libro "Instalación de Bombas Centrífugas" del año 1987 hay profusión de ellas.

En relación con el texto del libro, ha sido íntegramente redactado, diagramado y elaborado personalmente por el autor, con base en su experiencia directa en la dirección y control del recibo, montaje y pruebas de funcionamiento de equipos para la industria petrolera y petroquímica. Sin embargo, hay algunas cortísimas secciones en donde por haberlas usado para entrenar al personal que se encargaría de instalar un equipo en particular, ha tomado parte del texto directamente del catálogo del fabricante del respectivo equipo, en cuyo caso ha mencionado el nombre de ese fabricante.

El listado de *"Definiciones de Términos Usados en la Instalación de Bombas Centrífugas de Eje Horizontal"* es una compilación de aclaraciones y definiciones que usando sus propias palabras, personalmente elaboró el autor cuando redactó procedimientos, instrucciones y manuales de inducción que preparó en el transcurso de su desempeño laboral tanto en ingeniería como en construcción y manejo de materiales para refinerías de petróleo y plantas petroquímicas.

La información mostrada en el Anexo J bajo los títulos: *"La bomba trabaja bien al comienzo pero declina rápidamente, sus causas pueden ser. La bomba trabaja mal aun cuando los instrumentos muestran estar bien, sus causas pueden ser y Los rodamientos duran menos de lo previsto, sus causas pueden ser."* fue extraída de la página www.cisealco.com con autorización otorgada por su gerente: Ing. Jaime Peraffán, especialista en sellos mecánicos, mediante E-mail del martes, 13 de octubre de 2020 12:49 p.m. y puede ser vista siguiendo el vínculo: https://cisealco.com/causas-comunes-de-fallas-en-bombas/

Este libro puede ser adquirido en la página WEB de "Amazon Books" mediante el siguiente vínculo, y una vez abierta la página, dando "click" en el botón identificado como "Paperback" o "Tapa Blanda":

https://www.amazon.com/Instalaci%C3%B3n-Bombas-Centr%C3%AD-fugas-Eje-Horizontal/dp/B08HGZW9S1/ ref=tmm_pap_swatch_0?_en-coding=UTF8&qid=&sr=

Rev. 20May23